BRINCANDO DE DEUS

COMO A
HUMANIDADE
VEM ALTERANDO
A NATUREZA HÁ
50 MIL ANOS

Consulte nosso catálogo completo e últimos lançamentos em **www.editoracontexto.com.br.**

BETH SHAPIRO

BRINCANDO DE DEUS

COMO A HUMANIDADE VEM ALTERANDO A NATUREZA HÁ 50 MIL ANOS

Tradução
Diogo Chiuso

editoracontexto

Montagem de capa
Alba Mancini

Diagramação
Gustavo S. Vilas Boas

Coordenação de textos
Carla Bassanezi Pinsky

Preparação de textos
Lilian Aquino

Revisão
Marcelo Barbão

Dados Internacionais de Catalogação na Publicação (CIP)

Shapiro, Beth
Brincando de Deus : como a humanidade vem
alterando a natureza há 50 mil anos/ Beth Shapiro ;
tradução de Diogo Chiuso. – São Paulo : Contexto, 2023.
352 p.

Bibliografia
ISBN 978-65-5541-267-3
Título original: Life as We Made it: how 50,000 Years
of Human Innovation Refined – and Redefined – Nature

1. Biotecnologia – História
2. Biotecnologia – Aspectos morais e éticos
3. Natureza – Influência do homem
I. Título II. Chiuso, Diogo

23-1759 CDD 660.609

Angélica Ilacqua – Bibliotecária – CRB-8/7057

Índice para catálogo sistemático:
1. Biotecnologia – História

2023

EDITORA CONTEXTO
Diretor editorial: *Jaime Pinsky*

Rua Dr. José Elias, 520 – Alto da Lapa
05083-030 – São Paulo – SP
PABX: (11) 3832 5838
contato@editoracontexto.com.br
www.editoracontexto.com.br

Para James e Henry.

SUMÁRIO

PRÓLOGO
Providência ... 9

PARTE I
COMO É

Mineração de ossos ... 21
A história da origem ... 51
Blitzkrieg ... 79
Persistência de lactase ... 115
O bacon da vaca do lago ... 149

PARTE II
COMO PODERIA SER

Gado mocho ... 189
Consequências desejadas ... 237
Manjar turco ... 285

Agradecimentos ... 321
Bibliografia e referências ... 323
A autora ... 349

PRÓLOGO

PROVIDÊNCIA

No coração do oeste americano, uma velha fêmea de bisão pasta no capim fresco. Enquanto seus dentes moem as folhas, o uivo de um lobo interrompe o sossego nas proximidades do rio Snake. Ela ergue a cabeça e fica parada, atenta. Suas orelhas se contorcem enquanto fareja o ar. Tudo permanece tranquilo, mesmo com um mosquito zumbindo ao redor de sua cabeça. Sem pressentir qualquer perigo iminente, ela recomeça a mastigar e volta a olhar para o chão. Conforme se movimenta à procura de capim, agita dezenas de outros bisões próximos a ela, e todo o rebanho começa a se mover lentamente para o sul, pastando, sem pressa, por um caminho que leva às montanhas.

A cena é tranquila, até mesmo reconfortante. Uma manada de bisões selvagens prolifera em um dos últimos lugares intocados da Terra, sem interferência das coisas que existem fora dali. A cena também traz esperança. Embora seja verdade que nós, humanos, fizemos uma enorme bagunça em nosso planeta, ainda sobrevivem alguns ambientes naturais por onde os bisões podem vagar, apartados de todas as tendências artificiais do mundo. Ainda mais importante: a cena é inspiradora. Esses bisões existem porque nós os salvamos. No final de 1800, os milhões de bisões que antes vagavam pelas planícies estavam quase desaparecidos. Mas não foram extintos. Em vez disso, as pessoas se organizaram para criar espaços seguros para que os rebanhos pudessem pastar e criar seus bezerros, e também projetaram e aprovaram leis de proteção contra caçadores e outras ameaças. Graças a nós, mais de 500 mil bisões vivem hoje em rebanhos pela América do Norte.

Acima de tudo, trata-se de uma cena natural. A imagem do bisão americano protegido dentro dos limites do primeiro parque nacional da América do Norte é um retrato da preservação da vida selvagem. É assim que o mundo natural deve ser, porque é como ele tem sido.

Exceto quando não foi.

A última década viu o desenvolvimento de biotecnologias poderosas que são ao mesmo tempo surpreendentes, encorajadoras e bastante assustadoras. Clonagem, edição de genomas, Biologia Sintética, Genética dirigida, são palavras e termos que prometem um tipo diferente de futuro. Mas esse futuro é bem-vindo? Por um lado, o progresso tecnológico é uma coisa boa. A biotecnologia nos impede de adoecer, pode curar doenças que já temos e faz com que nossos alimentos tenham um sabor melhor e permaneçam frescos por muito mais tempo. Por outro lado, a biotecnologia cria coisas que parecem estranhas e antinaturais, como o milho com genes bacterianos incorporados, e galinhas que põem ovos dos quais eclodem patinhos.* Na verdade, é cada vez mais difícil encontrar

* Isso é verdade! É possível injetar em ovos de galinha células germinativas primordiais – que se tornarão células germinativas de espermatozoides ou óvulos – extraídas de ovos de pato em desenvolvimento. Quando o ovo chocar e atingir a maturidade sexual, terá dois tipos de óvulos: alguns desenvolvidos a partir de suas próprias células germinativas primordiais e outros desenvolvidos a partir das células germinativas primordiais de pato injetadas. Se o óvulo for inseminado artificialmente com esperma de pato, irá fertilizar ovos de pato (evolutivamente, eles são muito diferentes para fertilizar os ovos de galinha, então nenhum híbrido de pato/galinha irá se formar). Portanto, quando eclodir, surgirá um filhote de pato.

algo que não tenha sido maculado pelos humanos de alguma forma. E enquanto os cientistas correm para proteger as coisas naturais e os espaços que ainda restam, crises como derramamentos de petróleo no mar, aumento de taxas de extinção e emergência de doenças infecciosas exigem soluções que as nossas tecnologias não alcançam. Então, será que deveríamos nos aprofundar, abraçar o poder da ciência moderna e olhar para um futuro em que as bactérias limpam nossas bagunças e onde elefantes peludos vagam pelos campos da Sibéria, enquanto mosquitos esterilizados zumbem nas nossas orelhas? Ou devemos resistir a esse futuro e parar de bagunçar as coisas antes que seja tarde demais?

Muitos acham que um futuro repleto de plantas e animais modificados pelo homem será sombrio. Micróbios geneticamente modificados, reprodução híbrida de mamute com elefante e mosquitos que não podem transmitir doenças provavelmente viriam beneficiar as pessoas de alguma maneira, mas há quem acredite que isso não é correto porque, de alguma forma, um mundo com coisas desse tipo parece falso. Quem pensa assim tem uma tendência a culpar a ciência. Graças aos cientistas e suas tecnologias do século XXI, o mundo está se aproximando de uma metamorfose que pode nos levar a uma nova natureza, criada inteiramente por e para as pessoas, e que pode ser tudo, menos natural. Porém, essa narrativa alarmista parte da suposição de que só agora os humanos começaram a se intrometer na natureza – e de que a fronteira entre natural e não natural é bastante óbvia. Mas a História, a Arqueologia, a Paleontologia e até a Genômica trazem uma realidade diferente. Ao estudar o passado, aprendemos que, ao longo da história, os humanos têm moldado a evolução dos outros seres vivos que nos rodeiam. Nos últimos 50 mil anos, nossos ancestrais caçaram, poluíram e levaram centenas de espécies à extinção. Transformaram lobos em cães boston terriers, teosinto em pipoca e repolho selvagem em couve, brócolis, couve-flor, couve-de-bruxelas e couve-rábano (só para citar algumas variedades). À medida que nossos ancestrais aprenderam a caçar, a domesticar animais e a viajar, suas ações e deslocamentos criaram condições para que as espécies se adaptassem e evoluíssem. Algumas espécies sobreviveram a seus encontros com os humanos, outras não – embora todas tenham sido transformadas de alguma forma. Os seres vivos de hoje são como os fizemos, moldados em parte pela aleatoriedade da evolução, e em parte por propósitos humanos menos aleatórios.

Vejamos novamente o bisão americano. Quando os humanos pisaram pela primeira vez, há mais de 20 mil anos, no que hoje chamamos de continente norte-americano, podem tê-lo feito enquanto seguiam esses animais aparentemente deliciosos. Com o passar do tempo, desenvolveram tecnologias sofisticadas para caçar bisões que podiam matar milhares de animais numa única investida. Sobreviveram apenas os bisões que evitaram a ação predadora humana. O clima esfriou, seu habitat se deteriorou e as populações de bisões diminuíram drasticamente.

Quando a era glacial chegou ao fim, por volta de 12 mil anos atrás, os habitats mais favoráveis ao bisão se expandiram e os rebanhos proliferaram. O clima mais quente também foi bom para as pessoas, cuja população também cresceu. A vegetação tornou-se mais densa e elas começaram a usar o fogo para remodelar a paisagem. Também aprenderam a conduzir os bisões para habitats onde poderiam ser capturados com mais facilidade. O bisão se adaptou a essas mudanças e prosperou. As pessoas também se adaptaram. Então, a vida humana passou a girar em torno da dinâmica sazonal dos rebanhos de bisões. As pessoas comiam carne de bisão, vestiam-se com suas peles, usavam seu excremento como adubo e seus ossos como ferramenta. Logo surgiram redes comerciais, conectando populações humanas em toda a extensão continental.

Quando os europeus chegaram à América do Norte, cerca de meio milênio atrás, também tomaram gosto pelo bisão. À medida que os imigrantes europeus avançavam para o oeste, grandes manadas de bisões começaram a se fragmentar e a se reduzir, divididas desta vez pelo crescimento da infraestrutura ferroviária e, consequentemente, da população. Intensificaram-se as guerras pela posse de bisões e outros animais e, assim, morreram muitas pessoas, e ainda muito mais bisões. Acordos foram assinados e depois quebrados, enquanto os nativos americanos sofriam excessivamente. A pecuária se expandiu e os bois começaram a competir com os bisões por comida, espaço e água. Dessa vez, as mudanças aconteceram rápido demais para que os bisões pudessem se adaptar. Na virada do século XX, alguns bisões foram capturados e levados para cativeiro e outros poucos permaneceram na natureza, mas os rebanhos outrora enormes já não existiam mais.

Então, cerca de um século atrás, as pessoas perceberam que o bisão estava em perigo. Autoridades conservacionistas aprovaram leis para evitar o abate de bisões. Os protetores da vida selvagem construíram barreiras para manter os bisões seguros e, dentro dos limites dessas barreiras, escolheram aqueles que contribuiriam para a próxima geração. A estratégia ideal para o bisão não era mais fugir, mas impressionar de alguma forma seus captores humanos. Os bisões se adaptaram e prosperaram.

As biotecnologias atuais nos permitem interferir em espécies como o bisão com mais rapidez e precisão do que nossos ancestrais. A inseminação artificial, a clonagem e a edição de genes melhoram o controle sobre o DNA que é passado para a próxima geração, aumentando ainda mais o poder da intervenção humana como força evolutiva. Até agora, essas biotecnologias tiveram o maior impacto na agricultura. Cem anos atrás, um fazendeiro que notasse que um leitão estivesse crescendo mais do que os outros poderia criar apenas esse tipo de porco mais eficiente, mudando, gradualmente e ao longo de muitas gerações, a eficiência de seu rebanho. Cinquenta anos atrás, o mesmo fazendeiro poderia coletar o sêmen desse leitão que cresce mais rápido para fecundar suas porcas, aumentando o número de descendentes que herdam a característica de crescimento rápido. Hoje, esse agricultor poderia sequenciar o DNA dos porcos para saber quais variantes genéticas distinguem os leitões de crescimento rápido de seus irmãos e irmãs de crescimento lento. O agricultor poderia coletar células do melhor grupo e cloná-las, criando embriões com as variantes de DNA de crescimento rápido e transferindo-as para porcas substitutas. O agricultor poderia editar o DNA desses embriões para criar combinações de DNA que fizessem seus porcos crescerem ainda mais rápido. O produto final de toda essa interferência é o mesmo: porcos maiores e resultados mais favoráveis. No entanto, as tecnologias atuais dão resultados em anos, em vez de décadas ou séculos.

Algumas novas biotecnologias nos dão poderes que nossos ancestrais não tinham, e é aqui que as coisas começam a se complicar. O Enviropig é um porco, seu DNA é majoritariamente um DNA de porco, mas seu genoma também inclui um gene de um micróbio e outro de um camundongo. Nenhuma criação, por mais criteriosa que seja, poderia gerar o Enviropig, mas nossas tecnologias podem. E o Enviropig resolve um problema pontual na agricultura: as bacias hidrográficas ao redor das fazendas de suínos são frequentemente poluídas com fósforo – um nutriente essencial que os agricultores adicionam à ração dos porcos – que é em grande parte expelido em seus dejetos. Os dois genes extras no DNA do Enviropig estimulam uma proteína na saliva do porco que decompõe o fósforo numa forma aproveitável. Além disso, os Enviropigs podem ser alimentados com menos fósforo do que os porcos não modificados (o que preservaria o dinheiro dos agricultores), e o fósforo é usado com mais eficiência na sua alimentação (o que preservaria a bacia hidrográfica). Em 2010, quando o Enviropig foi submetido à aprovação regulatória, ninguém tinha certeza de como proceder. O processo de aprovação parou e o projeto acabou ficando sem recursos. Os Enviropigs podem resolver um problema que assola uma das maiores indústrias agrícolas do mundo, mas nosso desconforto com as tecnologias que os criaram impede o avanço que eles poderiam trazer.

O Enviropig expõe tanto nossa inquietação com a transição para a próxima fase de nossas relações com outras espécies quanto o alto custo dessa inquietação. Nossa relutância tem retardado as pesquisas sobre a segurança e o potencial mais amplo dessas tecnologias. Perdemos oportunidades de adotar soluções de bioengenharia que poderiam ter removido poluentes de habitats, salvado populações da extinção e também aumentado o rendimento agrícola. Nossa relutância é, no entanto, compreensível. Muitos dos primeiros usos das tecnologias de bioengenharia foram prejudicados pela falta de transparência, com pouco ou nenhum esforço para descrever, por exemplo, como as lavouras de bioengenharia foram criadas ou como eram diferentes (ou não) das culturas tradicionais. Essa falta de transparência criou oportunidades para que grupos extremistas espalhassem informações falsas, aproveitando nossa aversão natural ao risco. Estruturas regulatórias mal alinhadas e batalhas sobre propriedade intelectual continuaram a obstruir uma livre discussão sobre a ciência por trás das culturas de bioengenharia. Isso causou muita desconfiança nos potenciais consumidores, e com razão, quando se trata de alimentos de bioengenharia.

Embora os alimentos de bioengenharia estejam, pelo menos teoricamente, no cardápio desde meados da década de 1990, essas tecnologias tornaram-se recentemente alvo de outra crise: a perda global de biodiversidade ocorrida quando os humanos passaram a ter controle sobre o planeta. Atualmente, as taxas de extinção das espécies é muito maior do que as taxas de extinção observadas no registro fóssil. A culpa é nossa, devido à diminuição gradual da quantidade e qualidade do habitat disponível para outras espécies, além de nós e nossas criações de animais domesticados. Embora a grande maioria das pessoas concorde que devemos fazer algo a respeito do processo de extinção, nem todos estão de acordo sobre o que deveria ser feito. Alguns querem preservar a natureza intacta isolando aproximadamente metade do planeta de qualquer presença humana. Outros acreditam que a intervenção direta é a única maneira de diminuir as taxas de extinções causadas pelo homem. Por décadas, os biólogos vêm removendo manualmente espécies invasoras, deslocando alguns indivíduos entre populações e habitats, e também introduzindo espécies próximas para preencher nichos ecológicos cruciais que estão vazios (geralmente por causa da extinção). Mas é possível fazer muito mais com as biotecnologias de hoje. Poderíamos, por exemplo, produzir genomas de espécies para ajudá-las a se adaptar a solos mais secos, oceanos mais ácidos e rios mais poluídos. Poderíamos criar sistemas de comando de genes que eliminassem as espécies invasoras. Poderíamos até ressuscitar espécies extintas para restaurar as interações ecológicas perdidas e melhorar a saúde do ecossistema. Essas intervenções de bioengenharia têm um enorme potencial de conservação, mas trazem riscos adicionais.

Em 2017, Helen Taylor e seus colegas entrevistaram conservacionistas em Aotearoa/Nova Zelândia, para descobrir como eles se sentiam em relação ao uso da engenharia genética como parte de seu trabalho de conservação do solo. O governo do país havia anunciado, um ano antes, um ambicioso plano para, até 2050, livrar as ilhas das espécies introduzidas, como ratos exóticos, gambás australianos e arminhos, todos prejudiciais à fauna nativa. O cronograma do projeto é muito interessante, por isso, muitos passaram a ver a bioengenharia como uma possível rota para o sucesso. No entanto, a pesquisa de Taylor mostrou que a disposição de adotar tais estratégias dependia de quais espécies seriam manipuladas. Para a maioria dos entrevistados, não havia problema em modificar o DNA de espécies invasoras, mas não achavam certo a manipulação de espécies nativas. Na verdade, muitos entrevistados chegaram a admitir que achavam melhor ver espécies nativas extintas do que usar a bioengenharia para salvá-las. Mas o que causou esse incômodo? Estarem brincando de Deus e mudando deliberadamente o curso da evolução. Simplesmente não se sentiam bem em assumir esse papel. Exceto no caso de espécies invasoras.

Tais atitudes são a providência dos cuidadores do meio ambiente. É hora de assumir esse papel.

Nos capítulos que se seguem, dividi a história da mudança das relações da nossa espécie com outras espécies em duas partes, que separam, de forma aproximada, o antes e o depois do advento das tecnologias de engenharia genética, que muitos veem como um momento decisivo na nossa capacidade de manipular a natureza. A Parte I, "Como é", se desenvolve através de três estágios cronológicos da inovação humana: predação, domesticação e conservação. O capítulo "Mineração de ossos" descreve minha trajetória de estudante a professora e o crescimento do DNA antigo como campo de pesquisa, apresentando como eu e outros temos usado o DNA antigo preservado em fósseis para reconstruir a história evolutiva. O capítulo "A história da origem" explora o que o DNA antigo revelou sobre as origens de nossa espécie, incluindo como os encontros com nossos primos arcaicos moldaram nosso próprio caminho evolutivo. O capítulo "Blitzkrieg" descreve a disseminação gradual dos humanos pelo globo e o papel de nossa espécie como predador dominante, explorando a coincidência temporal da chegada humana em um habitat ainda não invadido e as extinções da fauna local. O capítulo "Persistência de lactase" narra a transição de nossos ancestrais de caçadores a fazendeiros, começando com a descoberta de que a extinção não é inevitável. Para garantir que teriam a próxima refeição, nossos ancestrais desenvolveram estratégias de pastoreio e reprodução e começaram a desmatar florestas para dar lugar a fazendas. O capítulo "O bacon da vaca do lago" descreve a próxima transição da nossa espécie, de fazendeiros para gerentes, que começou quando a expansão populacional de pessoas e animais domesticados esgotou os habitats selvagens e levou muitas espécies à extinção. Foi o nascimento do movimento conservacionista.

Hoje, contamos com as tecnologias que nossos ancestrais desenvolveram durante esses três primeiros estágios da inovação humana. No entanto, a nossa ingerência continua a remodelar todos os seres vivos ao nosso redor. A agricultura industrializada está ajudando a atender as necessidades de quase 9 bilhões de pessoas no planeta, e as leis internacionais protegem os oceanos, o ar, a terra e os ecossistemas de água doce da Terra. Mas nosso planeta está novamente chegando ao limite. Atualmente, o número de pessoas no mundo é maior do aquele que podemos alimentar utilizando as tecnologias existentes e, graças à forma como alteramos o planeta, os habitats estão mudando mais rápido do que a capacidade de adaptação das espécies e, por isso, as taxas de extinção estão subindo. Porém, novamente temos à disposição novas ferramentas que nos permitem manipular espécies em taxas e de maneiras incomparáveis.

A Parte II, "Como poderia ser", explora as biotecnologias desse próximo estágio da inovação humana. O capítulo "Gado mocho" concentra-se em como as biotecnologias, entre elas a clonagem e a engenharia genética, impactam a agricultura de plantas e animais, permitindo-nos, por exemplo, projetar espécies domesticadas sem a confusão da reprodução tradicional. O capítulo "Consequências desejadas" considera como as novas biotecnologias podem proteger espécies e habitats ameaçados. De mamutes clonados a furões transgênicos e mosquitos autolimitantes, as biotecnologias podem acelerar o processo de adaptação e, ao fazê-lo, diminuir a taxa de perda de biodiversidade e restaurar a estabilidade de habitats em declínio. Finalmente, o capítulo "Manjar turco" especula sobre o que mais podemos fazer com nossas novas biotecnologias. Se não estamos mais limitados pelos parâmetros tradicionais das espécies, vamos ficar com o que sabemos, fazendo versões melhores dos nossos alimentos, animais de estimação e lavouras, ou iremos para além do que podemos imaginar atualmente e inventar algo ainda melhor?

As biotecnologias de hoje diferem das do passado, e isso exige que as tratemos de forma diferente. Nosso poder de mudar as espécies é maior do que nunca, e devemos reconhecer, aceitar e aprender a controlar esses poderes. Não será fácil, mas é possível. Afinal, hoje também somos diferentes do que éramos no passado e temos uma compreensão muito maior de como o mundo funciona. Temos também um profundo conhecimento de Biologia, hereditariedade e Ecologia, além de sermos capazes de avaliar riscos, estabelecer comunicação entre culturas e idiomas e compartilhar questões intelectuais e econômicas. Criteriosamente, também temos milhares de anos de experiência manipulando a natureza com a mesma motivação de hoje: criar organismos que façam de forma mais eficiente o que queremos que eles façam.

É um erro pensar nas biotecnologias de hoje como uma mudança repentina no domínio do controle da natureza. Afinal, já fazemos esse papel há algum tempo.

PARTE I
COMO É

MINERAÇÃO DE OSSOS

Em Yukon, no Canadá, leva menos de uma hora para ir, numa caminhonete com tração nas quatro rodas, da cafeteria da Front Street, em Dawson City, até a última era do gelo. Localizada a cerca de 500 quilômetros a noroeste de Whitehorse, Dawson City é uma rústica cidade do norte, com estradas de terra, calçadas de madeira, bares com portas tipo faroeste e prédios construídos em terrenos instáveis, inclinados pelo derretimento do solo abaixo deles. Hoje, o turismo é a principal atividade econômica em Dawson City. Mas nem sempre foi assim. Desde a descoberta de ouro em 1896, estima-se que 15 milhões de onças troy* (mais de 460.000 quilos) foram extraídas do extenso sistema fluvial e de riachos próximos da região de Klondike.

O ouro, no entanto, não é a única mercadoria preciosa desenterrada

* N.T.: A onça troy é uma unidade de peso específica para metais preciosos. É diferente da onça, que nos EUA é usada normalmente como medida para alimentos e produtos em geral. A onça troy pesa 31,1035 gramas e a onça tradicional pesa 28,3495 gramas.

pelos mineiros de Klondike. A cada ano, milhares de fósseis da era do gelo surgem no seu solo congelado, entre eles restos de mamutes, mastodontes, bisões, cavalos, pinheiros e salgueiros, esquilos terrestres, lobos, camelos, leões, roedores e ursos. São gravetos, sementes, ossos, dentes e, às vezes, corpos mumificados inteiros de animais e plantas que, em algum momento, viveram em Klondike durante os últimos milhões de anos.

Desde o início da corrida do ouro, os cientistas coletam e examinam os fósseis de Klondike, esperando usá-los para reconstituir o clima e as comunidades das eras glaciais recentes. Hoje esses fósseis são um dos pilares da minha própria pesquisa, e tento passar pelo menos algumas semanas em Klondike todo verão. Até já sei apontar quais das estradas poeirentas de Klondike são mais propensas para escavação, quais riachos cortam os solos mais produtivos (para ossos) e quais camadas de cinzas vulcânicas podem nos dizer a idade de um determinado fóssil. Mas num dia quente de verão de 2001, quando estive nas minas pela primeira vez, ainda não sabia nada disso.

Junto com dois colegas, Duane Froese e Grant Zazula, saímos de Dawson City para o Klondike. Na época, éramos estudantes de pós-graduação e as nossas pesquisas se baseavam em dados da região, mas eu era a única que nunca tinha ido às minas. Estávamos em Dawson City para uma conferência, o que significava aprender sobre ciência durante o dia e explorar a vida noturna da cidade assim que as discussões terminavam. Na noite anterior, estávamos num bar que os locais chamam de "O Poço", quando encontramos um amigo de Duane que trabalhava nas minas. Depois de várias batatas Yukon Golds, ele nos convidou para irmos ao seu local de trabalho no dia seguinte para conhecermos sua coleção de ossos. Logo pela manhã, quando abandonamos a conferência e partimos de Dawson City para as minas, eu estava preparada para o sol, para os mosquitos onipresentes do Klondike e para a possibilidade de encontrar um urso. Só não estava preparada, como veremos, para a lama.

Mais ou menos 20 minutos depois de deixar a cidade numa caminhonete alugada por Duane, saímos da estrada principal e começamos a serpentear pelas estradas poeirentas das mineradoras. Fiquei impressionada com o contraste entre os mundos natural e humano do Klondike. Num minuto estávamos passando por uma floresta virgem de pinheiros ou atravessando, com muita cautela, um riacho que tínhamos esperança de não ser muito fundo; noutro, já estávamos no meio de uma paisagem desnuda, onde tratores raspavam cascalhos na terra congelada. A estrada de terra seca era cheia de curvas, e meu estômago revirava quando nossa caminhonete ficava derrapando ao se aproximar dessas curvas. Quando finalmente chegamos numa longa entrada onde reduzimos a velocidade, eu, estando no banco do meio e desesperada por ar fresco, estendi minha mão por cima de Grant para baixar um pouco o vidro da janela. Foi quando aprendi a primeira lição sobre Klondike: *fedia*. Engoli a seco quando aquele cheiro desagradável me atingiu e, contrariada, afundei-me de volta no meu banco. Grant e Duane não pareciam notar o cheiro.

Pouco depois, paramos ao lado do galpão principal da mina e estacionamos. Grant e Duane saltaram, mas eu fiquei para trás. O fedor parecia estar piorando. Eu cogitei ficar na caminhonete enquanto eles verificavam os ossos, mas acabei saindo porque eu realmente queria ver os ossos – e a mina. Então, parei de pensar, dei uma última respirada no ar da caminhonete, abri a porta e mergulhei no fedor.

Assim que toquei o chão de cascalho, equilibrei-me e olhei ao redor. À minha direita estavam o galpão e alguns alojamentos, à minha esquerda um banheiro móvel (talvez a fonte do mau cheiro?), um par de caminhões e o que presumi serem grandes caçambas de lixo cheias de engenhocas de metal enferrujadas. À distância, vi várias pessoas, provavelmente mineiros, mexendo no que parecia ser uma mangueira de bombeiro montada em uma plataforma fixa. Duane já havia se aproximado deles, então o segui, ansiosa para me distanciar do que quer que estivesse causando aquele cheiro horroroso.

Curiosamente, quanto mais nos aproximávamos dos mineiros, mais intenso o fedor se tornava. Olhei para Grant e tapei meu nariz com nojo. Diante de nós, um poderoso gerador deu partida, ferindo mais um dos meus sentidos. Quase estourou os meus tímpanos e, como protesto, chutei uma pedra que atingiu Duane na parte de trás de sua bota.

Ele virou-se para mim. "O que foi?", gritou mais alto que o gerador e, ao que parece, indiferente ao cheiro.

Grant riu. "É a primeira vez dela!", lembrou.

"Ah", respondeu Duane, já se virando com os olhos apertados por causa do sol, tentando ver se o seu amigo fazia parte do grupo que estava perto da mangueira de incêndio. Continuou: "É o cheiro, né? Do que você acha que essa lama é feita?", perguntou de forma retórica. "São mamutes mortos", informou Grant, rindo. "Também arvores e gramas mortas, além de outras merdas que estão apodrecendo desde a última era glacial".

Isso fazia sentido. Se detritos orgânicos congelados por milhares de anos fossem expostos ao sol do verão, certamente gerariam um odor desagradável.

"E lodo glacial", acrescentou Duane. "É melhor ter cuidado!".

Nós três continuamos em direção à engenhoca de bombeiro que agora funcionava. Eu estava tentando me habituar ao cheiro e ao barulho, enquanto Duane balançava os braços sobre a cabeça, gritando. Os mineiros nos avistaram e reduziram o fluxo da água, fazendo com que o gerador diminuísse a intensidade. Interpretando isso como um convite, Duane correu até eles para conversar. Grant e eu ficamos esperando onde estávamos, examinando a lama recém-exposta em busca de sinais de vida da era do gelo.

Quase imediatamente, avistei a ponta de um chifre de bisão saindo do solo congelado perto da base de onde estávamos. Animada, cutuquei Grant, apontando o chifre. Ele sorriu, impressionado (eu presumi) com minhas habilidades de mineração de ossos, e fez sinal para que eu fosse pegá-lo. Empolgada por ter encontrado meu primeiro fóssil da era do gelo, fui em direção à ribanceira. Passei na ponta dos pés por uma corrente rasa de água que saía do local dinamitado e pulei por cima de uma poça que havia se formado numa pequena depressão. Foi quando aprendi minha segunda lição sobre o Klondike: é preciso pisar delicadamente. Ainda sem saber dessa regra, minha aterrissagem indelicada me deixou com os tornozelos afundados na lama. Entrei em pânico. Puxei um pé para cima, mas como não consegui tirá-lo da lama, o outro, graças à pressão extra, afundou ainda mais. Puxei meu pé novamente e, desta vez, o pé subiu, mas a bota ficou atolada. Eu cambaleei com meu pé com meia pairando sobre a lama molhada. Então, perdi o equilíbrio e caí para trás com os dois pés, as duas mãos e minha bunda plantada na areia movediça fedorenta. Olhei para Grant em busca de ajuda, apenas para encontrá-lo se contorcendo de rir da situação em que havia me colocado.

"Eu disse para você ter cuidado!", Duane gritou ao lado da mangueira de bombeiro, onde ele e os mineiros estavam todos me olhando, rindo e balançando a cabeça.

Depois que eu finalmente me desvencilhei da lama (um esforço que envolveu remover as duas botas, perder uma meia e me juntar ao fedor de coisas mortas em decomposição há milhares de anos; e também, agora sei, um rito de passagem para trabalhar na região), voltamos para o galpão de mineração para examinar a coleção de ossos. Eram principalmente ossos de bisão, o que me agradou porque eu estava estudando bisões da era do gelo, mas também havia ossos de cavalo, de mamute e também pedaços de suas presas, ossos e chifres de rena e os estranhos ossos de urso e de gato. Nos disseram para levar os ossos ao museu em Whitehorse, por isso etiquetamos cada um deles e registramos em nossos livros de campo quais eram as espécies, a data da coleta e o nome da mina. Usando uma furadeira a bateria, tirei pequenas amostras de vários ossos de bisão, dos quais extrairia DNA quando retornasse ao meu laboratório em Oxford. Então, agradecemos aos mineiros, recolhemos nossas anotações e carregamos os ossos na caminhonete de Duane, preparando-os para serem transferidos para Whitehorse.

COMO TUDO COMEÇOU (PARA MIM)

Quando comecei minha pesquisa de pós-graduação em 1999, não pretendia estudar bisões. Eu não estava pensando neles enquanto passava ansiosa pelos corredores do departamento de

Zoologia da Universidade de Oxford pela primeira vez. Nenhum pensamento com bisão surgiu quando encontrei o lugar onde me sentaria pelos próximos cinco anos de estudos. Nunca tive interesse particular em bisão quando criança, e só encontraria um, meses depois, quando usei uma serra Dremel para cortar um osso de 30 mil anos (sim, isso é importante). Tenho vergonha de admitir, de fato, que meu primeiro pensamento relacionado a bisão não foi particularmente amigável a eles, mas sim um estranho esforço mental para imaginar uma resposta apropriada, mas negativa, à sugestão do meu futuro supervisor: "Por que você não trabalha com bisão?" Felizmente para minha carreira, ele seguiu dizendo: "Se você pegar este projeto, pode ir para a Sibéria". Como eu poderia dizer não?

Eram os primórdios do campo científico conhecido como DNA antigo, que havia nascido cerca de 15 anos antes, quando cientistas que trabalhavam no laboratório de pesquisa de Allan Wilson na Universidade da Califórnia, Berkeley, recuperaram e sequenciaram o DNA de um pequeno pedaço de tecido muscular retirado de restos preservados de 100 anos de uma quagga, um tipo extinto de zebra. A descoberta de que o DNA às vezes era preservado em organismos mortos desencadeou um frenesi científico. Formaram-se equipes com o objetivo de sequenciar o DNA de outras espécies extintas em laboratórios ao redor do mundo, numa verdadeira competição para recuperar o DNA preservado de mamutes, ursos das cavernas, moas e neandertais. À medida que se acirrava a concorrência para publicar o DNA antigo e o DNA dos espécimes mais incomuns, pouca atenção foi dada à validação dos resultados mais espetaculares. Em meados da década de 1990, foram publicados em revistas científicas respeitáveis o DNA de um dinossauro e um atribuído a insetos sepultados em âmbar fossilizado. O entusiasmo era nítido, mas havia um problema. Embora algumas sequências de DNA antigas publicadas pudessem ser validadas, nenhuma das sequências de DNA extremamente antigas era real. Na verdade, a maioria (não todas) das sequências de DNA supostamente de centenas de milhares de anos foram identificadas como contaminadas, às vezes por micróbios, às vezes por pessoas e às vezes pelo que os pesquisadores haviam comido no almoço. Foram os dias sombrios do DNA antigo.

Em 1999, quando iniciei minha carreira na pesquisa do DNA antigo, o campo estava começando a se firmar como uma disciplina científica séria. Os cientistas tinham aprendido que o DNA antigo tende a ser decomposto em fragmentos minúsculos e quimicamente danificados e que os experimentos com DNA antigo são frequentemente contaminados com DNA intacto de organismos vivos, como o da pessoa que faz o trabalho. No final da década de 1990, alguns institutos e universidades investiram muito dinheiro para desenvolver laboratórios meticulosamente limpos para a pesquisa. Os cientistas que chefiavam esses laboratórios propuseram protocolos rigorosos para realizar pesquisas com DNA antigo, incluindo trabalhar apenas em ambientes esterilizados, embebendo tudo com alvejante para destruir o DNA potencialmente contaminante, usando trajes descontaminados, com botas, luvas, toucas de cabelo e máscaras faciais para evitar a contaminação de amostras antigas e não ter os resultados produzidos questionados por laboratórios concorrentes. O efeito secundário dessas medidas foi a limitação do número de laboratórios que poderiam competir nessa busca pelo DNA mais antigo e mais interessante.

Quando entrei hesitante em Oxford e no campo do DNA antigo, felizmente sem conhecer o mundo competitivo em que estava pisando, o laboratório ainda começava a tomar forma. Alan Cooper, seu diretor e meu futuro chefe, tinha acabado de chegar de Berkeley, vindo do grupo de Allan Wilson, no qual ele e muitas figuras influentes do DNA antigo foram treinadas. Alan tinha garantido um espaço limpo para pesquisa com DNA antigo no Museu de História Natural da Universidade de Oxford, e contratou Ian Barnes para trabalhar no laboratório como bolsista de pós-doutorado. Quando concordei em me juntar a eles, éramos três.

Pode-se imaginar que, num campo de pesquisa relativamente novo, no qual apenas alguns laboratórios estavam participando, eu poderia escolher os tópicos da minha pesquisa. Não é assim no DNA antigo. Em 1999, as *taxa*, que são unidades de classificação de organismos, tinham sido divididas entre os laboratórios, e as mais empolgantes – carnívoros, humanos antigos e qualquer outra coisa que pudesse despertar o interesse de editores científicos e jornalistas – já haviam sido reivindicadas. Svante Pääbo* (também do grupo de Allan Wilson) e Hendrik Poinar, do recém-criado Instituto Max Planck de Antropologia Evolucionária em Leipzig, Alemanha, reivindicaram mamutes, preguiças gigantes, humanos e neandertais. Bob Wayne, da Universidade da Califórnia, em Los Angeles, reivindicou cães, lobos e cavalos. Ross MacPhee, do Museu Americano de História Natural, reivindicou o boi-almiscarado. Alan reivindicou ursos e gatos, que foram posteriormente sub-reivindicados por Ian, e bisões, com os quais ninguém parecia se importar muito.

Embora eu não estivesse exatamente apaixonada por bisões, via o DNA antigo como algo extremamente interessante. Em um programa de campo de verão de graduação em Geologia, fiquei fascinada com a forma como os processos da Terra moldavam os sistemas vivos. Fiquei particularmente intrigada com as cicatrizes visíveis na paisagem, com os sucessivos avanços e recuos de geleiras maciças durante a época do Pleistoceno – período geológico que abrangeu a maior parte dos últimos milhões de anos. Imaginei como cada avanço de geleira deve ter redefinido os sistemas vivos em seu caminho, causando extinções, criando novas combinações de espécies e oferecendo oportunidades para a evolução. A era glacial mais recente também coincidiu com o primeiro grande influxo de pessoas para a América do Norte, o que sem dúvida ampliou a drástica mudança biológica provocada gradualmente pelo recuo glacial, não muito diferente da drástica mudança biológica que ocorre gradualmente hoje. Na verdade, escolhi Oxford justamente para estudar essa conexão entre o passado e o presente – para

* N.T.: Biólogo sueco especializado em genética evolutiva, laureado com o Prêmio Nobel de Fisiologia ou Medicina de 2022 pelas suas descobertas sobre os genomas de hominídeos extintos e a evolução humana.

aprender Paleontologia e Biologia Evolutiva, dois dos pontos fortes da universidade, e combiná-los com meu treinamento em Geologia e Ecologia. Até conhecer Alan, eu não tinha ouvido falar de DNA antigo, mas seu potencial para revelar como as eras glaciais recentes afetaram a evolução da vida na Terra já era óbvio. Se eu pudesse aprender a extrair e analisar o DNA antigo, então poderia rastrear as mudanças evolutivas conforme foram registradas no DNA durante os períodos de transformações biológicas passados. Eu poderia aprender lições do passado que seriam relevantes para proteger espécies e ecossistemas hoje. Sim, eu estava entusiasmada demais, mas é preciso considerar que o DNA antigo era mesmo *muito legal*.

Mas havia problemas no meu plano. Eu não tinha experiência em Biologia Molecular; nunca havia manuseado uma pipeta ou extraído DNA; não tinha ideia de quais pedaços específicos de DNA eu deveria estudar; não sabia onde ou como conseguir fósseis para poder extrair DNA. E, claro, não sabia nada sobre bisões.

Para me encorajar, decidi começar na biblioteca. Fiz o juramento de não beber chá enquanto pesquisava, nem botar fogo nos livros (como foi requerido para que eu obtivesse meu cartão da biblioteca da Universidade de Oxford) e me empenhei para aprender sobre os bisões. Encontrei um número surpreendente de livros relevantes, poucos dos quais pareciam ter sido abertos. Durante várias semanas, sentei-me no frio escuro e úmido do porão da biblioteca, resistindo à tentação de me aquecer bebendo chá quente ou incendiando livros, e segui aprendendo sobre os bisões, que acabaram se mostrando muito mais interessantes do que eu poderia imaginar.

O QUE É UM BISÃO?

Conhecidos como *tatanka* ou *pte* na língua lakota, *tł'okįjeré* em dene, e muitos outros nomes nas línguas dos povos que viveram com eles por milênios, os animais que agora são mais conhecidos como "bisão" receberam seu primeiro nome em inglês dos europeus do século XVI, que os chamavam de *búfalo*. Hoje, a palavra *buffalo*, em inglês, expressa algo inabalável e intimidador, o que parece apropriado para esses animais rústicos com cabeças sólidas. No século XVI, porém, referiam-se a um casaco de couro bufante, ou *buffe*, que os colonos pretendiam fazer com a pele do animal. Como se já não bastasse receber o nome de casaco, *buffalo* nem era uma palavra singular, já que os europeus costumavam chamar assim todos os tipos de animais recém-descobertos (por eles) que acreditavam poder transformar em roupa. O problema de haver tantos búfalos causou consternação entre os taxonomistas europeus, que exercem uma profissão que exige, necessariamente, uma curadoria meticulosa quando se trata de nomes. Em meados do século XVIII, as discussões sobre a importância da taxinomia ganharam um toque de bom senso, e o número de búfalos foi reduzido para três: búfalos norte-americanos, búfalos africanos e búfalos asiáticos. Então, em 1758, Carlos Lineu nomeou oficialmente o búfalo americano como *Bison bison*, e os taxonomistas puderam respirar aliviados. A partir daí, declararam que o búfalo americano deveria ser oficialmente chamado de bisão. E às vezes nos lembramos de chamá-lo assim.

Os bisões são relativamente recém-chegados à América do Norte. Enquanto mamutes e cavalos fazem parte da fauna norte-americana há milhões de anos, o bisão, que evoluiu na Ásia há cerca de 2 milhões de anos, só apareceu no registro fóssil local mais recentemente. Eles entraram na América do Norte atravessando a Ponte Terrestre de Bering, que recebeu esse nome em homenagem ao Mar de Bering, sob o qual ela está atualmente submersa, e que foi nomeado por Vitus Jonassen Bering, um explorador e cartógrafo dinamarquês que, centenas de milhares de anos depois, fez a mesma travessia de barco.

Embora os paleontólogos do século XIX e início do século XX não soubessem exatamente quando os bisões cruzaram a Ponte Terrestre de Bering, eles ao menos tinham algumas pistas. Sabiam, por exemplo, que a ponte terrestre estava disponível apenas durante as partes mais frias das eras glaciais do Pleistoceno, quando o nível do mar era mais baixo do que é hoje, pois grande parte da água doce do planeta estava congelada.

Quando exposta, a Ponte Terrestre de Bering formava um corredor contínuo de habitat não glacial por onde os animais podiam se mover livremente. Embora não ao mesmo tempo ou na mesma direção, mamutes, leões, cavalos, bisões, ursos e até pessoas usaram a Ponte Terrestre de Bering para se dispersarem entre os continentes. Como a ponte era exposta apenas de forma intermitente, os paleontólogos sabem que o bisão deve ter entrado na América do Norte numa época fria. E que deve ter feito a viagem há relativamente pouco tempo. A maioria dos ossos de bisão encontrados no continente ainda não são mineralizados, o que significa que provavelmente não são tão antigos. No entanto, alguns poucos, de climas mais quentes, onde a mineralização ocorre mais rápido, são parcialmente mineralizados, o que torna as coisas confusas. Portanto, os paleontólogos precisavam de uma maneira de medir diretamente a idade dos fósseis de bisão. Isso se tornou possível na década de 1950 com o advento de uma nova tecnologia, chamada datação por radiocarbono.

A datação por radiocarbono pode revelar há quanto tempo um organismo morreu. A tecnologia aproveita o fato de que os organismos absorvem carbono da atmosfera à medida que crescem e usam-no como um componente para fazer ossos, folhas e outras partes do corpo. Na verdade, eles absorvem dois isótopos diferentes de carbono: carbono-12, que é estável, e carbono-14, que é um isótopo radioativo criado quando os raios cósmicos atingem a atmosfera superior da Terra. O carbono-14 é instável e decai de volta ao carbono-12 com meia-vida de 5.730 anos. Depois que um organismo morre, esse organismo para de absorver novo carbono da atmosfera, mas o carbono-14 nos restos biológicos continua a decair em carbono-12. Isso significa que a proporção de carbono-14 para carbono-12 nos restos biológicos diminuirá a uma taxa conhecida ao longo do tempo. Ao medir essa proporção, podemos saber quantos anos se passaram desde que o organismo parou de receber novo carbono-14. Isso nos diz quando o organismo morreu e, portanto, quantos anos o fóssil tem.

A datação por radiocarbono revolucionou a Paleontologia, mas o método tem limitações. Mais importante ainda, a datação por radiocarbono só pode ser usada para descobrir as idades de restos antigos relativamente jovens. Após cerca de 50.000 anos, resta muito pouco carbono-14 para medir com precisão, e a abordagem só pode revelar que a amostra é mais antiga que esse limite.

Quando a datação por radiocarbono foi usada para estimar as idades dos ossos de bisão mais antigos da América do Norte, a maioria tinha menos de 50.000 anos, mas alguns eram velhos demais para datar. Isso significava que o bisão entrou na América do Norte em algum momento antes de 50.000 anos atrás. E assim as coisas permaneceram por mais de meio século, até que o DNA antigo finalmente resolveu o mistério, com a ajuda de um vulcão.

Em 2013, Berto Reyes, geólogo da Universidade de Alberta, estava trabalhando no extremo norte de Yukon, no Canadá, quando encontrou um osso de pé de bisão congelado saindo de um penhasco igualmente congelado. O penhasco fazia parte de Ch'ijee's Bluff, uma exposição geológica perto do assentamento remoto de Old Crow. O osso estava encravado logo acima de uma espessa cinza vulcânica chamada Old Crow Tephra, em uma camada proeminente de solo marrom escuro cheio de gravetos, raízes de plantas e outros detritos orgânicos - o tipo de depósito que se forma durante os períodos quentes entre as eras glaciais. Acima da espessa camada escura em que o osso estava encravado, havia uma camada fina de lodo cinza - o tipo de depósito que se acumula durante as eras glaciais. Como as camadas geológicas se acumulam ao longo do tempo, Berto sabia que o osso era de um animal que viveu durante um período quente antes de uma era glacial. Esta era uma pista sobre a idade do osso do pé do bisão. Mas houve até vinte períodos quentes e eras glaciais durante o Pleistoceno, então como ele poderia saber qual desses períodos quentes havia descoberto?

É aqui que entra o vulcão.

Quando um vulcão entra em erupção, fragmentos de rochas, cristais e vidro são ejetados na atmosfera superior como cinzas. As cinzas são arrastadas pelas correntes de vento e levadas, às vezes, até milhares de quilômetros. Então, as cinzas caem no chão, depositando-se como neve na paisagem, em camadas que variam de microscópicas a vários metros de espessura. Essas camadas de cinzas são gradualmente cobertas por sedimentos que se acumulam ao longo do tempo, varridos e depositados pelo vento, pela chuva e por outros processos normais. Milhares de anos depois, um rio pode cortar a terra acumulada, expondo uma parede de cânion que parece como se um cobertor branco tivesse sido acidentalmente imprensado entre camadas de solo de aparência normal. Esse cobertor branco é a cinza, e também um marcador no tempo: tudo abaixo das cinzas – todo o solo e quaisquer ossos, árvores ou outro material orgânico – foi depositado antes da erupção do vulcão, e tudo acima das cinzas, após a erupção.

Camadas de cinzas vulcânicas, também chamadas de tephra, são comuns em depósitos da era do gelo no Alasca e no Yukon. Dois campos vulcânicos próximos, a região do Arco Aleuta/Península do Alasca e o Campo Vulcânico Wrangell no sudeste do Alasca, são fontes de erupções produtoras de tephra. Como cada vulcão tem uma assinatura elementar ligeiramente diferente, as quedas de tephra produzidas quando entram em erupção fornecem impressões digitais geológicas que podem ligar as cinzas descobertas em toda a região à mesma erupção. É importante ressaltar que as partículas de vidro dentro das cinzas também podem revelar quando ocorreu cada erupção, graças a um método semelhante à datação por radiocarbono, que mede o decaimento radioativo do urânio-238, que, tendo uma meia-vida mais longa, pode fornecer datas para erupções que ocorreram ao longo de 2 milhões de anos.

A Old Crow Tephra (a tephra acima da qual Berto encontrou o osso do pé de bisão) foi estimada pelos geólogos como tendo sido depositada há cerca de 135.000 anos. Sabíamos, pela composição das camadas do solo acima da tephra, que o bisão viveu durante um período quente antes de uma era glacial mais recente. E sabíamos, pelo registro geológico, que havia apenas uma janela de tempo entre 135.000 anos atrás e a era glacial mais recente, durante a qual o clima do norte de Yukon foi suficientemente quente para abrigar plantas lenhosas: cerca de 119.000 a 125.000 anos atrás. Deve ter sido nesse período que viveu o bisão de Berto.

O osso do pé que Berto encontrou é provavelmente o fóssil de bisão mais antigo da América do Norte. Temos procurado por bisões em muitos depósitos mais antigos, incluindo vários sítios fósseis que ficam abaixo (e, portanto, mais antigos) dos depósitos de Old Crow Tephra. Ossos de cavalo, ossos de mamute e ossos de outros animais da era glacial são comuns nesses sítios mais antigos, mas nenhum deles inclui bisões. Quando extraímos DNA antigo do osso de bisão de Berto, descobrimos que ele se enquadrava na diversidade genética de todos os bisões norte-americanos extintos e vivos, indicando que todos fazem parte da mesma linhagem de cruzamento da Ponte Terrestre de Bering. O bisão de Berto está entre os primeiros a viver na América do Norte.

O bisão provavelmente se dispersou pela Ponte Terrestre de Bering por volta de 160.000 anos atrás, quando a ponte foi exposta durante o período frio que antecedeu a época em que vivia o bisão de Berto. À medida que o clima esquentou e as pastagens se expandiram, os bisões se dispersaram para o leste e para o sul e se espalharam por todo o continente. Essa propagação está documentada com dezenas de milhares de fósseis de bisões de várias formas e tamanhos encontrados desde o Alasca até a parte meridional do atual norte do México e de oeste a leste em quase todo o continente. O mais extremo deles foi o bisão gigante de chifres longos, apropriadamente chamado *Bison latifrons*, que tinha chifres medindo mais de 2 metros de uma ponta a outra. Os bisões de chifres longos possuíam mais que o dobro do tamanho de seus contemporâneos do norte e, a julgar pela coocorrência com outras espécies que prosperaram durante o período interglacial quente, tinham pelo menos 125.000 anos de idade. Na verdade, eles eram tão distintos dos outros bisões que alguns paleontólogos acreditavam que fossem uma espécie diferente que também havia cruzado a ponte terrestre. No entanto, é estranho nenhum fóssil de bisão de chifre longo ter sido encontrado ao norte do continente, apesar do excepcional registro de fósseis naquela parte do mundo. Se eles foram descendentes de uma incursão separada através da Ponte Terrestre de Bering, o bisão de chifres longos deve ter atravessado o continente setentrional rápido demais para serem verificados no registro fóssil.

Como pesquisadora de pós-graduação, eu sabia que poderia responder a essa pergunta se conseguisse extrair DNA de um bisão gigante de chifres longos. Infelizmente, o bisão de chifres longos viveu há muito tempo e durante um período quente, ambas características ruins para a preservação do DNA. Durante anos, tentei mas não consegui recuperar o DNA antigo de restos de bisão de chifres longos. Me formei, passei para outros projetos e desisti da ideia. Mas, em 14 de outubro de 2010, Jesse Steele acidentalmente atropelou um mamute com sua escavadeira, e me foi apresentada uma oportunidade.

Steele fazia parte de uma equipe que expandia um reservatório de água que atendia a comunidade de Snowmass Village, Colorado, conhecida por sua proximidade com alguns dos melhores locais de esqui nas Montanhas Rochosas. Quando arrancou a estranha costela gigante dos dentes de sua escavadeira, Steele não tinha ideia de que acabara de descobrir um dos mais ricos depósitos de fósseis da era glacial da América do Norte. O trabalho no reservatório foi interrompido temporariamente quando uma equipe liderada pelo Museu de Natureza e Ciência de Denver e pelo Serviço Geológico dos Estados Unidos chegou ao local. Por oito semanas, durante o verão de 2011, centenas de funcionários e voluntários do museu e dezenas de cientistas que, como eu, não podiam ficar de fora, vestiram coletes de segurança amarelos e capacetes brancos e começaram a escavar. No final, coletamos mais de 35.000 fósseis de plantas e animais. Recuperamos dezenas de bisões de chifres longos, bem como mastodontes, mamutes, preguiças terrestres, camelos, cavalos e animais menores como salamandras, cobras, lagartos, lontras e castores. A preservação foi excepcional. Folhas de juncos e salgueiros de 100.000 anos ainda estavam verdes quando foram removidas da lama. Pedaços de troncos antigos foram recuperados com até 20 metros de comprimento. Conchas de besouros, moluscos e caracóis mantiveram muitas de suas cores brilhantes originais. Eu tinha todos os motivos para estar esperançosa com o DNA preservado do bisão de chifres longos.

No final, porém, conseguimos recuperar o DNA de apenas um osso de bisão de chifre longo. Esse bisão mais bem preservado estava em uma camada do antigo lago, depositada há cerca de 110.000 anos. Seu DNA estava muito degradado, mas montamos meticulosamente uma sequência para adicionar à nossa série maior de dados. Quando fizemos novas análises, o resultado foi inequívoco: o bisão de chifre longo não era geneticamente diferente de outros bisões, apesar de sua morfologia distinta. O bisão gigante de chifres longos não era uma espécie diferente, mas sim um ecomorfo – uma linhagem que parece única por causa de adaptações a um ambiente diferente. Seu tamanho, quase o dobro do bisão de Chi'jee's Bluff, foi provavelmente consequência dos amplos recursos existentes na região central do continente norte-americano durante o intervalo quente em que viveram.

À medida que o planeta esfriava e as pastagens desapareciam, o mesmo aconteceu com o bisão de chifres longos. Há 90.000 anos, todos os bisões eram pequenos e a América do Norte estava mergulhando novamente numa era glacial. Em um de nossos campos em Yukon, encontramos milhares de ossos de bisão associados a uma camada diferente de cinzas vulcânicas, a Sheep Creek Tephra, que foi depositada há cerca de 77.000 anos. A abundância de bisões neste local, tanto em termos de número absoluto de ossos quanto em relação a outros animais como mamutes e cavalos, sugere que as populações de bisões em Yukon eram enormes naquela época. De fato, o período de 77.000 anos atrás até o início da fração mais fria da última era glacial (cerca de 35.000 anos atrás) provavelmente deveria ser renomeado como "pico de bisão".

Durante todo esse período de pico, o bisão continuou a se dispersar entre os habitats frios do norte e da região central do continente americano mais quente. Rebanhos migratórios teriam encontrado e cruzado com outros rebanhos, gerando nova diversidade morfológica e ecológica. Essa diversidade foi um *playground* profissional para os paleontólogos do século XIX e do início do século XX, que recorriam aos mínimos detalhes – pequenas diferenças na curvatura dos chifres, distância entre os chifres ou formato da órbita ocular – para declarar o achado de um fóssil "como nunca antes visto e, portanto, obviamente, sinal de uma nova espécie". Restos, especialmente de crânios, foram medidos, esboçados e medidos novamente. Essas medidas criaram condições para que novas espécies fossem identificadas, artigos científicos fossem escritos e a fama paleontológica fosse alcançada.

Adoro histórias sobre esse período da corrida aos ossos de bisão. Meu amigo Mike Wilson, especialista em taxonomia de bisões, tem muitas histórias divertidas sobre acontecimentos taxonômicos duvidosos nessa época. Todas as suas histórias transmitem uma espécie de *laissez-faire* paleontológico orientado por regras. Por exemplo, para decidir se um fóssil de bisão representava uma nova espécie (opa!) ou uma espécie já nomeada (ah!), um paleontólogo poderia pegar o crânio e colocá-lo no chão com o nariz apontando para frente e os chifres para a esquerda e a direita e, em seguida, medir a proporção entre o comprimento e a largura do crânio na base dos chifres. Essa medida seria então comparada com as medidas de espécies de bisões já descritas para determinar se se tratava de algo nunca antes visto. Pode-se imaginar que, conforme mais e mais fósseis fossem medidos, o número de descobertas de novas espécies diminuiria. Mas não! Ocorre que, em algum momento durante a corrida aos ossos do bisão, as pessoas começaram a documentar a posição do chifre com o nariz do crânio apontando para a esquerda e não para frente, de tal maneira que o que antes era comprimento, agora era registrado como largura,* provavelmente para manter a alta taxa de "descobertas" de novas espécies.

Como consequência da corrida dos ossos, os bisões desse período receberam dezenas de nomes científicos: *Bison crassicornis,*

* É uma aproximação do que Mike me disse. Em vez disso, pode ter sido que o nariz foi apontado primeiro para a esquerda e depois para a direita, ou algum outro acidente baseado na orientação. Independente disso, esse é um caráter morfológico terrível para identificar espécies, e não apenas porque a regra não foi seguida corretamente. Os chifres de bisão são moldados por uma combinação de fatores que não têm nada a ver com a espécie a que pertencem, incluindo a saúde dos animais enquanto seus chifres estavam se desenvolvendo e quanto tempo eles passaram lutando com outros bisões durante sua vida.

Bison occidentalis, Bison priscus, Bison antiquus, Bison regius, Bison rotundus, Bison taylori, Bison pacificus, Bison kansensis, Bison sylvestris, Bison californicus, Bison oliverhayi, Bison podiacontinuarlistando, Bison vocêjáentendeuoponto.

No entanto, no final do século XX, alguns paleontólogos já estavam convencidos de que havia apenas uma espécie de bisão na América do Norte, por isso comecei a testar essa hipótese usando DNA antigo. Com a permissão e assistência de muitos dos pacientes curadores de museus, coletei pequenos pedaços de ossos de fósseis que receberam os nomes acima e alguns outros. Visitei museus em toda a América do Norte, passando dias a fio em salas reservadas – repletas de prateleiras móveis onde milhares de fósseis estavam empilhados –, procurando, identificando e perfurando pequenos pedaços de centenas de ossos. Nos intervalos, eu aparecia, desorientada, nas salas de exposições bem iluminadas, segurando meu passe de segurança temporário. Os visitantes do museu, sem dúvida, divertiram-se com a visão repentina de uma cientista cativa, com marcas vermelhas no rosto, delineando a máscara de poeira que há pouco estava usando, além das mechas brancas de poeira de osso no cabelo. Eu também nunca aparecia na mesma parte do museu, como se meus anfitriões estivessem me usando para tornar a experiência do visitante mais viva. Fiquei feliz em ajudar.

No final, trouxe esses pedaços de osso de bisão para Oxford, onde extraí e sequenciei seu DNA, e então comparei as sequências de DNA recuperadas entre si, e também com as sequências de bisões vivos. O bisão antigo era geneticamente diferente do bisão atual. Especificamente, seus genomas abrigavam muito mais diversidade do que persiste atualmente. Isso quer dizer que as populações de bisões antigos eram enormes. No entanto, não encontrei nenhuma evidência de que a diversidade genética do bisão antigo tenha sido dividida entre as espécies às quais os fósseis foram atribuídos. Havia, de acordo com o DNA, apenas uma espécie de bisão na América do Norte. Então, como essa espécie deve ser chamada? A resposta a essa pergunta é surpreendentemente fácil. As regras de taxonomia (que são muitas) determinam que, se uma única espécie recebeu vários nomes, então o primeiro nome que recebeu tem prioridade. Bisão norte-americano é, portanto, *Bison bison*. Todos eles.

UMA GUINADA PARA O PIOR

As coisas começaram a ir mal para o bisão norte-americano cerca de 35.000 anos atrás. Até então, a era do gelo tinha sido bastante branda para os padrões das eras do gelo. Na Beríngia, que é o nome dado à região geográfica que se estende do rio Lena, no oeste da Sibéria, até o rio Mackenzie, no Yukon, no Canadá, e inclui a agora submersa Ponte Terrestre de Bering, o habitat dos bisões era abundante. O índice pluviométrico anual era muito baixo para que a região se tornasse glacial, mas suficientemente alto para sustentar uma rica pastagem de estepe que era ideal para bisões. Mas à medida que o clima esfriava e as chuvas diminuíam, as pastagens começaram a ser substituídas por arbustos menos nutritivos. A população de cavalos, que conseguiam sobreviver comendo arbustos, cresceu temporariamente mais que os bisões dependentes de pastagem. Porém, foi um sucesso de curta duração, pois o clima continuou a se deteriorar e até os arbustos começaram a desaparecer.

Há 23.000 anos, por volta do período de maior frio da última era glacial, tanto os bisões quanto os cavalos da Beríngia estavam em sérios apuros. O habitat era escasso, e duas enormes geleiras – a camada de gelo Cordilleran, ao longo das encostas ao leste das Montanhas Rochosas, e a camada de gelo Laurentide através do Escudo Canadense – haviam se fundido no atual oeste do Canadá, cortando o movimento entre Beríngia e um habitat potencialmente melhor ao sul. Essa barreira de gelo permaneceu no local por quase 10.000 anos.

O período mais frio da última era glacial não foi uma época favorável aos bisões em nenhum lugar da América do Norte. Não apenas o habitat da pastagem quase desapareceu, mas um novo predador surgiu. Tal predador, que havia cruzado mais recentemente a ponte terrestre vindo da Ásia, andava ereto sobre duas pernas e podia arremessar lanças de pontas afiadas a longas distâncias. Foram os primeiros humanos a pisar no continente, e os bisões nunca haviam encontrado predadores que caçavam como eles. Os predadores usuais de bisões - lobos, ursos ou grandes felinos - conseguem arrastar um ou dois animais, provavelmente o mais novo, o mais velho ou o mais doente, numa única caçada bem-sucedida. Os humanos, no entanto, trabalhavam juntos e podiam carregar dezenas de animais de uma só vez. Ao invés de mirar nos mais fracos do rebanho, pegavam os bisões maiores, mais saudáveis e mais gordos. À medida que as populações humanas cresciam e a caça ao bisão se intensificava, as estruturas de rebanho de bisões foram prejudicadas. As épocas de reprodução passavam e menos fêmeas significavam menos filhotes, e assim as populações de bisões começaram a declinar. Ao mesmo tempo, o habitat do bisão estava se tornando cada vez mais escasso, e os rebanhos sobreviventes foram forçados a viver em áreas isoladas com cada vez menos pastagens. Infelizmente para o bisão, os humanos também sabiam onde essas pastagens ficavam.

Enquanto os paleontólogos podem inferir o declínio dos bisões da era glacial contando o número de ossos de que datam desse período, evidências muito mais fortes do seu lento desaparecimento vêm do DNA antigo. Quando a era do gelo chegou ao fim e o mundo começou a aquecer, a população de bisões de Beríngia, outrora grande e conectada, havia sido reduzida a vários rebanhos pequenos e geograficamente isolados, cada um sobrevivendo separadamente nos fragmentos de pastagem que permaneceram. Essas populações remanescentes persistiram, algumas delas por milhares de anos, mas o tempo da abundância havia acabado. Os indivíduos que viviam nesses fragmentos eram geneticamente semelhantes uns aos outros - um sinal de que as populações eram muito pequenas - e raramente se moviam de um fragmento a outro. Há 2.000 anos, a última das populações de bisões do Norte foi extinta.

Os bisões que ficaram presos no gelo ao sul, quando as geleiras Laurentide e Cordilleran se fundiram, também estavam com problemas. Os humanos também estavam lá, pelo menos no final da era glacial, vivendo em populações dispersas e desenvolvendo novas ferramentas, algumas das quais foram projetadas especificamente para matar bisões. Há 13.000 anos, os bisões ao sul do gelo foram reduzidos a apenas um ou talvez alguns rebanhos sobreviventes. Hoje, todos os bisões vivos descendem dessa população do sul. Se não fosse pela sobrevivência de alguns deles ao sul das camadas de gelo, estariam extintos como os mamutes, os ursos gigantes, os leões norte-americanos e tantos outros animais carismáticos da era glacial.

RECUPERAÇÃO TEMPORÁRIA

Com o aquecimento do clima após a última era glacial, e o início do período quente atual – a nova época geológica chamada Holoceno –, as pastagens retornaram com força total na região central do continente norte-americano. Mamutes e cavalos já estavam extintos ou em via de extinção, o que significa que os bisões tinham menos competição por esse nicho ecológico em expansão e, há 10.000 anos, estavam de volta e prosperando. Milhões de bisões (intimamente relacionados) se expandiram pelas planícies (mais tarde seriam chamados de bisões das planícies) e nas florestas mais ao norte (mais tarde seriam chamadas de bisões de madeira). O início do Holoceno foi a época ideal para ser um bisão na América do Norte.

Os humanos também estavam indo bem, é claro. Quando as pastagens retornaram totalmente às planícies norte-americanas, eles já haviam se estabelecido em quase todos os lugares do continente. Esses primeiros povos da América do Norte eram excepcionalmente criativos quando se tratava de matar bisões. Armados com lanças, arcos e flechas, conduziam os bisões para os montes de neve, encurralando-os em desfiladeiros, onde caíam em emboscadas. Os bisões também eram perseguidos quando tentavam atravessar rios e lagos congelados, e atacados quando estavam bebendo água nos buracos no gelo, sendo forçados a fugir das margens de penhascos íngremes, que resultavam em morte ou ferimentos graves com a queda ou esmagados quando caíam uns em cima dos outros. Nesses locais de matança em massa, chamados de "saltos de búfalo", não era incomum que várias centenas de animais caíssem de um penhasco de uma só vez.

A caça comunitária ao bisão era uma parte importante da vida social dos primeiros povos norte-americanos. Matanças comunitárias reuniam grupos normalmente dispersos para aproveitar ao máximo as montanhas (às vezes literais) de bisões mortos. Durante essas caças comunais, as famílias eram reunidas, as conquistas celebradas, os casamentos arranjados e as decisões políticas também eram tomadas. O couro de bisão era moldado em calçados, canoas e cobertura de tendas, enquanto os chifres eram transformados em chocalhos e xícaras. Esses itens físicos, assim como músicas, histórias, danças e arte, preservam a memória de mais de 14.000 anos de interações entre pessoas e bisões na América do Norte. As pessoas dependiam do bisão, e o bisão ajudou a moldar a história evolutiva humana.

Os bisões também estavam se adaptando à vida com os humanos. No início do Holoceno, os bisões eram menores do que seus ancestrais da era glacial. Em seu livro *Frozen Fauna of the Mammoth Steppe* [*Fauna congelada do mamute-da-estepe*], Dale Guthrie, paleontólogo da Universidade do Alasca, atribuiu a redução no tamanho dos bisões às interações com as pessoas. Os principais predadores de bisões da era glacial eram leões, ursos gigantes e gatos dentes-de-sabre, que caçavam sozinhos ou em pequenos grupos. Para evitar ser comido, um bisão podia confrontar o agressor, ou até mesmo contra-atacar usando seus grandes chifres. Mas depois que esses animais foram extintos, lobos cinzentos e humanos se tornaram os principais predadores dos bisões. Quando uma matilha de lobos ou um grupo comunitário de humanos ataca, a melhor estratégia de sobrevivência é fugir. Essas novas modalidades de caça teriam favorecido a evolução de bisões menores e mais ágeis. O biólogo canadense Valerius Geist concorda, apontando que os humanos provavelmente também impuseram fortes pressões seletivas contra touros grandes e corajosos, pois os bisões teriam sido mais propensos a enfrentar um humano empunhando uma lança e, portanto, mais propensos a serem mortos. Por volta de 5.000 anos atrás, o que significa provavelmente 15.000 ou mais anos depois de terem se encontrado com humanos pela primeira vez, o bisão norte-americano se parecia praticamente como hoje, com uma massa corporal de cerca de 70% da de seus ancestrais da era do gelo.

Os humanos também podem ter impulsionado a redução no tamanho dos bisões indiretamente. Sustentados por um suprimento inesgotável de carne de bisão, estabeleceram seus assentamentos permanentes nos melhores habitats - afinal, um humano armado sempre vencerá uma batalha territorial. Os bisões foram banidos para as margens onde a vegetação não era tão abundante ou nutritiva, e onde os bisões menores, que exigiam menos recursos, tinham vantagem sobre seus irmãos e irmãs maiores. Os bisões se adaptaram e aguentaram, embora em corpos e números menores do que antes.

Então houve uma trégua, pelo menos para o bisão. Cerca de 500 anos atrás, os europeus chegaram à América do Norte trazendo a varíola, a coqueluche, a febre tifoide e escarlatina, além de outras doenças que varreram o continente, devastando as populações indígenas. Com tantas mortes, inúmeros assentamentos humanos há muito estabelecidos desapareceram, reduzindo a pressão de caça ao bisão. Em meados do século XVIII, os registros históricos chegaram a 60 milhões de bisões nas planícies norte-americanas. Mas esse sucesso não duraria.

Além das doenças, os europeus trouxeram cavalos de volta à América do Norte. Os cavalos evoluíram na América do Norte há milhões de anos, mas foram extintos no continente no final da última era glacial, sobrevivendo apenas na Europa e na Ásia. A reintrodução de cavalos pelos exploradores espanhóis no século XVI foi uma má notícia para os bisões. No século XVIII, todos - colonos e indígenas - descobriram que os cavalos eram muito úteis para cercar e matar bisões. Os europeus também trouxeram armas, que ficaram em segundo lugar depois dos cavalos na contribuição para o aumento da velocidade e precisão com que os bisões podiam ser abatidos.

O ritmo da colonização europeia acelerou no início de 1800, e junto com ela a caça ao bisão. Ondas de colonos em expansão para o oeste identificaram o bisão como um animal bom para comer e fácil de vender. Caçadores e comerciantes enviavam centenas de milhares de peles de bisão para a costa leste todos os anos. As companhias ferroviárias ofereciam a versão do século XIX de entretenimento a bordo, que permitia que os passageiros atirassem em bisões enquanto os vagões passavam pelas planícies. Infelizmente, o bisão passou a ser visto pelo governo e por líderes militares como recursos do inimigo, onde o inimigo era qualquer nativo americano que se recusasse a desistir da caça ao bisão, a ser realocado para uma reserva e dedicar-se à agricultura. Líderes militares e políticos viam a destruição completa do bisão como a única solução para esse "problema" intratável e encorajavam a matança de todo e qualquer bisão, independentemente de quantos tratados fossem quebrados nesse processo. As dezenas de grandes rebanhos de meados do século XVIII diminuíram para apenas dois em 1868, um nas planícies do norte e outro nas planícies do sul, divididas pela ferrovia. Uma crise econômica em 1873 levou mais caçadores à pradaria, na esperança de transformar peles de bisão em dinheiro. Seu sucesso inundou o mercado, reduzindo o valor de cada bisão morto, tornando necessário matar ainda mais bisões para ganhar a vida. Os rebanhos desapareceram das planícies, deixando em seu lugar pilhas de ossos e carcaças apodrecidas não utilizadas (sem o couro). Em 1876, o bisão havia desaparecido inteiramente das planícies do sul. Em 1884, menos de 1.000 bisões estavam vivos na América do Norte.

SALVAMENTO

Murmúrios de descontentamento sobre o papel humano na iminente extinção do bisão começaram a ser ouvidos no início de 1800. No entanto, somente em 1874 foi aprovada a primeira legislação para proteger os bisões – um ato para evitar sua "matança inútil" apoiado por ambas as casas do Congresso dos EUA. Infelizmente, o presidente Ulysses S. Grant recusou-se a assinar o ato para torná-lo lei. Em 1877, o governo canadense aprovou o Buffalo Protection Act, que esperava alcançar o mesmo objetivo, mas também se recusou a aplicá-lo. Finalmente, em 1894, o presidente Grover Cleveland sancionou a Lei Lacey, que era uma "Lei para proteger os pássaros e animais no Parque Nacional de Yellowstone e punir crimes no referido parque". Esse ato protegeu os únicos bisões de vida livre remanescentes na América do Norte (uma população de bisão da madeira sobreviveu no oeste do Canadá). Um censo em Yellowstone, em 1902, oito anos após sua proteção ter sido codificada, contava menos de 25 bisões.

Felizmente, o bisão tinha outros protetores além da lei. Nas décadas de 1870 e 1880, cidadãos começaram a se interessar pelo bisão, principalmente pelo seu potencial comercial. Eles reuniram todos os bisões selvagens que puderam encontrar e estabeleceram seis rebanhos particulares de um total de cerca de 100 animais. Como estamos contando, se somarmos esses 100 bisões aos cerca de 25 bisões selvagens que sobreviveram em Yellowstone, significa que todos os bisões vivos das planícies descendem de cerca de 125 indivíduos. Esta foi a segunda quase extinção do bisão em menos de 15.000 anos.

Em 1905, a American Bison Society foi fundada como uma entidade de conservação ambiental com o objetivo declarado de salvar o bisão americano da extinção. O próprio Theodore Roosevelt, um entusiasta caçador de bisões, tornou-se o primeiro presidente honorário da sociedade. Dois anos depois, a sociedade liderou a segunda reintrodução de animais em terras selvagens nos Estados Unidos (a primeira foi a reintrodução de cavalos extintos por exploradores espanhóis), enviando 15 bisões do rebanho estabelecido no Zoológico do Bronx para uma fazenda em Oklahoma. Um ano depois, a sociedade solicitou ao Congresso que fosse estabelecida a National Bison Range em Montana, que foi povoada em 1909 com bisões comprados de proprietários privados, usando fundos arrecadados pela sociedade. Nos cinco anos seguintes, estratégias semelhantes foram usadas para estabelecer rebanhos de bisões no Wind Cave National Park em Dakota do Sul e no Fort Niobrara Wildlife Refuge em Nebraska. Os rebanhos prosperaram. Os bisões foram salvos.

HOJE

Atualmente, dois tipos de bisão vivem na América do Norte: bisão das planícies e bisão da madeira. Ambos descendem de bisões que sobreviveram às quase extinções há 13.000 e depois há 150 anos. O bisão das planícies, que é oficialmente *Bison bison* da subespécie *bison*, tornando-os *Bison bison bison*, habita as planícies de pastagem, enquanto o bisão da madeira, que se distingue taxonomicamente como *Bison bison athabascae*, habita regiões mais setentrionais e montanhosas do continente. O bisão da madeira é um pouco maior que o bisão das planícies e dizem que tem menos pelos – barbas e crinas mais finas e pernas dianteiras menos peludas. A tênue linha evolutiva que separa os bisões da madeira e os das planícies foi confundida em 1925, quando o governo canadense transferiu 6.000 bisões das planícies do Buffalo National Park, no centro de Alberta, para o Wood Buffalo National Park, no norte de Alberta, num esforço para aliviar a pressão de pastoreio na província central. Sem barreiras evolutivas para detê-los, bisões da madeira e das planícies cruzaram, e hoje provavelmente não há rebanhos de bisões da madeira geneticamente "puros". No entanto, os governos protegem as duas espécies separadamente, num esforço para preservar suas características e diversidades.

Quinhentos mil (mais ou menos) bisões vivem hoje em rebanhos que variam entre dez a milhares de animais. São animais grandes – podem pesar até uma tonelada – com um comportamento plácido e a visão ruim, mas são criaturas gloriosas. São geralmente calmos, embora possam correr tão rápido quanto um cavalo galopando e, se assustados, pular quase dois metros na vertical. Em parques regionais e nacionais com rebanhos de bisões em cativeiro, guardas florestais alertam os visitantes sobre os perigos de interagir com eles. No entanto, ano após ano, algumas pessoas ignoram esses avisos e acabam se machucando, ou até algo pior. Afinal, são animais selvagens, e não apenas versões peludas de gado domesticado.

A conservação do bisão é uma história de sucesso. Depois de quase ser extinto no final do século XIX, os rebanhos de hoje são saudáveis e estáveis, existe um mercado forte e lucrativo para suas carnes, couro e peles, e em 2016 o bisão foi declarado pelo presidente Barack Obama "o mamífero nacional dos Estados Unidos". As populações de bisões na América do Norte são beneficamente sustentáveis.

O que é esse sucesso como sustentabilidade benéfica? Hoje, a maioria dos bisões é de propriedade privada e criada como gado. São criados seletivamente para características que os tornam gerenciáveis na fazenda e lucrativos no mercado, como mansidão, alta fertilidade, crescimento rápido e alimentação eficiente. Os genes do gado são encontrados em muitos (possivelmente todos) rebanhos, graças ao cruzamento deliberado das duas espécies durante o início do século XX por fazendeiros que queriam um rebanho com o temperamento do gado, mas com a resistência do bisão. A criação dentro e entre rebanhos é cuidadosamente gerenciada, e grandes organizações com ou sem fins lucrativos oferecem serviços que incluem tipagem de DNA, testes de doenças e facilitação de negócios. Dentro dos limites protegidos de suas pastagens, esses bisões não precisam competir com outros animais que pastam. Eles não precisam se preocupar com a predação de lobos ou ursos, nem migrar para rastrear forragem de qualidade à medida que as estações mudam. As características e os genes que ajudam esses bisões a sobreviver não são mais os mesmos que fizeram seus ancestrais bem-sucedidos. Mas eles ainda seriam selvagens?

Alguns - cerca de 4% dos animais vivos - vivem em rebanhos nas áreas de conservação, e todos juntos ocupam menos de 1% da área que o bisão costumava usar. Bisões em rebanhos de conservação não são criados seletivamente para fins comerciais, mas não são menos manejados do que os de rebanhos privados. Assim como os rebanhos comerciais, os rebanhos de conservação pastam dentro de áreas cercadas, algo que os protege de doenças, predadores e outras situações assustadoras. Eles são abatidos anualmente para limitar o crescimento populacional, os animais com temperamento abaixo do ideal são removidos do rebanho e a estrutura de sexo e idade do rebanho é otimizada para controlar a reprodução e reduzir a possibilidade de fuga.

A maioria dos rebanhos de conservação também têm alguma ascendência de gado, o que leva a dúvidas sobre sua adequação para conservação. Por exemplo, cerca de 50% dos bisões do rebanho de conservação da Ilha de Santa Catalina, na costa da Califórnia, têm DNA mitocondrial de gado - um tipo de DNA que é herdado pela linhagem materna. Quando James Derr, biólogo de bisões da Texas A&M University, estudou o rebanho de Santa Catalina para saber se o DNA do gado alterava esses bisões de alguma forma, descobriu que os bisões com DNA mitocondrial do gado eram menores e mais curtos do que os do rebanho com DNA mitocondrial do bisão. Esses resultados sugerem consequências para o rebanho Santa Catalina por ter tanta ancestralidade bovina. Ainda seriam bisões selvagens?

A partir de resultados como os de Derr, os gestores de pastagem lutam para proteger os rebanhos de conservação. Deveria a ancestralidade do gado ser destacada e eliminada? Ou a ancestralidade mista deve ser abraçada como uma oportunidade para aumentar a variação genética nas espécies que, por quase terem sido extintas, são geneticamente semelhantes? Ao mesmo tempo, os rebanhos estão acumulando lentamente uma variação genética específica, tanto por meio de adaptação local, o que é bom, quanto por consanguinidade, que pode ser ruim. Isso apresenta uma escolha difícil para os gestores de pastagem. Por um lado, mover indivíduos entre rebanhos pode impedir que a consanguinidade torne o rebanho inteiro menos apto. Por outro lado, esse movimento pode substituir as adaptações locais que permitem que os bisões sobrevivam em condições ambientais novas e mutáveis. Independentemente da escolha que fazem, são os gestores de pastagem que determinam o destino evolutivo do bisão americano.

EVOLUÇÃO COM INTENÇÃO

A história do bisão norte-americano resume o processo evolutivo de nossa espécie. Por quase 2 milhões de anos, o bisão evoluiu na ausência de pessoas. Eles se adaptaram às idas e vindas

das eras glaciais. Quando estava frio, os que tinham pelos mais grossos eram mais fortes e saudáveis e capazes de escapar se um predador atacasse. Quando estava quente, talvez o oposto fosse verdadeiro. Os predadores eliminaram os bisões mais velhos e menos aptos, e os que sobreviveram se reproduziram. O bisão se espalhou pelo Hemisfério Norte, prosperando e declinando junto com seu habitat de pastagem.

Então, chegaram os humanos, trazendo ferramentas que poderiam ser redesenhadas e ajustadas mais rapidamente do que o bisão poderia evoluir para escapar. Por mais de 14.000 anos, as pessoas caçaram bisões para a alimentação e também por esporte. Durante esse período, por duas vezes, o bisão quase foi extinto. Sua primeira recuperação deu-se por sorte: o início do Holoceno tinha um clima ideal para a expansão de pastagens e os bisões tinham poucos competidores herbívoros para esses vastos recursos. No entanto, isso foi algo apenas temporário.

Quando os bisões estavam quase desaparecendo pela segunda vez, as pessoas decidiram salvá-los. Os gestores de reservas ambientais intervieram onde a evolução reinava. Foram eles que decidiram quais bisões sobreviveram e se reproduziram, até mesmo criando alguns deles com gado. Autoridades governamentais criaram reservas de bisões e aprovaram leis para proteger essas reservas. Hoje, os governos consideram cada rebanho uma entidade digna individual e os protegem como tal, apesar de todos os bisões vivos descenderem de menos de 125 ancestrais. Alguns rebanhos de bisões são designados para conservação, enquanto outros não. Gestores e criadores movem rebanhos entre habitats e também mudam alguns animais de um rebanho para outro. Os cientistas analisam o DNA do bisão para ajudar os gestores a decidir quais indivíduos devem ser reproduzidos, quais genes são os corretos e quanto DNA de gado é considerado o limite. Os criadores abatem os bisões para limitar o sobrepastoreio, fazem a vacinação para preveni-los de doenças e os cercam para evitar predadores. E dentro dos limites dessas cercas, olhamos para eles do conforto de nossos carros, hipnotizados e tranquilizados por sua duradoura selvageria.

A história da evolução do bisão norte-americano é aquela em que os humanos estão profundamente interligados, como estamos com quase todos (ou talvez todos) os organismos vivos hoje. Nosso papel com relação ao bisão mudou de predador para protetor, com fases intermediárias em que aprendemos a manipular e manejar esses animais selvagens para atender a necessidades específicas. Nos capítulos seguintes, explorarei esses papéis e as transições entre eles mais profundamente, extraindo exemplos das minhas pesquisas – e também de outras – para revelar como moldamos e remodelamos as trajetórias evolutivas das espécies à medida que avançamos em nosso próprio caminho evolutivo.

A HISTÓRIA DA ORIGEM

Homo sapiens. Somos nós – ou pelo menos o binômio latino que Linnaeus nos atribuiu em 1758. Esse nome nos coloca no gênero *Homo* e na espécie *sapiens*. Hoje, somos o único *Homo* a circular por aí, mas isso nem sempre foi assim. Nossos primos evolutivos, *Homo neanderthalensis*, viveram até cerca de 40.000 anos atrás, quando foram extintos. Na verdade, quase extintos, já que muito de seu DNA ainda é passado de uma geração para a outra, mesmo que agora em corpos rotulados como *sapiens*, ao invés de *neanderthalensis*. O que, se pensarmos bem, questiona a utilidade de "espécie" como uma designação distinta. No entanto, é evidente que somos diferentes de outras espécies, inclusive de nossos primos arcaicos. Então, o que realmente significa ser *Homo sapiens* ou, para usar nosso nome comum, ser humano?

Quase todas as espécies que já viveram estão extintas. A maioria das espécies existe por um período entre meio milhão e 10 milhões de anos, o que não é particularmente muito tempo na escala da história da vida. Mas as notícias não são totalmente desanimadoras, como explica a *evolução*.

Tão logo surge uma espécie, ela já começa a mudar. Os indivíduos reproduzem e transmitem cópias de seus genomas para a próxima geração. No entanto, esse processo de cópia não é perfeito. De fato, erros de cópia de DNA fazem com que cada criança tenha cerca de 40 diferenças em seu genoma em comparação com os genomas de seus pais. A maioria dessas diferenças, muitas vezes chamadas de mutações, não produzem nenhum efeito. Outras, porém, mudam a aparência ou o comportamento da criança, diferenciando-a das demais de sua geração. São variações em que a evolução atua. Algumas mutações alteram a criança de forma que ela fica menos propensa a encontrar comida ou um parceiro. Outras melhoram suas chances de sobreviver e se reproduzir. As mutações nos genomas das crianças mais bem-sucedidas – que a evolução define simplesmente como aquelas que crescem para ter o máximo de filhos – se tornarão, ao longo do tempo, cada vez mais comuns na espécie.

As espécies evoluem dessa maneira até que uma de duas coisas aconteça: ou o último indivíduo morre e a espécie se extingue, ou um taxonomista decide que a espécie mudou o suficiente para merecer um novo nome. Quando isso acontece, a espécie antiga desaparece, mas seu DNA ainda é transmitido, só que agora através de um hospedeiro classificado com outro nome. Isso também é uma extinção? Antes de nos apressarmos para responder a essa pergunta, precisamos ter em mente que as bilhões – talvez até trilhões – de espécies que estão vivas hoje descendem de um único micróbio que viveu cerca de quatro bilhões de anos atrás. Esse micróbio está extinto, mas algo dele sobrevive em todos os seres vivos.

Novas espécies surgem por acaso. Uma planta vai boiando para uma ilha distante e lá cria raízes, fundando uma nova população. Um rio muda de curso, dividindo uma população outrora grande em duas menores. Alguns indivíduos descobrem um novo habitat, mudam-se para lá e começam a se reproduzir. Tudo isso são oportunidades para o isolamento genético. Se a nova população permanecer isolada, ela evoluirá ao longo de uma trajetória separada de outras populações, acumulando um conjunto diferente de mutações. Assim, a nova população pode se tornar tão distinta que novas espécies poderão surgir.

O tempo é outra forma de isolamento genético. Como novas mutações se acumulam a cada geração, o genoma de qualquer indivíduo nascido daqui a milhares de gerações incluirá um conjunto de mutações acumuladas, algumas das quais podem ser incompatíveis com os genomas de indivíduos que estão vivos hoje. Como consequência, as espécies têm períodos de vida finitos. Eles nascem e morrem no ritmo da evolução.

As regras da evolução são simples. As mutações se acumulam. Na maioria das vezes, é um simples jogo de sorte que decide se essas mutações são passadas para a próxima geração. Às vezes, porém, um indivíduo nasce com uma variante genética que torna seus descendentes mais propensos – ou mais aptos – a sobreviverem e se reproduzirem no ambiente em que vivem. Essas mutações têm mais chances de permanecer na próxima geração. Com o tempo, as linhagens ou se diversificam e se adaptam à medida que as mutações surgem e tornam-se mais comum ou desaparecem. E assim a extinção acontece.

Durante a maior parte de nossa própria história evolutiva, nossa linhagem não era diferente de qualquer outra. Nossos ancestrais estavam entre aqueles que, em suas populações, sobreviveram e se reproduziram. Ao longo de bilhões de gerações, os genomas de nossos ancestrais acumularam mutações e nossa linhagem se adaptou. Climas mudaram, habitats foram alterados e nichos surgiram e desapareceram. Nossa linhagem se transformou e deu origem aos animais, depois aos mamíferos, depois aos primatas e, enfim, símios. Então, nossos ancestrais descobriram como quebrar as regras. Aprenderam a trabalhar em conjunto para anular o acaso, para ajudar os outros ao invés de permitir que os menos aptos entre eles morressem. Aprenderam a moldar o ambiente ao invés de serem moldados por ele. Aprenderam a conduzir a evolução – a determinar tanto suas próprias trajetórias evolutivas quanto as das espécies com as quais interagiam – ao invés de se sujeitarem a seus caprichos. E enquanto os paleoantropólogos ainda não entendem completamente onde, quando ou como isso aconteceu, foi assim que, sem dúvida, nos tornamos diferentes de todas as outras espécies que vivem ou já viveram na Terra. É isso que significa ser humano.

A NOSSA EXPANSÃO

Há cerca de 40 milhões de anos, durante o Eoceno, uma linhagem de primatas semelhantes a macacos dispersou-se no clima quente e estável do sudeste Asiático para colonizar a África. O Eoceno tornou-se o Oligoceno, e o movimento contínuo das placas tectônicas ergueu montanhas no Grande Vale do Rifte, alterando os padrões climáticos e meteorológicos. Geleiras se formaram nos polos e o planeta ficou mais frio. As densas selvas africanas começaram a secar, transformando alguns habitats em savanas e desertos. Os macacos se adaptaram a essas mudanças, desenvolvendo novas estratégias para encontrar comida e um lugar seguro para dormir.

Cerca de 26 milhões de anos atrás, no Grande Vale do Rifte, os primeiros fósseis atribuídos a um símio apareceram no registro fóssil. *Rukwapithecus fleaglei* é conhecido apenas por uma mandíbula, mas seus dentes são suficientemente distintos de outros primatas para que os paleontólogos o classifiquem como algo novo. *Rukwapithecus* e outros símios tinham corpos e cérebros maiores do que os macacos do Velho Mundo. Eles também não tinham cauda, indicando que haviam desenvolvido algum outro mecanismo para manter o equilíbrio e se moverem entre as árvores.

O clima continuou a mudar e os símios tiveram um sucesso evolutivo. Cerca de 18 milhões de anos atrás, um novo tipo de símio com mandíbulas fortes e dentes grossos apareceu no registro fóssil. O *Afropithecus* podia mastigar e extrair nutrientes de alimentos que eram inacessíveis aos seus primos frugívoros de mandíbula mais fraca, como plantas de casca grossa e nozes e sementes de casca dura. Essa capacidade de explorar uma maior variedade de alimentos pode ter sido a vantagem evolutiva que permitiu que o *Afropithecus* ou seus descendentes deixassem a África e se expandissem para a Ásia e a Europa, onde prosperaram, pelo menos inicialmente.

Durante o início do Mioceno, que começou há cerca de 23 milhões de anos, o clima europeu era subtropical e ideal para a maioria de símios comedores de frutas. No entanto, à medida que o Mioceno progrediu, o planeta esfriou. As selvas europeias começaram a ser substituídas por bosques e os verões intermináveis deram lugar às estações. À medida que os habitats diminuíram e os recursos tornaram-se mais escassos, os símios europeus se adaptaram e se diversificaram. Algumas linhagens desenvolveram uma postura ereta, poderosos dedos agarradores, pulsos fortes e cérebros maiores – adaptações para se moverem de forma rápida e estratégica pelas selvas europeias cada vez mais reduzidas. Então, cerca de 10 milhões de anos atrás, esses símios maiores e presumivelmente mais versáteis retornaram à África. São provavelmente nossos ancestrais.

Um estilo de vida efetivamente bípede é uma característica-chave dos hominíneos, nome frequentemente dado ao subgrupo de símios que inclui nosso próprio gênero, *Homo*. O primeiro hominíneo com o hábito de andar ereto foi o *Australopithecus*, que evoluiu há cerca de 4 milhões de anos, no leste da África. A maioria dos paleoantropólogos acredita que ele foi um ancestral direto de nossa linhagem, *Homo*. A prova de que o *Australopithecus* andou sobre dois pés vem de conjuntos de pegadas fósseis deixadas em cinzas vulcânicas há 3,66 milhões de anos, redescobertas em 1976 no atual norte da Tanzânia. Fósseis de australopitecos, descobertos em todo o continente africano, revelam um grupo diversificado e altamente adaptável que vivia num clima cada vez mais seco e imprevisível. A maioria dos australopitecos tinha cérebros com cerca de 35% do tamanho de um cérebro humano moderno. Todos os australopitecos tinham pulsos e mãos hábeis. Os restos mortais de Lucy, um *Australopithecus afarensis* de 3,2 milhões de anos, descoberto na região de Afar, na Etiópia, tinha pernas robustas, como esperado para um hominíneo bípede, e braços vigorosos.

Sua espécie, ao que parece, era ágil tanto nas árvores como no chão. Quando as savanas começaram a se expandir há cerca de 3 milhões de anos, alguns australopitecos desenvolveram molares grossos que lhes permitiram extrair nutrientes das gramíneas fibrosas e arenosas da savana. Porém, ao contrário do *Homo* posterior, os australopitecos nunca abandonaram inteiramente as florestas para viverem nas savanas, mas preferiram florestas densas ou habitats que combinavam bosques e savanas, onde as árvores provavelmente forneceriam refúgio quando fugiam de carnívoros famintos.

O bipedismo trouxe algumas vantagens. Um símio bípede pode se erguer mais alto e enxergar distâncias maiores do que um símio que anda de quatro patas. Um símio bípede pode alcançar frutas que crescem no alto e localizar presas mais distantes. Um símio bípede também tem dois membros livres com mãos já capazes de manipular pequenos objetos. Assim, não precisando mais usá-las para ficar em pé ou correr, as mãos livres podiam ser usadas para outros fins. À medida que nossos ancestrais evoluíram para andar eretos, nossa linhagem começou a inovar e a ensinar essas inovações uns aos outros. Desenvolveram linguagem e uma cooperação que os diferenciavam de outros símios. Começaram a moldar objetos que encontravam em seu ambiente, transformando-os em ferramentas de pedra – ou seja, armas que melhorariam sua eficiência predatória.

Isso teria consequências.

ESTA É A NOSSA TERRA

Os efeitos climáticos das eras glaciais do Pleistoceno, que começaram há cerca de 2,6 milhões de anos, foram mais marcantes nos polos, mas a África equatorial não escapou da influência do crescimento e da diminuição das camadas de gelo. Quando as geleiras avançaram e o nível do mar caiu, o continente africano ficou mais frio e mais seco; quando as geleiras recuaram, as condições áridas em toda a África diminuíram. A proporção dessas mudanças aumentou duas vezes durante o Pleistoceno, primeiro por volta de 1,7 milhão de anos atrás e, depois, por volta de 1 milhão. Em ambas as vezes os ciclos áridos se intensificaram na África, tornando menos provável que os ecossistemas mais adaptados à umidade conseguissem se recuperar antes que se iniciasse um próximo início da aridez. Assim, gradualmente, as selvas africanas foram sendo substituídas por bosques e depois por campos de savana seca.

Tanto a flora quanto a fauna da África se adaptaram ao regime climático do Pleistoceno. Espécies que exigiam climas úmidos foram extintas ou evoluíram para tolerar longos períodos de aridez e um clima cada vez mais imprevisível. E o registro fóssil reflete essa rotatividade. As taxas de extinção aumentaram no início do Pleistoceno para muitas linhagens africanas, incluindo bovídeos (parentes do gado atual, cabras e ovelhas), suídeos (parentes dos atuais porcos e javalis) e macacos. É claro que houve certa variação tanto regionalmente na África quanto entre grupos taxonômicos. Mas o padrão é consistente: quando as glaciações do Pleistoceno começaram, há cerca de 2,6 milhões de anos, os climas locais e regionais mudaram drasticamente e a taxa de extinção aumentou.

Entre os herbívoros foi assim.

Já entre os carnívoros, as primeiras centenas de milhares de anos do Pleistoceno foram muito regulares em termos de extinção. A taxa entre carnívoros acabou aumentando, mas não antes de cerca de 2 milhões de anos atrás - mais de meio milhão de anos após o início das glaciações do Pleistoceno. Porém, uma vez que sua taxa de extinção aumentou, os carnívoros se saíram pior do que outros grupos de animais africanos, sofrendo mais extinções por espécie do que os herbívoros.

Esse padrão é surpreendente.

Numa explicação simples, poderíamos dizer que foi necessário algum tempo para que os carnívoros fossem afetados. Os herbívoros, como os principais consumidores de plantas africanas, provavelmente foram atingidos de modo direto quando a flora começou a mudar. Então, quando os herbívoros começaram a ser extintos, os carnívoros passaram a ser desafiados pela falta de recursos. Embora essa explicação faça algum sentido, meio milhão de anos é um intervalo muito longo entre o início das extinções de herbívoros, e quando os carnívoros começam a sentir os efeitos dessas extinções.

Outra possibilidade é que os carnívoros, dada sua posição na cadeia alimentar, estivessem mais protegidos das mudanças climáticas do Pleistoceno. Pois à medida que algumas espécies de herbívoros foram extintas, outras podem ter aumentado para preencher o espaço vazio desse nicho herbívoro, fornecendo alimento suficiente, embora em uma embalagem diferente, para os carnívoros. Nesse cenário, os carnívoros podem não ter atingido um ponto crucial de extinção até que a intensidade das mudanças climáticas atingisse algum limite e o número total de herbívoros começasse a diminuir. Essa explicação também faz sentido, mas a intensidade das glaciações atingiu seu primeiro aumento gradual há 1,7 milhão de anos, que é 300.000 anos após o aumento das taxas de extinção de carnívoros. Enfim, provavelmente falta alguma coisa nessa história.

Outra possível explicação vem do registro arqueológico. Em 2011, o Projeto Arqueológico West Turkana começou a investigar um local de ocupação humana primitiva a oeste do lago Turkana. Um dia, durante o primeiro ano, alguns membros da equipe erraram o caminho e chegaram em uma área inexplorada onde encontraram, surpreendentemente, bem na superfície do solo, o que descreveram como "inconfundíveis ferramentas de pedra". Sem demora, iniciaram uma escavação e, no final do ano seguinte, haviam recuperado mais de 100 peças de artefatos de ferramentas de pedra e mais de 30 fósseis de uma linhagem chamada *Kenyanthropus* (ou às vezes *Australopithecus*) *platyops*. O *Kenyanthropus* foi extinto há cerca de 3,2 milhões de anos, e aquele local em particular data de 3,3 milhões de anos, o que faz daquelas ferramentas de pedra as mais antigas que conhecemos e, a partir de então, as únicas ferramentas de pedra que antecedem as eras glaciais do Pleistoceno. Tais ferramentas são provas de que nossos ancestrais e seus primos estavam evoluindo para serem predadores e armazenadores de carne mais eficientes, exatamente quando as coisas estavam prestes a ficar (climaticamente) difíceis para suas presas. Poderiam ter sido os nossos ancestrais que fizeram pender a balança contra os carnívoros?

Ferramentas de pedra são observadas com frequência crescente no registro arqueológico após o início do Pleistoceno. Ossos de um animal parecido com gado de 2,6 milhões de anos, coletado em um sítio arqueológico em Gona, Etiópia, mostram sinais de cortes e raspagem, sugerindo que os primeiros hominíneos começaram a processar carne e extrair tutano dos ossos. Três outros locais na Etiópia e no Quênia, que datam de cerca de 2,35 milhões de anos atrás, confirmam a importância da implementação da tecnologia dessas ferramentas de pedra para o *Homo* primitivo. Em um deles, num sítio chamado Lokalalei, na Turkana Ocidental, foram recuperados ossos processados de bovídeos, suídeos, equídeos, de um rinoceronte extinto e de vários roedores grandes, assim como de répteis e peixes. Há 2,35 milhões de anos, nossos ancestrais estavam competindo com outros carnívoros africanos por presas.

ARTESÃOS (E ARTESÃS)

As árduas batalhas taxonômicas envolvendo o bisão parecem pequenas se comparadas com as do *Homo*. Porque no caso do *Homo* o problema não ocorre devido a uma abundância de fósseis, mas por não existirem muito deles. Cada novo fóssil encontrado é recebido com festa, mas também com certa angústia, afinal, a origem histórica de nosso gênero já foi escrita e reescrita inúmeras vezes. Historicamente, os fósseis de *Homo* vêm sendo guardados em acervos privados de museus, protegidos tanto de danos acidentais quanto da análise minuciosa de competidores obstinados. Mas felizmente a nova geração de paleoantropólogos está rejeitando toda essa precaução em favor de uma abertura à pesquisa, chegando até a divulgar instruções para imprimir réplicas 3D perfeitas, junto com relatórios das novas descobertas de fósseis.*

O Homo evoluiu na África, em algum momento, há 3 milhões de anos atrás. Mas ainda é controverso quando, onde e quantas linhagens de *Homo* coexistiram precisamente durante esse período. O fóssil mais antigo conhecido que *pode* pertencer ao *Homo* é um maxilar de 2,8 milhões de anos, conhecido como mandíbula de Ledi-Geraru, descoberto na região de Afar, na atual Etiópia. O fóssil Ledi-Geraru é uma mandíbula parcial esquerda com seis dentes, três dos quais com coroas quebradas. Como nenhuma outra parte do esqueleto foi preservada, a atribuição taxonômica de Ledi-Geraru fica na dependência de saber se os dentes são mais semelhantes aos dentes de fósseis posteriores atribuídos ao *Homo* ou aos dentes de fósseis atribuídos ao *Australopithecus*. Talvez como já se esperava, os dentes de Ledi-Geraru ficaram no meio do caminho entre os dois: são pequenos demais para serem de *Australopithecus*, além de terem um formato fora do padrão conhecido para os dentes de *Australopithecus*, e também não se enquadrarem nos padrões conhecidos dos primeiros *Homo*. A mandíbula de Ledi-Geraru pode ser a de um *Homo primitivo*, mas também pode não ser.

Em 1960, Jonathan Leakey, o filho mais velho dos famosos paleontólogos Louis e Mary Leakey, descobriu uma mandíbula inferior e o topo de um crânio que pertenceu ao que parecia ser uma criança, enquanto escavava em Olduvai Gorge, na Tanzânia. Os Leakey mais velhos haviam começado essa escavação quase 30

---

* Em 2015, os paleoantropólogos Lee Burger e John Hawkes descreveram uma recém-descoberta espécie humana extinta, o *Homo naledi*, que viveu na África do Sul até 260.000 anos atrás. Doze horas após a equipe anunciar a descoberta, instruções para imprimir modelos 3D de muitos dos fósseis de *Homo naledi* puderam ser baixadas gratuitamente. Essa abordagem é muito diferente do que vinha sendo a norma na paleoantropologia, onde geralmente os anúncios de novas descobertas de fósseis eram feitos muitos anos antes da disponibilização dos dados brutos para estudo ou que os moldes estivessem disponíveis para compra. Hoje, as instruções para imprimir modelos 3D de vários fósseis de *Australopithecus* e *Homo* mantidos em coleções nos Museus Nacionais do Quênia e nas estações de campo do Turkana Basin Institute, já estão disponíveis para download no AfricanFossils.org, um site sem fins lucrativos que disponibiliza os dados através da Licença *Creative Commons Attribution-Noncommercial-ShareAlike*.

anos antes, após a descoberta de ferramentas de pedra primitivas num desfiladeiro. Um ano antes, Mary tinha descoberto um crânio de um jovem adulto com um rosto saliente e um cérebro pequeno - eles pensaram que não poderia ser do fabricante das ferramentas. Então, continuaram procurando. O filho de Johnny, como o novo fóssil ficou conhecido, era claramente diferente. Nos três anos seguintes, outros elementos pertencentes à mesma espécie do filho de Johnny foram descobertos: ossos do pulso e da mão de uma criança, um pé adulto, um crânio parcial com pequenos dentes bem preservados e outro crânio com a mandíbula completa. Uma equipe de arqueólogos e paleoantropólogos, incluindo Louis Leakey, Phillip Tobias, Michael Day e John Napier, estudaram os ossos e chegaram à mesma conclusão: esses elementos eram de uma espécie muito semelhante aos humanos modernos e certamente distinta dos australopitecos da África Austral. Esta espécie foi provavelmente a fabricante das ferramentas de pedra. Eles nomearam a nova espécie *Homo habilis*, o fabricante de ferramentas. *O Homo habilis*, que viveu aproximadamente entre 2,4 a 1,7 milhão de anos atrás, ficou de pé com 100 a 135 centímetros de altura, andou com duas pernas e tinha um cérebro muito maior do que o *Australopithecus* anterior, mas que ainda era menos da metade do tamanho do cérebro dos humanos modernos.

Em 1972, uma equipe de arqueólogos liderada por Richard Leakey - o segundo filho de Louis e Mary Leakey - e Meave Leakey, esposa de Richard, descobriu um crânio na margem leste do atual lago Turkana. O crânio tinha características do gênero *Homo*, mas era diferente do *Homo habilis*. Os Leakey chamaram esse fóssil de *Homo rudolfensis*, em homenagem ao antigo nome do lago Turkana, que se chamava lago Rudolf. Nos anos seguintes, foram encontrados no Quênia vários outros fósseis que pareciam ser do *Homo rudolfensis*. Desde então, surgiram divergências (como já esperado) sobre a possibilidade de todos os fósseis descobertos do *Homo rudolfensis* pertencerem à mesma espécie: se alguns deveriam ser atribuídos ao *Homo habilis* ou se talvez nem pudessem ser atribuídos a qualquer *Homo*. Independentemente de sua taxonomia específica, esses fósseis datam da mesma época do *Homo habilis* e várias espécies de australopitecos, indicando que várias linhagens de primatas semelhantes a humanos viveram na África há 2,4 milhões de anos.

Há 1,8 milhão de anos, as pessoas atribuídas ao gênero *Homo* viviam na atual Dmanisi, na República da Geórgia. Foram chamadas, entre outros nomes, de *Homo erectus, Homo ergaster* e *Homo georgicus*. Faziam ferramentas de pedra rústicas, tinham cérebros apenas um pouco maiores que os do *Homo habilis*, mas eram mais altas. Esse aumento de altura – e talvez da locomoção – pode ter sido a adaptação que possibilitou o primeiro êxodo humano da África, embora isso seja algo que esteja longe de ser demonstrado.

Há 1,6 milhão de anos, o *Homo erectus* se estabeleceu no Quênia, na Tanzânia e na África do Sul e, há 1 milhão de anos, dispersou-se do norte e do leste para o extremo oriente da China e para a Indonésia. Há 780.000 anos, os descendentes do *Homo erectus*, às vezes chamado de *Homo heidelbergensis*, estabeleceram-se na atual Espanha e, há 700.000 anos, estavam tão ao norte quanto na atual Inglaterra. Esses hominíneos posteriores tinham cérebro grande, eram altos e esguios, variando entre 145 a 185 centímetros e pesando entre 40 e 68 quilos. Possuíam morfologias altamente variáveis, mesmo dentro do mesmo sítio fóssil, similar aos humanos modernos.

Assim como os humanos modernos, o *Homo erectus* foi responsável por um grande impacto ecológico. Como o primeiro bípede exclusivo, o *Homo erectus* era primorosamente adaptado para abater suas presas. Eram caçadores de resistência, capazes de percorrerem distâncias maiores e se refrescarem mais rapidamente do que os animais que se moviam de quatro patas. Como seres inteligentes, cooperativos e criativos, podiam colaborar na caçada, aumentando suas chances de sucesso. Como seus ancestrais, o *Homo erectus* produziu e usou ferramentas de pedra, mas refinou essa habilidade, remodelando e melhorando seu design ao longo do tempo. À medida que evoluía, o *Homo erectus* começou a fazer e usar também outros tipos de ferramentas, como lanças de madeira para impulsionar e talvez para arremessar. Eles também colonizaram ilhas acessíveis apenas por barco e construíram assentamentos com espaços separados para cortar carne, trabalhar com plantas e dormir. Embora o *Homo erectus* não falasse como os humanos modernos, esses comportamentos complexos implicam um nível de cooperação, ensino e aprendizado que só poderia ser viável com uma linguagem complexa. O *Homo erectus* tinha começado a desafiar as regras da evolução.

AME O TEU PRÓXIMO

Há 700.000 anos, linhagens pertencentes ao gênero *Homo* encontravam-se desde o extremo sul até o norte da África, assim como na Europa e na Ásia. Como usavam ferramentas sofisticadas, tinham cérebros grandes e mãos hábeis, começaram a moldar o mundo ao seu redor. Depois disso – e já me desculpando com os estudiosos paleoantropológos pelos detalhes importantes que certamente terei de omitir –, as evidências fósseis apontam para um cenário mais ou menos assim: o *Homo erectus* deu origem ao *Homo heidelbergensis*, que se espalhou pela África e pela Europa e viveu aproximadamente entre 700.000 e 200.000 anos atrás. O *Homo heidelbergensis* deu origem a nossos primos, *Homo neanderthalensis*, ou neandertal, há 400.000 anos, provavelmente na Europa ou no Oriente Médio, e a nós, *Homo sapiens*, na África há 300.000 anos. Hoje, toda linhagem *Homo* descrita, com exceção da nossa, está extinta. As datas dos vestígios mais recentes de muitas linhagens que sobreviveram tardiamente coincidem com as evidências de que nossa própria linhagem surgiu em seus habitats. Essa estranha coincidência de eventos também tem uma interpretação simples: nossos ancestrais eliminaram todas as outras linhagens humanas na África, depois foram para a Europa, onde eliminaram os neandertais, e foram se espalhando pelo resto do mundo, eliminando qualquer população remanescente de humanos não sapiens que encontraram. Mas voltaremos a essa parte da história mais tarde.

Embora faltem muitos detalhes importantes nessa minha síntese, era mais ou menos esse o quadro geral da evolução humana relativamente recente quando o campo do DNA antigo foi estabelecido. E dadas as tendências egoístas de nossa espécie, não é surpreendente que os neandertais e os primeiros *Homo sapiens* tivessem prioridade nas pesquisas com DNA antigo. Mas as descobertas desses primeiros estudos surpreenderam a todos.

A primeira sequência de DNA neandertal foi publicada em 1997. Esse estudo, como a maioria das pesquisas genéticas que se concentram em neandertais, foi dirigido por Svante Pääbo, que na época era professor da Universidade de Munique, mas atualmente é diretor do departamento de genética do Instituto Max Planck de Antropologia Evolucionária, em Leipzig. Em 1997, Pääbo e seus colaboradores publicaram a sequência de um pequeno fragmento de DNA mitocondrial de neandertal. O DNA mitocondrial era um alvo comum dos primeiros estudos com DNA antigo por algumas razões: primeiro, cada célula tem milhares de cópias do genoma mitocondrial (as mitocôndrias são organelas encontradas fora do núcleo da célula e têm seus próprios genomas), mas apenas duas cópias do genoma nuclear. Isso significa que o DNA mitocondrial tem mais chances de sobreviver em fósseis do que o DNA nuclear. Segundo, as mitocôndrias são transmitidas pela linha materna, o que torna sua história evolutiva simples de interpretar. O DNA mitocondrial que Pääbo publicou em 1997 era distinto de todas as mitocôndrias presentes nos humanos modernos, o que sugeria (como o registro fóssil) que os neandertais e os humanos evoluíram por caminhos diferentes. Depois desse estudo, novos fragmentos de DNA mitocondrial, recuperados de vários outros ossos de neandertais, foram adicionados à árvore evolutiva. Todos esses dados apontavam para a mesma conclusão: os neandertais e os humanos estavam intimamente relacionados, mas tinham linhagens evolutivas diferentes que vinham evoluindo de forma distinta por pelo menos algumas centenas de milhares de anos.

Por quase uma década, isso foi tudo que o DNA antigo revelou sobre a relação entre os neandertais e os humanos. Então, no início dos anos 2000, novas abordagens tornaram o sequenciamento de DNA mais prático e econômico para que se pudesse tentar sequenciar um genoma nuclear de neandertal. Em 2006, uma equipe liderada por Ed Green, na época pesquisador de pós-doutorado no grupo de Pääbo, publicou uma prova de conceito mostrando que em pouco tempo seria possível mapear todo o genoma nuclear neandertal. Embora seu conjunto de dados fosse pequeno - as sequências cobriam apenas 0,04% do genoma nuclear neandertal -, ele estabeleceu a abordagem que todos nós que trabalhamos com DNA antigo usamos até hoje.

Em 2010, Ed Green, Svante Pääbo e outros colaboraram para produzir um esboço completo da sequência do genoma neandertal e, pela primeira vez - mas certamente não a última - o DNA antigo reescreveu a história evolutiva humana. Com este primeiro esboço do genoma, a equipe confirmou que as populações neandertais e as populações humanas modernas se separaram há cerca de 460.000 anos, aproximadamente quando o registro fóssil sugere que os primeiros hominídeos com morfologias neandertais típicas apareceram na Europa. No entanto, os dados também trouxeram uma surpresa: alguns fragmentos do que agora poderia ser identificado como DNA neandertal estavam presentes em genomas humanos modernos. Isso só poderia ser explicado se nossa árvore evolutiva de ramificação pura não estivesse se ramificando de maneira tão pura assim, ou seja, se as linhagens que levaram aos neandertais e aos humanos modernos tivessem primeiro se separado e, mais tarde, se reunido novamente.

Desde 2010, as tecnologias para extrair, sequenciar e montar DNA antigo em genomas vêm melhorando, e genomas têm sido montados a partir de cerca de uma dúzia de neandertais que viveram na Europa e na Sibéria entre 39.000 e 120.000 anos atrás. Esses genomas revelaram que as populações neandertais eram pequenas e tendiam a ser geograficamente isoladas uma das outras. Também confirmaram o que o primeiro genoma neandertal havia revelado: nossas duas linhagens tiveram uma história evolutiva profundamente entrelaçada. Os dados genômicos contêm provas de que as duas linhagens entraram em contato com mais frequência do que podemos observar nos registros fósseis - e, quando isso ocorreu, muitas vezes acasalaram e trocaram genes.

Como consequência, os genomas da maioria dos humanos vivos hoje incluem algum DNA neandertal.

Após essa descoberta baseada no DNA que vinha ameaçando a supremacia do registro fóssil como guardião da nossa história evolutiva, outras duas, de DNA antigo, também tiraram os fósseis de seus pedestais. Primeiro, um genoma sequenciado de um osso de dedo de aproximadamente 80.000 anos encontrado na caverna Denisova, na Sibéria, revelou-se não ser nem de um neandertal nem de um humano moderno, mas de um hominíneo distinto e até então desconhecido. Em segundo lugar, um genoma sequenciado de um osso hominíneo de 420.000 anos encontrado numa caverna na Espanha acabou se tornando uma grande confusão.

Em 2008, arqueólogos russos estavam escavando a caverna Denisova nas montanhas de Altai e encontraram um fragmento de osso do dedo de uma jovem que viveu dezenas de milhares de anos antes. Não era maior do que um grão de café, mas continha, de forma surpreendente, o DNA bem preservado. Ao ser comparado com o DNA humano e o DNA neandertal, descobriu-se que a menina pertencia a uma espécie inteiramente nova de hominíneo, até então completamente ausente do registro fóssil. A equipe de Pääbo chamou essa nova linhagem humana de "Denisova", em homenagem à caverna onde o fragmento foi encontrado.

Análises dos dados genômicos da menina revelaram que há mais de 390.000 anos, logo após a linhagem neandertal se separar da linhagem que chega até nós, um grupo de neandertais deixou a Europa e começou a se espalhar pela Ásia. Essas pessoas são os denisovanos. Claro que esse não é o fim da história. Descobertas posteriores de DNA antigo mostraram que, mais tarde, talvez centenas de milhares de anos depois, os neandertais se dispersaram novamente da Europa para a Ásia e, por um tempo, permaneceram também na caverna Denisova. Enquanto estavam lá, compartilharam mais do que apenas espaço com os denisovanos. Em 2018, o grupo de Pääbo descreveu, a partir de vestígios recuperados na caverna Denisova, uma mulher que viveu cerca de 90.000 anos atrás, cuja mãe era neandertal e o pai denisovano. O osso usado para descrever essa mulher tinha 3 centímetros de comprimento e 1 centímetro de largura, o que não permite a identificação, pelo menos do ponto de vista morfológico.

Os denisovanos podem ter se espalhado durante o Pleistoceno Superior. A maioria das evidências fósseis de sua existência é da caverna Denisova: quatro dentes e muitos fragmentos de ossos identificados como denisovanos, usando métodos de DNA ou baseados em proteínas. No entanto, em 2019, sequências de proteínas extraídas de um maxilar de 160.000 anos encontrado em uma caverna no planalto tibetano, forneceram a primeira evidência tangível de que os denisovanos viviam fora das montanhas de Altai. No entanto, mesmo antes de esses fósseis serem caracterizados, dados genômicos de humanos modernos têm demonstrado que os denisovanos (ou talvez não os próprios denisovanos, mas os hominíneos relacionados a eles) eram comuns. Hoje, cerca de 5% dos genomas de pessoas nativas da Oceania podem ser rastreados até misturar-se com hominíneos semelhantes aos denisovanos, como se acredita que ocorreu com a dispersão dos humanos modernos pela atual Papua-Nova Guiné.

O segundo golpe no registro fóssil veio alguns anos depois. Uma equipe liderada por Matthias Meyer, também do grupo de Pääbo, recuperou o DNA antigo de um osso de hominíneo de 420 mil anos, descoberto num complexo de cavernas conhecido como Sima de los Huesos, nas montanhas espanholas de Atapuerca. Os hominíneos Sima de los Huesos compreendem 28 esqueletos quase completos cuja identidade taxonômica sempre causou discórdia. Juan-Luis Arsuaga, paleoantropólogo da Universidad Complutense de Madrid, passou décadas escavando e estudando esses restos fósseis e ficou convencido de que eram dos primeiros neandertais. Outros argumentaram que os esqueletos mostram traços diagnósticos do *Homo heidelbergensis*. Quando a equipe de Meyer juntou um genoma mitocondrial e partes de um genoma nuclear de um desses esqueletos, seus resultados não deram razão a nenhum dos lados. Mitocondrialmente, o indivíduo Sima de los Huesos era mais semelhante aos denisovanos do que aos neandertais posteriores. Porém, seu genoma nuclear parecia o de um típico neandertal.

O que estava acontecendo?

Uma possibilidade, embora apenas uma hipótese, é que o DNA mitocondrial encontrado em neandertais posteriores tenha se originado numa linhagem diferente de neandertais. Em 2017, cientistas descobriram fósseis de humanos modernos em um sítio chamado Jebel Irhoud, no Marrocos, que data de cerca de 315.000 anos atrás. Se nessa época os humanos modernos já tivessem colonizado habitats tão ao norte, poderiam ter se aventurado ainda mais ao norte, talvez encontrando e acasalando com neandertais ao longo do caminho. As populações neandertais eram pequenas na época, o que torna possível que parte do genoma neandertal, como o DNA mitocondrial, possa ter sido substituído pelo DNA desses primeiros humanos modernos. Esse cenário hipotético poderia explicar por que o neandertal Sima de los Huesos tem uma sequência mitocondrial diferente dos neandertais posteriores: o neandertal Sima de los Huesos teria uma versão "original" do DNA mitocondrial neandertal, enquanto os neandertais posteriores têm uma versão do DNA mitocondrial que evoluiu na linhagem que levou aos humanos modernos e, portanto, incorporou na população neandertal depois de se acasalarem com esses primeiros humanos modernos. Se isso é verdadeiro, implicaria que nossa linhagem deixou a África mais de uma vez nas últimas centenas de milhares de anos.

Então, vamos recapitular a história de acordo com o DNA antigo.

Estimativas do registro *genético* indicam que por volta de 460.000 anos atrás – e provavelmente na África –, uma população ancestral dos humanos modernos e dos neandertais se dividiu em duas linhagens. Uma delas permaneceu na África e evoluiu para os humanos modernos, e a outra provavelmente se dispersou para o norte na Europa, onde evoluiu para os primeiros protoneandertais. Algum tempo antes de 420.000 anos atrás (a idade dos ossos Sima de los Huesos), a linhagem protoneandertal também se dividiu em duas. Uma ficou para trás e evoluiu para os neandertais ocidentais, e a outra se dispersou para o leste, evoluindo para os denisovanos (que poderiam até ser chamados de neandertais orientais). Após a separação neandertal/denisovano, mas antes de 125.000 anos atrás (quando a sequência mitocondrial que é evolutivamente mais semelhante à nossa é observada em um neandertal na Alemanha), os humanos modernos podem ter saído da África muito antes do que sugere o registro fóssil, acasalado com os neandertais ocidentais e depois desaparecido. Pelo menos alguns neandertais ocidentais herdaram o DNA mitocondrial desses primeiros humanos modernos. Neandertais carregando esse primeiro DNA mitocondrial humano moderno se dispersaram então para o leste, onde encontraram e se acasalaram com os denisovanos. Algum tempo depois de 70.000 anos atrás, os humanos modernos saíram da África e foram para a Europa novamente, desta vez com um sucesso mais duradouro. Lá, encontraram e se acasalaram com os neandertais novamente. Os humanos modernos então se dispersaram para o leste, se acasalando com e substituindo neandertais e denisovanos ao longo do caminho.

Por que houve tanta promiscuidade na nossa história evolutiva? A resposta é muito simples: se podiam, por que não? Não havia nenhum impeditivo para o fluxo gênico quando essas populações se encontravam, portanto, a troca de genes... aconteceu!

E também pode ter havido um benefício evolutivo para essa falta de barreira reprodutiva. Populações que se estabeleceram num local por algum tempo podem ter tido acesso a todos os tipos de adaptações para viver lá, desde imunidade contra patógenos locais até adaptações ao clima e dieta locais. Ao acasalar com primos evolucionários distantes, nossos ancestrais podem ter herdado genes que os ajudaram a sobreviver, até a se multiplicar, em seus novos ambientes.

Mas se todo esse acasalamento e fluxo gênico foram evolutivamente vantajosos nos últimos tempos, podemos supor também que a troca de genes entre espécies têm sido vantajosa ao longo da história evolutiva?

O registro fóssil confirma que populações de *Homo erectus* estavam presentes em grande parte da Ásia durante o Pleistoceno Primitivo e o Pleistoceno Médio. Se os neandertais ou denisovanos dispersos tivessem encontrado qualquer um desses hominíneos primitivos, provavelmente os teriam visto como parceiros em potencial. Na verdade, alguns pesquisadores levantaram a possibilidade de que os denisovanos sejam híbridos de neandertais que dispersaram para o leste com o *Homo erectus* local. Algum suporte para essa hipótese vem do registro fóssil. Dois dos dentes encontrados na caverna Denisova, com DNA semelhante ao denisovano, são muito grandes para um neandertal - cerca de 1,5 centímetro (pouco mais de meia polegada) de diâmetro. Os dentes de aspecto arcaico teriam sido úteis para uma dieta diferente da dos hominíneos posteriores - a que se baseava em triturar alimentos rígidos como as gramíneas. Os dados de DNA também podem ser interpretados como suporte a essa hipótese. Em vez de encontrar um hominíneo semelhante ao denisovano que está ausente do registro fóssil, os humanos modernos que se dispersam na Oceania podem ter se encontrado e se hibridizado com os sobreviventes tardios do *Homo erectus*, ou talvez uma linhagem ainda não descrita ou linhagem híbrida. Isso explicaria por que os denisovanos (neste cenário, neandertais com ascendência *Homo erectus*) e oceânicos modernos (humanos modernos com ascendência neandertal e denisovana) têm padrões semelhantes, mas não idênticos, de ancestralidade arcaica em comparação com humanos modernos de outras partes do mundo.

Claro que isso é uma conjectura que se baseia apenas na interpretação (minha e de outros) dos dados disponíveis hoje. Inevitavelmente, o próximo fóssil recuperado ou genoma antigo sequenciado nos fará apagar a história humana para reescrevê-la novamente.

A única coisa definitiva é que ainda não entendemos todos os detalhes.

ENQUANTO ISSO, NA ÁFRICA

Ao mesmo tempo em que ocorria a ascensão e disseminação de neandertais e denisovanos na Eurásia, na África evoluíam várias linhagens *Homo*.

Com base nos dados disponíveis hoje, nossa própria linhagem, *Homo sapiens*, evoluiu provavelmente antes de 350.000 anos atrás e, pelo menos nos primeiros 100.000 anos a seguir, coexistiram, no mínimo, duas linhagens *Homo* na África: nós e o *Homo naledi*, um hominíneo de corpo e cérebro menores que foi descoberto no complexo de cavernas Rising Star na África do Sul, em 2015. Ainda permanece desconhecido o lugar exato onde o *Homo sapiens* surgiu pela primeira vez na África, mas fósseis pertencentes à nossa linhagem, de 100.000-200.000 anos atrás, são encontrados em todo o continente. A comparação com dados genômicos de pessoas vivas sugere que essas populações humanas primitivas eram pequenas e principalmente isoladas umas das outras, mas que o DNA fluía entre elas de forma intermitente, à medida que as populações aumentavam e diminuíam junto com a mudança de habitats.

Algo a mais também estava acontecendo. Por volta de 300.000 anos atrás, durante a Idade da Pedra Média, sítios arqueológicos em toda a África começam a revelar evidências de um conjunto cada vez mais complexo de comportamentos. Em Jebel Irhoud, no Marrocos, no primitivo sítio arqueológico do ser humano moderno, que data de 315.000 anos atrás, as pessoas esquentavam pedras para torná-las mais fáceis de lascar e, assim, poderem moldar com ferramentas. Há aproximadamente 100.000 anos, o *Homo sapiens* no norte, no leste e no sul da África era capaz de fazer miçangas com cascas e, às vezes, ovos de avestruz, decorando-as com pigmentos e até desenhos geométricos sofisticados. Outras inovações da Idade da Pedra Média introduzidas pelo *Homo sapiens* incluem pesca, captura de pequenos animais, transporte de longa distância de materiais como a obsidiana, desenvolvimento de rituais mortuários e a criação de ferramentas de usos diversos, incluindo armas com sistemas de lançamentos de projéteis. Tudo isso são evidências da crescente complexidade tecnológica, comportamental e cultural.

Mas como surgiu essa complexidade comportamental – às vezes chamada de modernidade comportamental? E com que rapidez aconteceu? Até recentemente, muitos paleoantropólogos acreditaram que o comportamento humano moderno, como conhecemos hoje, surgiu de repente, talvez a partir de uma única mudança genética. No entanto, registros arqueológicos mais antigos e completos de todo o continente africano estão reescrevendo essa história. Hoje, a maioria dos estudiosos acredita que a modernidade comportamental evoluiu gradualmente ao longo de centenas de milhares - senão milhões - de anos, à medida que as inovações foram trazendo mudanças culturais e tecnológicas que acabam levando a mais inovações. O registro arqueológico parece mostrar um aumento súbito na taxa de avanço tecnológico nos últimos 50.000 a 100.000 anos, e os cientistas estão investigando os papéis que o crescimento populacional, os deslocamentos de longa distância e consequentes intercâmbios culturais, e até mesmo a genética, podem ter desempenhado na nossa transformação final em humanos modernos com comportamento complexos.

Novamente, o DNA dos neandertais e denisovanos pode fornecer algumas pistas ou pelo menos nos dar uma ideia de onde procurar respostas em nossos próprios genomas. Sabemos que a maioria dos humanos vivos registram de 1% a 5% de nossa ancestralidade misturada com a de nossos primos primitivos. No entanto, nem todos temos as mesmas sequências de DNA antigo. Em vez disso, diferentes pessoas herdaram diferentes partes de DNA antigo. Na verdade, se juntarmos todas as partes dos genomas antigos que circulam nas pessoas hoje, poderíamos reunir quase 93% dos genomas neandertais e denisovanos.

E os outros 7%? É aqui que a coisa fica interessante.

OS GENES QUE NOS TORNAM HUMANOS

Uma pessoa gerada por um indivíduo neandertal e outro humano moderno nasceria com uma cópia completa de cada genoma parental. Nos espermatozoides ou óvulos dessa criança (dependendo se são masculinos ou femininos), esses genomas irão quebrar e depois "recombinar" aproximadamente uma vez por cromossomo, criando novos cromossomos formados da combinação das duas ascendências genéticas da criança. Cada espermatozoide ou óvulo conterá um genoma que é 50% neandertal e 50% humano. Se mais tarde essa pessoa viesse a procriar com um humano moderno, sua prole teria uma cópia do genoma que é 50% neandertal e 50% humano (a cópia de seu parentesco híbrido) e outra cópia que é 100% humana. Esses genomas se recombinariam, criando na nova criança espermatozoides ou óvulos que terão, em média, cerca de 25% do genoma neandertal. Supondo que não seja introduzido nenhum DNA neandertal, essa diluição continuará ao longo das gerações. Atualmente, muitos de nós temos uma pequena quantidade de DNA antigo em nossos genomas, e são grandes as chances de termos herdado DNA antigo de ambos os nossos pais.

Quando nossos ancestrais, primitivos e humanos, conheceram-se e trocaram DNA, suas linhagens haviam evoluído ao longo de caminhos evolutivos separados por centenas de milhares de anos. Com o tempo, foram surgindo mutações em sequências de DNA, e algumas dessas mutações foram importantes para que cada linhagem se tornasse única. Quando eles se reproduziram e seus genomas recombinaram, alguns bebês podem ter nascido sem importantes mutações específicas da linhagem. Se em um bebê nascido de uma mãe humana estivesse faltando uma importante mutação específica humana – tendo herdado, em vez disso, essa parte de seu genoma de seu pai antigo –, ele poderia morrer ou não ser capaz de prosperar numa população de humanos comportamentalmente complexos. Com o tempo, aquelas sequências de DNA que não "funcionavam" – onde um humano não poderia sobreviver sem a versão humana dessa sequência de DNA – seriam marcadas pela seleção natural e excluídas do *pool* genético humano. Essas sequências de DNA representariam 7% do genoma arcaico que não existe em humanos hoje. E é essa parte do genoma que devemos analisar para descobrirmos o que nos torna diferentes.

Atualmente, milhares de genomas humanos e um punhado de genomas antigos de alta qualidade vêm sendo sequenciados. Isso torna possível compilar uma lista dos sequenciamentos do genoma humano onde nenhum, ou quase nenhum, humano vivo herdou DNA antigo: os cruciais 7%. O próximo passo é classificar essa lista em sequências de DNA que foram perdidas por acaso e outras que foram rejeitadas por serem incompatíveis com o ser humano. Esse próximo passo é difícil, principalmente porque os cientistas ainda não compreenderam completamente o que todas as partes do genoma estão realmente fazendo. Sabemos como encontrar genes e como reconhecer partes do genoma que controlam quando os genes são ativados e desativados. Mas ainda estamos aprendendo sobre a importância de coisas como interações entre genes, espaçamento entre genes e outros elementos do genoma que provavelmente fornecem funções importantes, mas não caracterizadas.

No meu grupo de pesquisa, e também em outros, começamos examinando as partes do genoma que a ciência melhor entende: os genes. Dentro de um gene, algumas mutações são mais impactantes do que outras. Uma mutação que altera a sequência de uma proteína transcrita, por exemplo, tem mais probabilidade de fazer diferença funcional do que uma que não altera a proteína. Podemos medir o impacto de uma mutação estimando o quão comum ela é entre humanos vivos. Se todos ou a maioria dos humanos compartilham uma mutação numa sequência de DNA onde ninguém tem a versão arcaica, a chance é alta de que essa mutação tenha beneficiado os primeiros humanos de alguma forma.

Recentemente, Ed Green, Nathan Schaefer e eu usamos essa abordagem – identificar sequências de DNA onde nenhum humano tem DNA antigo e onde todos ou a maioria compartilha uma mutação que evoluiu depois que os humanos se separaram de nossos primos arcaicos – para identificar o que chamamos de genoma humano específico. Descobrimos que o genoma humano específico equivale a apenas 1,5% do nosso DNA. Ou seja: não se trata de 7%, mas muito, muito menos. Agora, nós – e mais alguns outros pesquisadores – estamos começando a examinar mais detalhadamente os genes nesse 1,5% do genoma, em busca de pistas que nos ajudem a entender o que nos torna humanos.

Um dos genes na parte humana específica do nosso genoma é o *antígeno neuro-oncológico ventral*, ou NOVA1 (do inglês, *neuro-oncological ventral antigen 1*). Ele é chamado de regulador mestre porque controla como os fragmentos de genes são unidos para produzir proteínas diferentes. Curiosamente, NOVA1 é ativo sobretudo durante o desenvolvimento inicial do cérebro, e as pessoas nascidas com novas mutações em seu gene NOVA1, em geral desenvolvem distúrbios neurológicos.

Todos os seres humanos vivos têm uma versão do NOVA1 diferente da versão encontrada em todos os outros vertebrados, incluindo os neandertais e denisovanos. A diferença é pequena: nossa versão contém uma única mutação. Que todos os humanos compartilhem essa mutação, no entanto, é uma boa evidência de que nossa versão do NOVA1 se comporta de maneira diferente da de nossos primos arcaicos. Para descobrir o que essa mutação realmente faz, Ed Green e eu colaboramos com o laboratório de Alysson Muotri na Universidade da Califórnia, em San Diego. Cleber Trujillo, um estudioso de pós-doutorado que trabalha com Alysson, editou células humanas de um modo que seus genomas incluíssem a versão antiga de NOVA1 e depois transformou essas células em organoides semelhantes ao cérebro crescendo em placas de cultura de células em seu laboratório. À medida que os organoides do cérebro cresciam, Cleber rastreou as mudanças no tamanho, na forma e na mobilidade das células e nos enviou dados para que pudéssemos analisar quais proteínas eram produzidas. Ele observou que os organoides cerebrais com a versão antiga do NOVA1 cresciam mais lentamente do que os que não haviam sido editados. Os organoides com a versão antiga tinham superfícies incomuns, quase inchadas, em comparação com as superfícies muito mais lisas dos organoides desenvolvidos a partir de células com a versão humana do NOVA1. Quando Edward Rice e Nathan Schaefer, pesquisadores do nosso laboratório, analisaram os dados, perceberam que centenas de genes pareciam ter sido emendados de forma diferente, dependendo da versão do NOVA1 contida nos organoides. Muitos dos genes com emendas diferentes estão envolvidos com funções cruciais durante o desenvolvimento do cérebro, como o crescimento e a proliferação de células neurais e a formação de conexões entre as sinapses. Embora muito empolgante, é apenas o primeiro experimento concluído, e onde, por enquanto, a história termina. Pesquisas futuras, incluindo a nossa, terão a tarefa de descobrir quão comuns são essas diferenças em diferentes linhagens de células humanas, e o que todas essas diferenças realmente significam para o desenvolvimento físico e cognitivo humano. Ainda não seria uma resposta para o que nos torna humanos, mas nos indicará uma direção promissora.

O 1,5% de nossos genomas que é exclusivamente nosso contém, provavelmente, muitas pistas interessantes e importantes sobre o que nos torna diferentes de nossos primos arcaicos. Muitos dos genes nas regiões do genoma especificamente humanas estão envolvidos de alguma forma com o desenvolvimento do cérebro. Outros afetam a nossa dieta e digestão, o sistema imunológico, o ciclo circadiano e dezenas de outros processos críticos. Mas voltemos brevemente aos 93% do nosso genoma, onde os humanos podem facilmente herdar o DNA de nossos primos arcaicos da mesma forma como o de outros humanos. Há duas observações importantes a fazer sobre essa parte do nosso genoma.

A primeira é que ficou evidente ao observar os padrões do DNA herdado em populações de todo o mundo que, às vezes, os humanos foram beneficiados ao herdar a versão antiga de um gene específico. As pessoas que vivem hoje na alta altitude do Tibete, por exemplo, são muito mais propensas - do que as pessoas que vivem em baixas altitudes - a ter uma versão de um gene chamado *proteína endotelial 1 de domínio PAS*, ou EPAS1, que evoluiu em pessoas arcaicas relacionadas aos denisovanos. A versão arcaica do EPAS1 altera a produção de glóbulos vermelhos de uma forma que beneficia as pessoas que vivem em ambientes onde há menos oxigênio no ar. Isso significa que os ancestrais dos tibetanos vivos que herdaram a versão arcaica do EPAS1 eram mais capazes de sobreviver em seu habitat de alta altitude do que aqueles que herdaram a versão humana.

O EPAS1 está longe de ser o único exemplo em que o DNA antigo parece ter beneficiado os humanos modernos. Diversas populações humanas modernas têm alta frequência de variantes de genes arcaicos associados à imunidade, provavelmente porque a versão arcaica desses genes conferia uma vantagem àqueles que os herdaram, quando expostos a patógenos locais. Versões arcaicas de genes associados ao metabolismo também se tornaram comuns em algumas populações humanas, assim como as de genes associados à pigmentação da pele e do cabelo. A alta frequência de olhos azuis em algumas populações europeias, por exemplo, foi atribuída ao DNA que passou para a população humana a partir dos neandertais.

A segunda observação refere-se ao surpreendente fato de que uma grande quantidade de genomas de nossos primos arcaicos ainda perdure até hoje, incluindo mutações que evoluíram em neandertais e denisovanos à medida que se adaptavam aos seus habitats. Os paleontólogos costumam falar dos neandertais como uma das primeiras espécies que os humanos levaram à extinção depois de evoluir para um *Homo sapiens* comportamentalmente complexo. No entanto, nossos genomas revelam que isso é uma mera simplificação. Nossos ancestrais não apenas superaram os neandertais, mas também os usaram para se aperfeiçoar. O desaparecimento dos neandertais foi um anúncio do que estava por vir.

BLITZKRIEG

Durante o verão de 2007, enquanto visitava um museu extraordinário em Moscou, na Rússia, fiz algo lamentável. Ignorando o protesto de meus colegas, estendi a mão e peguei um fóssil de 50.000 anos: um chifre que pertencera a um rinoceronte-lanudo siberiano. Naquele momento, fiquei maravilhada, segurando uma parte de um animal morto há muito tempo – um dos últimos de sua espécie, descendente de dezenas de milhões de anos de inovação evolutiva, um primo de algumas das espécies mais ameaçadas do planeta hoje. Compreendi que a morte daquele rinoceronte, na verdade, a morte de toda a sua espécie, pode ter sido culpa da nossa espécie. E ali estava seu chifre, esquecido numa prateleira de um museu superlotado, cercado por réplicas de esqueletos de leões-das-cavernas e esculturas contemporâneas entalhadas em marfim que estavam à venda, tudo iluminado com um pôr do sol artificial. O cenário era bem montado e, ao mesmo tempo, totalmente injusto, uma mera lembrança da diversidade biológica encontrada por nossos ancestrais, lado a lado com a nossa ganância. Mais de uma década depois, a lembrança da minha decisão de pegar aquele chifre ainda evoca uma mistura desconfortável de vergonha e remorso.

A visita ao museu não era para ser desanimadora. Estava em Moscou com um pequeno grupo de cientistas com interesses em diferentes aspectos da evolução dos mamutes. Estávamos lá para a 4ª Conferência Internacional de Mamute, que aconteceria uma semana depois, em Yakutsk. Primeiro, porém, nossa pequena comitiva, com pessoas da África, América do Norte e Europa, passaria uma semana como turistas convidados de Andrei Sher, um paleontólogo russo que dedicou grande parte da sua carreira estudando animais da era do gelo, e de seu colega, o empresário – e entusiasta de mamutes – Fedor Shidlovskiy.

Nossa semana de pré-conferência em Moscou foi cheia de aventuras imprevisíveis. No primeiro dia como turistas, fomos parados pela polícia por termos entrado de carro na calçada, ao atravessar com dificuldade o trânsito a caminho da Catedral de São Basílio, que estávamos indo visitar. No dia seguinte, enquanto vínhamos de carro por outra área de pedestre num dos parques de Moscou (claramente não tendo aprendido a lição do dia anterior), passamos por um elefante caminhando diante de uma réplica do foguete Vostok. Quando narramos essa experiência a Hezy Shoshani – um especialista em elefantes e conservacionista que fazia parte de nosso grupo, mas que não estava conosco naquela aventura em particular –, ele respondeu, sem expressar qualquer espanto ou urgência, com um sóbrio: "africano ou asiático?" Fomos brindados com jantares extravagantes nos subúrbios de Moscou e levados às compras na rua Arbat. Mas o real motivo de nossa semana em Moscou era examinar as coleções do museu de Shidlovskiy em busca de espécimes que pudessem nos ajudar na nossa pesquisa.

O Museu da Idade do Gelo criado por Shidlovskiy foi a manifestação física de sua paixão pelas criaturas mortas da tundra siberiana. Ficava dentro do Centro Panrusso de Exposições, um amplo parque da cidade repleto de extravagantes salas de exposições, fontes ornamentais com estátuas banhadas a ouro e bronze e réplicas de conquistas tecnológicas da era soviética. A entrada para o Museu da Idade do Gelo ficava quase escondida entre os prédios antigos, cujos inquilinos no início dos anos 2000 eram, em sua maioria, pequenas lojas que vendiam de tudo, roupas usadas, metralhadoras e bonecas matrioska pintadas à mão. A porta do museu se abriu, revelando um estreito e íngreme lance de escadas, cuja subida precária era dificultada ainda mais pela colocação estratégica de uma grande caixa de papelão cheia de propés azuis. Logo acima da caixa havia um aviso escrito à mão colado na parede, declarando que a entrada seria proibida para quem não estivesse usando adequadamente a proteção nos sapatos. Assim nos amontoamos naquela escadaria estreita, atrapalhados nas tentativas desajeitadas de vestir cada sapato com o propé descartável, sem enfiar nossos cotovelos nas paredes ou uns nos outros. Depois, com os sapatos devidamente calçados, subimos as escadas para o salão principal do museu, onde tivemos muitas surpresas.

Antes de fechar em 2018, o Museu da Era do Gelo, que se autodenominava um "teatro-museu", era um local popular para passeios escolares e famílias com crianças pequenas que queriam ter um gostinho da era do gelo. Quando eu estive lá em 2007, os visitantes partiam da entrada para um salão repleto de versões em tamanho real de espécies extintas nas quais eram encorajados a escalar. Mais adiante, podia-se ver fileiras de crânios e grandes ossos que levavam a exibições de esqueletos totalmente articulados de bisões da estepe, leões-das-cavernas e mamutes, montados, aos poucos, a partir de ossos que Shidlovskiy e seus amigos desenterravam na Sibéria. O salão central mostrava um bebê mamute mecânico tentando desesperadamente sair de um poço em que havia caído, cercado por telões repetindo vídeos de Shidlovskiy em suas expedições siberianas. No salão dos fundos, tinha um trono em tamanho natural, luxuosamente ornamentado, todo esculpido em marfim. Estava à venda, assim como várias peças de marfim esculpido, mesas de marfim, peças de xadrez de marfim, estátuas e joias de marfim. O assistente de Shidlovskiy nos garantiu que era tudo marfim de mamute.

Foi no contexto desse dilúvio sensorial que cometi meu erro tático. Ao longo de uma das paredes do museu havia uma fileira de espécimes particularmente incomuns: um enorme fêmur de mamute, um crânio de leão-das-cavernas perfeitamente intacto, várias presas de mamute num tom amarelo-branco brilhante, fileiras de dentes de mamute e mastodonte de todos os tamanhos e um pedaço de chifre de rinoceronte. Eu nunca tinha visto um chifre de rinoceronte de perto, pois, até então, tinha feito a maior parte do meu trabalho de museu na América do Norte, lugar onde os rinocerontes-lanudos, até onde sabemos, nunca estiveram. O chifre era lindo, cinza-acastanhado escuro e muito maior do que eu esperava, embora fosse o menor dos dois chifres de rinoceronte-lanudo. Quando o peguei, percebi que também era mais pesado do que eu imaginava, além de áspero e irregular. Bem diferente das centenas de ossos de animais da era do gelo que já havia manuseado.

Fiquei olhando para o chifre, fascinada. Pensei no primeiro rinoceronte vivo que eu tinha visto: chamava-se Morani, tinha o pelo preto, era manso e vivia na Ol Pejeta Conservancy, no Quênia. Lembrei-me dos guardas que protegiam Morani: eles ficavam rindo de mim enquanto eu tremia de medo ao ter que me apoiar no gigante adormecido para tirar uma foto indispensável para o nosso trabalho. Pensei nos rinocerontes que haviam morrido em Ol Pej e também em outros lugares, a maioria assassinada por caçadores que vendiam os chifres no mercado negro para alguns vigaristas que os transformavam em falsos remédios miraculosos para pessoas desesperadas. Pensei nos rinocerontes-lanudos que sobreviveram ao pico da última era glacial e, à beira da extinção, estavam indefesos diante de predadores humanos sofisticados de quem não conseguiam fugir.

Olhei para meus amigos, esperando que eles estivessem experimentando a intensidade daquele momento comigo ou ao menos esperando ansiosamente pela sua vez de segurar o chifre. Foi quando notei as expressões em seus rostos: medo, nojo, horror, risadas. Sorri desconfortavelmente e ofereci o chifre para Ian Barnes, outro antigo pesquisador de DNA com quem trabalhei durante anos. Ian ergueu as mãos e deu alguns passos para trás enquanto balançava a cabeça. Naquele momento voltei à realidade e pude compreender o que eles diziam no instante em que me preparava para pegar o chifre: "Não faça isso!"... "Mas por que você fez isso?". "Escolha infeliz, Shapiro!". "Não vai ter sabão suficiente em Moscou para limpar isso". Confusa, coloquei o belo fóssil de volta na prateleira e, tomando minha segunda pior decisão naquele dia, limpei as mãos nas laterais da calça. Eles me olhavam, incrédulos. Ian riu. Olhei para trás, esperando que eles pudessem estar reagindo a alguma outra coisa. Não havia nada atrás de mim. Constrangida, olhei confusa para Ian e ergui meus braços de forma agressiva, num gesto de protesto. O movimento brusco movimentou o ar perto do meu nariz e precipitou um cheiro insuportável. Aí lembrei-me que o chifre de rinoceronte-lanudo é feito de cabelo: fios de queratina totalmente comprimidos. Com o tempo, os fios vão apodrecendo e se quebrando. Vale a pena lembrar que eram dreadlocks de 50.000 anos, que jamais foram lavados, que tinham passado um longo tempo enterrados, depois, desenterrados e colocados em uma prateleira de uma sala abafada... enfim, não é o tipo de coisa que você desejaria manipular sem luvas.

Enquanto me dirigia ao banheiro para encontrar a primeira das várias barras de sabão que iria gastar naquele dia, não pude evitar um sorriso. Afinal, tinha acabado de segurar parte de um rinoceronte-lanudo já extinto.

A SEXTA EXTINÇÃO EM MASSA

Os rinocerontes existem há muito tempo. Ao longo dos últimos 50 milhões de anos, cerca de 250 espécies diferentes evoluíram e foram extintas. Alguns rinocerontes eram pequenos e gordos, semelhantes a cavalos em miniatura, mas o maior mamífero terrestre que já existiu foi um tipo de rinoceronte. Viviam nos trópicos, em zonas temperadas, em grandes altitudes e no Ártico. Alguns ficavam na terra e outros mergulhavam em rios onde preenchiam o nicho dos hipopótamos modernos. E havia os que tinham presas que se projetavam da mandíbula inferior, e ainda os que não tinham presas nem chifres. Porém, os mais famosos tinham chifres: às vezes apenas um chifre curvado para cima a partir do nariz; às vezes dois chifres, saindo lado a lado ou um na frente do outro.

O número e a diversidade de espécies de rinocerontes vêm diminuindo desde o início do Mioceno, cerca de 23 milhões de anos atrás, mas os rinocerontes vivos não são menos admiráveis do que seus ancestrais.

Atualmente existem cinco espécies de rinocerontes vivas, embora a maioria deles esteja apenas por um fio. O rinoceronte-de-Sumatra, *Dicerorhinus sumatrensis*, vive nas florestas tropicais e subtropicais da Indonésia e da Malásia. Em meados da década de 1980, havia cerca de 800 indivíduos, hoje são um pouco mais de 100. O rinoceronte-de-Java, *Rhinoceros sondaicus*, existe como uma única população de cerca de 60 indivíduos a oeste da ilha de Java, na Indonésia. A população de rinoceronte indiano ou rinoceronte-de-um-chifre maior, *Rhinoceros unicornis*, estava em declínio, mas agora tornou-se uma história de sucesso de conservação. Encontrado em toda a Índia e Nepal, o rinoceronte indiano se recuperou de menos de 200 indivíduos no início do século XX para cerca de 3.500 hoje. Duas espécies de rinocerontes vivem na África: o rinoceronte preto, *Diceros bicornis*, e o rinoceronte branco, *Ceratotherium simum*. Em 1970, cerca de 65.000 rinocerontes negros viviam no sul e no leste da África. Infelizmente, a demanda por chifres de rinoceronte para a produção de falsos medicamentos reduziu essa população em 96% na virada do século XXI. No entanto, graças à proteção contra a caça ilegal, essa população está voltando lentamente ao seu patamar, com quase 5.000 indivíduos vivos atualmente. Os rinocerontes brancos têm uma história dividida: das duas subespécies, o rinoceronte branco do sul está se saindo bem em comparação a outras espécies de rinocerontes, com uma estimativa de 20.000 indivíduos vivendo nas savanas do sul da África. O rinoceronte branco do norte, porém, está praticamente extinto – permanecem apenas dois indivíduos, Najin e sua filha Fatu, que vivem sob proteção 24 horas na Ol Pejeta Nature Conservancy, no Quênia. Sudan, que era pai de Najin e avô de Fatu, morreu em março de 2018. Tinha 45 anos.

A extinção do rinoceronte-branco do norte foi a primeira extinção de rinoceronte em cerca de 14.000 anos, quando o último dos rinocerontes-lanudos, *Coelodonta antiquitatis*, desapareceu das tundras e estepes da Sibéria. Os rinocerontes-lanudos receberam esse nome devido a sua pelugem grossa, que os mantinha aquecidos no extremo norte durante as fases mais frias das eras glaciais do Pleistoceno. Um rinoceronte da segunda era glacial, o rinoceronte de Merck, *Stephanorhinus kirchbergensis*, preferia habitats ligeiramente mais quentes do que os rinocerontes-lanudos, e desapareceu antes, provavelmente há mais de 50.000 anos. Uma terceira linhagem, *Elasmotherium sibricum* ou o unicórnio siberiano (em homenagem ao seu chifre único e longo), vivia nas pastagens frias dominadas por ervas da estepe da Ásia Central, e foi extinta há cerca de 36.000 anos.

Por que esses três rinocerontes adaptados ao frio foram extintos? Assim como as extinções de outros animais icônicos da era glacial, o debate se concentrou principalmente em duas causas potenciais: mudança climática e humanos. Buscar evidências dessas causas tem sido um dos pilares da pesquisa paleontológica e arqueológica por décadas e, mais recentemente, dos pesquisadores que trabalham com DNA antigo.

A acusação contra humanos é forte. Neandertais, denisovanos e humanos modernos viviam na Eurásia há 50.000 anos, onde caçavam e comiam a megafauna. Há 36.000 anos, os unicórnios siberianos foram extintos e os rinocerontes-lanudos desapareceram da Europa. Os neandertais também desapareceram, enquanto os humanos modernos estavam aumentando em abundância nos habitats dos rinocerontes-lanudos, que foram extintos há 14.000 anos. Nessa época, os humanos modernos estavam por toda parte, tinham até se espalhado pela Sibéria e pela Ponte Terrestre de Bering para o Novo Mundo. A coincidência de tempo entre as extinções dos rinocerontes e o aumento da abundância humana é inegável. Mas os humanos estavam caçando ativamente rinocerontes-lanudos? Na Sibéria, as evidências arqueológicas sugerem que as pessoas consumiam rinocerontes, mas não com frequência: restos de rinocerontes-lanudos são encontrados em 11% dos sítios arqueológicos com menos de 20.000 anos, mas os rinocerontes nunca são a única presa encontrada nesses locais. É impossível saber se isso ocorreu porque os rinocerontes-lanudos raramente eram vistos como presas ou porque sua população vinha diminuindo e, portanto, tonaram-se raros.

Mas a acusação contra o clima também é forte. Cerca de 35.000 anos atrás, o clima eurasiano passou para um período interestadial - um período frio, mas que não era frio o suficiente para se qualificar como um período glacial. Os verões tornaram-se mais frios, os invernos tornaram-se mais inconstantes e as pastagens ricas em nutrientes foram substituídas por musgos, líquenes e outras plantas de tundra. Sinais de isótopos de carbono e nitrogênio nos ossos dos animais que viveram na tundra nos revelam que os antílopes saiga, que compartilhavam a paisagem da estepe com os unicórnios siberianos, mudaram sua dieta e passaram a comer essas plantas da tundra. Os unicórnios siberianos, no entanto, não mudaram a sua. Talvez porque não pudessem - seus dentes, o grande chifre e a cabeça baixa sugerem um animal perfeitamente adaptado para se alimentar de gramíneas que crescem perto do solo. O clima continuou a esfriar e, há 20.000 anos, entrou na parte mais fria da última era glacial. O rinoceronte-lanudo, capaz de se alimentar de alguns musgos e líquens, além de grama, era o único rinoceronte ainda vivo no extremo norte. Seu alcance, no entanto, havia sido reduzido a alguns trechos isolados de pastagem remanescentes no leste da Sibéria. Os últimos rinocerontes-lanudos viveram há cerca de 14 mil anos, que coincidentemente foi quando o clima passou por uma grande fase de aquecimento. Os habitats de pastagem de que os rinocerontes-lanudos dependiam foram substituídos por arbustos e árvores.

Mas o que aconteceu? Foram os humanos os culpados pela extinção dos rinocerontes adaptados ao frio, ou as mudanças climáticas? Por enquanto, a hipótese preferida é que ambos têm culpa. A transição para o interestadial, há 35.000 anos, provavelmente reduziu o habitat dos rinocerontes, e suas populações foram suprimidas pelas pessoas - neandertais, humanos modernos ou ambos - através da caça, a ponto de os rinocerontes se tornarem vulneráveis a qualquer mudança em seu habitat. No nordeste da Sibéria, a substituição de pastagens por arbustos e árvores após o pico da última era glacial também coincidiu com o aumento da caça por humanos. No espírito de "inocente até que se prove o contrário", as evidências dos registros fósseis e arqueológicos da Eurásia são, até hoje, insuficientes para que sejamos condenados pelo crime de extinção de rinocerontes. Mas a coincidência temporal é notável. E, como veremos, apenas arranha a superfície no que diz respeito ao *timing* coincidente.

Nos últimos 50.000 anos, houve um aumento inegável na taxa e no número de extinções de espécies. Embora as estimativas publicadas variem, a maioria dos cientistas concorda que a taxa de extinção de espécies hoje é mais de 20 vezes maior do que a taxa de extinção passada - ou seja, a taxa normal de extinção na história geológica. Estamos vivendo no meio de uma época de extinção em massa, a sexta na história da Terra. O que começou com a perda da megafauna - rinocerontes-lanudos e mamutes, por exemplo - continua hoje com as perdas da microfauna - caracóis e abelhas, por exemplo -, assim como peixes, pássaros, flores silvestres e árvores. Essas extinções têm efeitos em cascata: rompe as teias alimentares, desmantela as interações ecológicas e desnuda as paisagens.

É inegável que temos culpa por algumas extinções recentes. As pessoas caçaram ursos dourados da Califórnia até que fossem extintos durante o primeiro quarto do século XX, converteram todo o habitat dos tigres-do-cáspio em terras agrícolas na década de 1970 e capturaram em redes ilegais quase todas as vaquitas remanescentes do Mar de Cortez até 2020. As consequências dessas extinções recentes espalham-se pelas cadeias alimentares em nossos próprios quintais. Quando os grandes carnívoros desaparecem, por exemplo, os grandes herbívoros que eram seus alimentos se expandem e passam a comer em excesso as gramíneas, as árvores e arbustos, reduzindo o habitat para herbívoros menores, que resulta na diminuição de suas populações, o que, por sua vez, faz com que o número de carnívoros menores que se alimentam deles comece a diminuir, e assim por diante. A partir dessas extinções recentes, fica claro que nossas ações não apenas alteram as trajetórias evolutivas das espécies, mas também mudam fundamentalmente a paisagem evolutiva em que outras espécies, incluindo a nossa, vivem.

AS PRIMEIRAS VÍTIMAS

Em 2017, uma nova análise de datação de ferramentas de pedra escavadas no abrigo rochoso de Madjedbebe, no norte da Austrália, chocou o mundo paleoantropológico ao provar que os humanos já estavam lá há 65.000 anos. Essa data ampliou, em até 15.000 anos, a que era aceita, até então, para a chegada humana na Austrália. Se essas novas datas estiverem corretas, esses primeiros australianos ou estavam na vanguarda de um grupo de humanos que se movimentava rapidamente, já capazes de viagens oceânicas intencionais, ou faziam parte de um êxodo anterior da África. Há uma década, um cientista que argumentasse a favor de dois êxodos africanos separados não seria levado a sério, mas as evidências que apoiam essa hipótese estão se acumulando, tanto da genômica quanto da arqueologia: fósseis de neandertais da Alemanha trazem evidências de DNA de que seus ancestrais já tinham ligações íntimas com o *Homo sapiens*: uma mandíbula de um *Homo sapiens* de 180.000 anos de idade encontrada numa caverna em Israel, dentes de *Homo sapiens* e mais alguns outros restos esqueléticos que datam entre 70.000 e 125.000 anos atrás encontrados em quatro cavernas na China. Se esses fósseis, datas e dados de DNA antigo são de fato evidências de uma onda anterior de humanos modernos se dispersando da África, é possível que algumas dessas pessoas tenham chegado a Sahul e depois a Madjedbebe há 65.000 anos.

Mas, então, o que aconteceu? Até agora, nenhum outro sítio arqueológico na Austrália e nenhuma evidência de DNA desses primeiros australianos foi recuperada. O povo de Madjedbebe pode ter sido parte de uma onda inicial de humanos dispersos que se extinguiram ou foram substituídos por povos posteriores; ou ainda podem ter sido os pioneiros de uma única onda. Mas já há mais ou menos 55.000 anos, e certamente há 47.000 anos, as pessoas colonizaram grande parte do continente australiano, e estão lá desde então.

Os primeiros australianos chegaram para encontrar um continente que vinha secando ao longo dos vários ciclos glaciais anteriores. As extensas florestas de eucalipto, densas e propensas ao fogo do Pleistoceno Inferior e Médio, há cerca de 70.000 anos, tinham sido substituídas por um matagal aberto menos inflamável, povoado por uma magnífica diversidade de fauna nativa. As pessoas que se espalhavam pelo continente teriam encontrado vombates gigantes – herbívoros de pasto, o maior deles pesava mais de 2.700 quilos. Também teriam encontrado cangurus gigantes, equidnas do tamanho das ovelhas atuais e leões-marsupiais. E teriam visto cobras e crocodilos enormes e pássaros absurdamente altos que não voavam – "patos demônios da desgraça" – que pesavam mais de 700 quilos.

Todos esses animais foram extintos há 46.000 anos.

A coincidência de tempo entre o desaparecimento da megafauna australiana e a colonização da Austrália por humanos seria apenas uma coincidência? A Austrália experimentou focos de incêndios generalizados e uma lenta deterioração do clima ao longo das centenas de milhares de anos antes da chegada humana. O registro fóssil, no entanto, não mostra declínios proporcionais nas populações da megafauna australiana durante esse intervalo pré-humano. Mas entra em abrupto declínio aproximadamente ao mesmo tempo em que os humanos se espalham pelo continente. Não há registro de nenhuma mudança repentina em escala continental no clima australiano na época em que os humanos apareceram pela primeira vez. Os climas locais estavam mudando, mas, como a megafauna era composta por grupos taxonomicamente diversos, comia uma variedade de plantas e presas e podia sobreviver em diferentes habitats, não faltaram oportunidades para mudar de habitat ou se refugiar. Mas não o fizeram.

A antiguidade desses eventos na Austrália – vegetação cambiante e mudança de regime de incêndio, além da chegada humana e as extinções na megafauna – dificultou a definição precisa de sua ordem e seu tempo. Durante a segunda metade do século XX, acumularam-se evidências de radiocarbono de que alguma megafauna australiana sobreviveu até 30.000 anos atrás. Essas datas foram usadas como evidência de que os humanos coexistiram com a megafauna australiana por mais de 15.000 anos e, portanto, não poderiam ser responsáveis por sua extinção. No entanto, a reavaliação desses vestígios usando novas abordagens revelou que todos esses fósseis são realmente muito mais antigos. Os humanos se espalharam pela Austrália há pelo menos 47.000 anos, e a megafauna australiana foi extinta aproximadamente há 46.000 anos, numa margem de alguns milhares de anos, dependendo da região e da margem de erro da medição. Foi pouco o tempo em que os humanos coexistiram com a megafauna nativa da Austrália.

Algumas das evidências mais pungentes da culpa humana nas extinções da megafauna australiana vêm do cocô dessa megafauna. Há alguns anos, uma equipe de cientistas liderada por Sander van der Kaars da Monash University, em Vitória, Austrália, e Giff Miller, do Instituto de Pesquisa do Ártico e dos Alpes e da Universidade do Colorado, nos Estados Unidos, adotaram uma nova abordagem para reconstruir a história do Pleistoceno da Austrália. Eles navegaram a partir da costa do sudoeste da Austrália, colocaram uma gigantesca máquina de perfuração no fundo do oceano e sugaram uma amostra do solo, composta de camadas de sujeira, pólen, DNA e outros restos de organismos que haviam sido soprados do continente e acabaram depositados no fundo do oceano. Examinaram cada uma das camadas, das inferiores (mais antigas) às superiores (mais novas), coletando os dados que viriam usar para reconstruir uma linha do tempo de mudanças de habitat no continente vizinho.

A equipe determinou, a partir de uma combinação de dados de radiocarbono e outras características químicas, que a amostra de lama continha os últimos 150.000 anos de história da fauna e flora do sudoeste da Austrália. Através do pólen preservado no núcleo, descobriram que as florestas do sudoeste da Austrália eram quentes e úmidas há cerca de 125.000 anos atrás, durante o último período interglacial quente, mas fizeram uma transição para vegetação adaptada à seca no início de um período glacial, há 70.000 anos. A taxa de acumulação de sedimentos de 70.000 até 20.000 anos, revelou que o clima durante todo esse intervalo foi muito seco e frio. Camadas de carvão encontradas dentro desse intervalo seco informavam quando grandes incêndios aconteceram e que tipo de vegetação havia sido queimada: ocorreu, há 70.000 anos, uma mudança de incêndios frequentes e intensos de eucalipto para incêndios menos intensos e menos frequentes de vegetação. E foi encontrado muito cocô. Ou, mais precisamente, a evidência fúngica de cocô, chamada *Sporormiella*. Trata-se de um gênero de fungos que são obrigatoriamente coprófilos, o que significa que crescem exclusivamente no cocô. Ao contrário do próprio cocô, os esporos de *Sporormiella* são resistentes e se acumulam facilmente nos registros sedimentares. As *Sporormiella* são tão comuns e tão bem associadas aos herbívoros que muitas vezes são usadas como substitutas em estudos paleoecológicos: onde encontramos *Sporormiella*, podemos supor que a megafauna está presente. E quando a *Sporormiella* desaparece, podemos concluir que a megafauna também desaparece.

Alguns anos atrás, fiz parte de uma equipe de pesquisa que usou o *Sporormiella* para descobrir quando e por que os mamutes foram extintos na pequena ilha Saint Paul, localizada no mar de Bering, a oeste do continente do Alasca. A ilha foi separada do continente pelo aumento do nível do mar, cerca de 13.500 anos atrás. Apesar de terem sido isolados da população continental, os mamutes sobreviveram em Saint Paul por quase 8.000 anos, após ela ter se tornado uma ilha. Os mamutes não tinham predadores ou competidores em Saint Paul: eram os únicos grandes mamíferos terrestre na ilha e os humanos só chegaram lá algumas centenas de anos atrás. Portanto, a causa de sua extinção é misteriosa.

Para resolver esse mistério, extraímos um núcleo de sedimentos do fundo do único lago de água doce lá existente – que é uma antiga caldeira vulcânica – e então, como a equipe australiana fez no solo oceânico, examinamos as camadas, das inferiores para as superiores. Procuramos pólen e macrofósseis de plantas que pudessem nos mostrar se a vegetação tinha mudado, deixando os mamutes sem comida. Identificamos pequenos insetos e crustáceos que poderiam nos dizer se a água era turva ou salgada. Procuramos diretamente DNA de mamutes, pois eles teriam entrado no lago para beber água, deixando seu DNA no processo. E procuramos, sobretudo, por *Sporormiella*.

Encontramos muito DNA de mamute e esporos de *Sporormiella* na parte inferior do núcleo, até cerca de 5.600 anos atrás, quando de repente já não encontrávamos nenhum dos dois. Isso significava que grandes herbívoros – e também significava mamutes, que eram os únicos grandes herbívoros na ilha de Saint Paul – estavam lá até 5.600 anos atrás, depois, sumiram. Não encontramos mudanças no pólen nesse intervalo de tempo, o que descartou uma mudança na comunidade de plantas que poderia ter causado a fome de mamutes. No entanto, encontramos outras mudanças. A taxa de sedimentação aumentou e, à medida que o lago ficou mais raso, também ficou mais salgado. Os insetos e crustáceos que encontramos no núcleo mudaram – de espécies que prosperam nas profundezas, na água limpa e doce, para espécies que podem tolerar muitas partículas flutuantes. Juntos, esses dados forneceram nossa resposta. Cerca de 5.600 anos atrás, o lago que era a única fonte de água doce em Saint Paul quase secou. Os mamutes foram extintos devido a uma seca intensa.

A equipe que trabalhava na Austrália não esperava ver o desaparecimento de *Sporormiella* de seus núcleos, já que mamíferos herbívoros ainda vivem no continente. No entanto, contando o número de esporos ao longo do núcleo, puderam inferir mudanças na abundância de herbívoros ao longo do tempo, o que revelaria quando as populações de herbívoros eram grandes e quando eram pequenas. A equipe descobriu que a *Sporormiella* representava cerca de 10% da contagem total de pólen e esporos nos solos marinhos, começando na parte inferior do núcleo. Então, cerca de 45.000 anos atrás, a quantidade de *Sporormiella* no núcleo diminuiu vertiginosamente, chegando a cerca de 2% da contagem total de pólen e esporos há 43.000 anos. Seus dados mostraram que muito menos herbívoros estavam fazendo cocô nas florestas do sudoeste da Austrália depois de 43.000 anos atrás, quando os primeiros humanos chegaram à região.

Está encerrado o caso contra nós? Pode ser. Na maioria das vezes, a evidência de nossa culpabilidade é coincidente. Existem algumas evidências arqueológicas de que os humanos estavam caçando e consumindo a megafauna australiana. Ossos gigantes de vombate foram recuperados em vários sítios arqueológicos primitivos, mas, até agora, nenhum foi encontrado com marcas de corte feitas por humanos. A evidência mais convincente dos primeiros australianos caçando a megafauna vem de fragmentos de casca de ovo queimada da extinta ave aquática *Genyornis*, encontrada em alguns sítios em todo o continente. Por causa de seu tamanho, mesmo baixas taxas de caça poderiam ter causado efeitos desproporcionais na megafauna da Austrália. Os animais maiores tendem a ter menos descendentes, pois suas populações têm crescimento mais lento do que animais menores, o que significa que a mesma quantidade de pressão de caça sobre a diversidade - ainda que seja apenas uma pessoa abatendo um filhote por década - levaria um animal grande à extinção mais rápido do que um animal menor.

Essa explicação foi apelidada pelos ecologistas australianos Barry Brook e Christopher Johnson de cenário de "exagero imperceptível", no qual o impacto dos primeiros australianos foi suficiente para causar as extinções, embora esse impacto não esteja gravado no registro arqueológico.

Independentemente de os humanos terem sido direta ou indiretamente responsáveis pela extinção da megafauna australiana, o desaparecimento de tantos grandes herbívoros teve um impacto imediato e duradouro nos ecossistemas da Austrália. Grandes herbívoros comem muitas plantas, e isso mantém a abertura dos ecossistemas de florestas e arbustos, removendo o combustível para incêndios. Os grandes herbívoros também dispersam sementes, muitas vezes a longas distâncias, além de reciclarem nutrientes através da digestão e virando a parte de cima do solo enquanto caminham. Quando a megafauna da Austrália desapareceu, as comunidades florestais mudaram. As florestas tornaram-se mais secas e densas, e os incêndios tornaram-se mais frequentes, mais disseminados e mais intensos. Plantas e animais incapazes de tolerar o novo regime de incêndio ou de comunidades alteradas, deslocaram-se ou foram extintos. Os ecossistemas da Austrália e o meio ambiente em que as plantas e os animais australianos (e também as pessoas) viviam foram fundamentalmente alterados.

MUNDO NOVO, PRESA NOVA

Em algum momento durante a era glacial mais recente, um pequeno grupo de pessoas que viviam no nordeste da Ásia se aventurou numa direção que ninguém havia tomado antes. Estava frio, muito frio, por isso o alimento pode ter ficado escasso, forçando pequenos grupos familiares a se espalharem em busca de comida. Ao partirem para o leste, o cenário teria sido praticamente o mesmo: sem árvores altas, menos pastagens e muitos e muitos mosquitos. À medida que se deslocavam, esses grupos familiares dispersos podem ter seguido para o litoral à procura de comida nos oceanos. Ou talvez tenham seguido uma rota terrestre, seguindo animais como bisões ou mamutes. No entanto, não podiam estar cientes de que estavam tomando um caminho que nenhum outro humano ainda havia conquistado, ou que a terra em que eles estavam caminhando poderia vir a ficar dezenas de metros submersa pelo mar, depois que o aquecimento global derreteu as geleiras continentais e o nível do mar voltou a subir. Eles também não poderiam saber que estavam prestes a se tornar os descobridores do Novo Mundo, que, é claro, sequer conheceriam como tal.

Evidências arqueológicas de humanos na Beríngia são raras. O sítio mais antigo conhecido, o do Chifre do Rinoceronte Yana, está localizado no extremo oeste geográfico da Beríngia, no nordeste da Sibéria. Arqueólogos que trabalham no sítio de Yana encontraram raspadores de pedra, ferramentas e pontas de lança feitas de ossos de lobo, chifre de rinoceronte e marfim de mamute, além de ossos de mamute, boi-almiscarado, bisão, cavalo, leão, urso e carcaju. Muitos desses ossos e ferramentas têm cerca de 30.000 anos. A evidência mais antiga de humanos do outro lado da ponte de terra é do sítio das Cavernas Bluefish em Yukon, no Canadá, que fica no extremo leste da Beríngia. Lá, os arqueólogos encontraram ossos de cavalos, bisões, ovelhas, renas e uapiti transformados pelo homem, alguns datados de 24.000 anos atrás. Os sítios arqueológicos de Yana e Bluefish são os mais antigos da Beríngia e os únicos que datam aproximadamente, ou um pouco antes do pico da última era glacial. Com dados apenas desses dois locais, não podemos saber exatamente quando as pessoas se dispersaram pela primeira vez através da ponte terrestre nem quão numerosos eram esses primeiros habitantes. Sabemos, no entanto, que as pessoas estiveram lá, em algum lugar, durante a parte mais fria da última era glacial.

A vida na Beríngia durante a era glacial provavelmente não era assim tão terrível. Embora o clima fosse seco o bastante para que a região ficasse coberta de geleiras, caíam chuva e neve suficientes a cada ano para sustentar um rico ecossistema de tundra de estepe. Alguns felinos raros, dentes-de-sabre, leões e ursos devem ter sido grandes competidores dos humanos e provavelmente o habitat fosse esparso o bastante para que se tornasse incomum encontrar alguém de uma linhagem familiar diferente. Mas o povo da era do gelo da Beríngia vivia num lugar com muitas plantas comestíveis e uma boa diversidade de presas, incluindo mamutes, bisões, cavalos e renas. Uma vida boa, para quem conseguisse evitar ser comido.

Embora, aparentemente, as pessoas tenham colonizado toda a Beríngia pela parte mais fria da última era glacial, o progresso humano mais para o leste ou sul só veio depois do fim dela. Pois, na época em que as pessoas viviam nas Cavernas Bluefish, em Yukon, no Canadá, uma camada de gelo de 4.000 quilômetros de largura se estendia da costa sul do atual Alasca até a costa oeste do atual estado de Washington e por todo o continente até a costa leste. Essa camada de gelo impediu efetivamente qualquer dispersão humana para fora da Beríngia, até que o clima aqueceu e o gelo começou a derreter. Alguns arqueólogos defendem a teoria, baseada em dados genéticos, de que as pessoas ficaram "presas" por mais de 7.000 anos na Beríngia por causa de uma barreira de gelo, antes de finalmente serem capazes de colonizar o restante do continente. E ainda que seja claro que essas pessoas acabaram deixando a Beríngia, saber quando, quantas vezes e por qual caminho tem sido uma das discussões mais duradouras da arqueologia norte-americana.

Uma das primeiras rotas disponíveis para a dispersão para o sul ficava ao longo da costa ocidental, onde as pessoas teriam acesso a um clima marítimo razoavelmente hospitaleiro e a recursos que conseguissem extrair do mar e dos ecossistemas costeiros de água doce. Uma outra rota de dispersão mais controversa passava pelo continente central, onde presas, como o bisão, teriam sido mais abundantes. A rota continental sugerida seguia o ponto de contato de duas placas de gelo menores que se fundiram durante os períodos glaciais de pico: o manto de gelo Laurentide, que ficava no topo do continente central e oriental, e o manto de gelo da Cordilheira, que corria ao longo das montanhas costeiras ocidentais. À medida que o clima esquentou, essas duas camadas de gelo se afastaram lentamente uma da outra, criando um corredor norte-sul livre de gelo que ia da Beríngia até a atual Alberta, e da Colúmbia Britânica ocidental para os Estados Unidos continental.

Quando comecei a refletir sobre essa questão, o entendimento era de que as pessoas estavam espalhadas tanto no norte quanto no sul da América há 13.000 anos. Dezenas de sítios arqueológicos em ambos os continentes fornecem evidências convincentes de que os humanos lá se estabeleceram, pelo menos naquela época, e talvez alguns milhares de anos antes. Um desses locais, as

Cavernas Paisley, no Oregon, inclui vários fragmentos de cocô humano de 14.000 anos, que assim foram identificados por meu amigo Tom Gilbert, que lidera um antigo grupo de pesquisa de DNA no Museu de História Natural da Dinamarca e é famoso por tentar obter DNA de praticamente qualquer coisa. Ainda que alguém possa se perguntar o porquê dessas pessoas terem feito cocô em suas cavernas - ou talvez na de seus vizinhos -, a descoberta desses fragmentos nas Cavernas Paisley confirma que os humanos estavam no Oregon, ao sul dos lençóis de gelo, há 14.000 anos.

Uma data fixa de ocupação mínima, de 14.000 anos atrás, significava que nossa equipe poderia determinar qual das duas rotas foi usada para chegar ao centro do continente norte-americano, respondendo a uma pergunta simples: era possível usar o corredor sem gelo naquela época? Para que fique claro, o corredor teria aparecido assim que as geleiras começaram a derreter, o que ocorreu antes de 14.000 anos atrás. Mas há pouca chance de que o caminho recém-formado entre as geleiras pudesse ser usado imediatamente. A viagem a pé, saindo da Beríngia, teria sido muito longa e difícil. As pessoas que entravam no corredor não tinham ideia para onde estavam indo ou quanto tempo levariam para chegar, nem mesmo sabiam que estavam caminhando entre duas enormes placas de gelo derretendo. Para que as pessoas pudessem entrar na região do corredor sem gelo, as plantas e os animais de que dependiam já teriam de estar lá.

Considerando essa questão, Duane Froese e eu, junto com mais algumas pessoas de nossos laboratórios e vários colegas arqueólogos e paleontólogos, nos empenhamos para determinar quando a região do corredor sem gelo tornou-se um tipo de lugar para o qual as pessoas teriam se deslocado voluntariamente. O projeto foi facilitado por uma peculiaridade na genética dos bisões, que eram ideais para testarmos quando o corredor se tornou transitável. Na época em que as camadas de gelo foram fundidas e o deslocamento entre Beríngia e o restante da América do Norte foi suspenso, a população de bisões que vivia ao sul do gelo quase foi extinta, provavelmente devido a uma combinação do declínio das pastagens e competição com outros herbívoros como mamutes e cavalos. E nesse momento em que a população de bisões do sul estava perto do colapso, ela perdeu quase toda a sua diversidade genética mitocondrial, permanecendo apenas uma única variante. Quando ela se recuperou após a era do gelo, todos os milhares (e, no final, milhões) de bisões do sul tinham essa variante mitocondrial, tornando-os facilmente distinguíveis do bisão que passou a era do gelo na Beríngia. Portanto, para saber quando o corredor se tornou transitável, tudo o que tínhamos a fazer era coletar ossos de bisão do corredor, extrair DNA e determinar se eram do tipo sul ou do tipo norte. A data mais antiga que encontrássemos de um bisão do tipo norte no sul ou de um bisão do tipo sul no norte revelaria quando o corredor havia se tornado tanto habitável quanto transitável pelos bisões. E como o bisão exige um habitat semelhante ao dos humanos, poderíamos demonstrar, por analogia, quando a região do corredor foi habitável por humanos pela primeira vez.

Depois de tipificar geneticamente dezenas de ossos de bisão, concluímos que o corredor sem gelo se abriu lentamente em ambas as extremidades. Há 13.500 anos, o bisão do norte começou a se mover para o sul e o bisão do sul começou a se mover para o norte. Há 13.000 anos, tanto o bisão do norte quanto o do sul estavam presentes na região central do corredor. E há 12.200 anos, os bisões do sul estavam presentes na extremidade norte do corredor. Isso significava que o corredor estava aberto e transitável há apenas 13.000 anos - tarde demais para ter sido a rota tomada por humanos que se dispersavam para o sul. Por dedução, os humanos devem ter tomado uma rota costeira para o sul de Beríngia, provavelmente milhares de anos antes de o corredor estar aberto e viável.

Curiosamente, a única evidência de bisão realmente transitando pelo corredor estava na direção oposta da que esperávamos: alguns bisões se moviam pelo corredor do sul para o norte, em vez de do norte para o sul. Numa retrospectiva, a preferência pela dispersão sul-norte tem um sentido ecológico. Depois que o gelo recuou, as regiões sul e central do corredor foram rapidamente colonizadas por pastagens, bosques abertos e florestas boreais – habitats produtivos que poderiam ter sustentado uma comunidade diversificada de herbívoros. A região do corredor norte, de forma alternativa, foi colonizada por tundra alpina e arbustiva, com algumas partes de densas florestas de abetos. Esses habitats forneciam muito menos nutrição e também teriam sido difíceis para os grandes mamíferos atravessarem. Com esses dados ecológicos, não é de surpreender que especialistas em pastagens, como o bisão, tenham saído do sul pelo corredor. E as espécies caçadoras desses especialistas em pastagens parecem ter seguido suas presas para o norte, também pelo corredor. Os lobos do Alasca de hoje, que caçam bisões, são descendentes dos lobos que se dispersaram para o norte depois que as camadas de gelo derreteram. E quando os humanos finalmente usaram o corredor, também foi para se dispersarem para o norte; tecnologias de ponta de pedra lascada, desenvolvidas anteriormente pelos povos do sul para caçar e matar bisões, foram encontradas no Alasca e datadas de cerca de 500 anos após o corredor se tornar transitável.

Uma imagem mais precisa da colonização humana das Américas surge depois que o gelo recuou e os vestígios de humanos se tornam mais comuns. Há 13.000 anos, os humanos estavam espalhados pelas Américas e se tornaram caçadores habilidosos dos grandes animais nativos. E houve consequências. À medida que as pessoas se mudaram da Beríngia para a América do Norte continental, e depois para a América do Sul, a megafauna nativa começou a ser extinta. Com base em milhares de datas de radiocarbono obtidas em restos fósseis de megafauna, as primeiras extinções ocorreram na Beríngia cerca de 13.300 a 15.000 anos atrás. A onda de extinções nas geleiras da América do Norte ocorreu há 12.900-13.200 anos, e nas da América do Sul há 12.600-13.900 anos.

Os intervalos de datas que cito aqui são curtos, especialmente para a América do Norte continental, onde dezenas de espécies taxonômica e ecologicamente diversas foram extintas em apenas 400 anos. O falecido Paul Martin, geocientista que passou a maior parte de sua carreira na Universidade do Arizona, foi o primeiro a traduzir o registro de radiocarbono em uma teoria explícita sobre a causa das extinções da megafauna. Agora conhecida como a "hipótese do exagero" ou "Blitzkrieg", como Martin a apelidou por causa da palavra alemã que se traduz literalmente como "guerra-relâmpago", a teoria de Martin sustenta que os humanos, ao encontrarem presas ingênuas, já sendo caçadores habilidosos de grandes animais ou tendo se tornado pela oportunidade, acabaram reduzindo o número de novas presas a ponto de superar a sua capacidade de reprodução. A teoria da Blitzkrieg de Paul Martin sustenta que essas extinções, assim como as extinções de megafauna que ocorreram em todo o mundo coincidentemente com a chegada humana, tiveram uma causa comum - nós -, e que a prova estava no registro de radiocarbono.

No Novo Mundo, porém, os paleontólogos enfrentam novamente o complicado desafio de desvendar os papéis do clima e dos humanos nas extinções. Ao contrário da Austrália, onde o clima não mudou quando a megafauna começou a desaparecer, as extinções norte-americanas coincidiram com grandes mudanças climáticas e rearranjos de habitat. O pico do período frio da última era glacial terminou há cerca de 19.000 anos, porém, o clima permaneceu frio por vários milênios. Então, cerca de 14.700 anos atrás, o clima mudou subitamente para um interestadial quente e úmido. Esse período quente durou vários milênios e depois mudou novamente, desta vez para um período frio chamado Dryas Recente. Essa segunda mudança foi particularmente abrupta, com o clima retornando às condições glaciais em menos de uma década. O Dryas Recente foi um período de maior sazonalidade - invernos mais frios e verões mais quentes -, o que significava estações de crescimento mais curtas. Havia menos alimento disponível para os herbívoros, e o que estava à disposição era menos rico em nutrientes, graças a uma diminuição no carbono atmosférico. Então, cerca de 11.700 anos atrás, o clima mudou pela terceira vez, desta vez aquecendo abruptamente e marcando o início do período quente do atual Holoceno.

À medida que o clima oscilava entre extremos, as consequentes mudanças nos padrões de temperatura e pluviosidade tinham mais impacto nos mamíferos maiores e de reprodução mais lenta, exatamente os que foram extintos.

Passei grande parte da minha carreira tentando separar os papéis das mudanças climáticas e da disseminação de humanos pela América do Norte na causa da extinção da megafauna da Beríngia. Meu trabalho e o de meus colegas forneceram pistas sobre como os grandes mamíferos foram afetados por esses transtornos. Pudemos observar que nem todas as espécies respondem simultaneamente a mudanças em seu habitat, e nem da mesma forma. Na Eurásia, por exemplo, as populações de bois-almiscarados e rinocerontes-lanudos cresceram e diminuíram junto com a disponibilidade de seu habitat, mas o sucesso e o fracasso das populações de cavalos e bisões estavam menos intimamente ligados a mudanças no clima global. É claro que o clima global é provavelmente um mau indicador de sucesso ou fracasso de muitas espécies, pois espécies disseminadas não são passíveis de se extinguir repentina e totalmente, a menos que haja um desastre como o asteroide que pôs fim ao reinado dos dinossauros. À medida que os dados de DNA antigo se tornaram mais fáceis e menos caros de serem gerados, começamos a gerar dados de populações geograficamente isoladas da mesma espécie, que estão ajudando a desvendar os papéis das mudanças climáticas locais e dos humanos no declínio das espécies.

Uma das primeiras espécies a serem estudadas dessa maneira foram os mamutes. O DNA antigo, isolado de restos de mamutes de todo o Hemisfério Norte, revelou que, em vez de terem sido extintos de forma repentina, os mamutes foram diminuindo lentamente ao longo dos últimos 50.000 anos. Durante esse tempo, populações geograficamente distintas foram extintas em épocas diferentes. Na América do Norte, por exemplo, os mamutes foram extintos no continente central durante o Dryas Recente, mas sobreviveram no extremo norte do Alasca até cerca de 10.500 anos atrás. Porém, esse não foi o fim dos mamutes. Duas pequenas populações sobreviveram em ilhas por muito mais tempo: a população de Saint Paul, até cerca de 5.600 anos atrás, e na Ilha Wrangel, na ponta nordeste da Sibéria, que sobreviveu até cerca de 4.000 anos atrás.

O lento declínio dos mamutes em todo o Hemisfério Norte não é previsto pelo modelo Blitzkrieg, mas também não significa que os humanos não tenham nenhuma responsabilidade pelo seu desaparecimento. Na Ilha Wrangel, por exemplo, o momento em que os mamutes finalmente desaparecem coincide com os assentamentos humanos. No entanto, dados genéticos de alguns dos últimos mamutes de Wrangel mostram que a população já tinha problemas quando os humanos chegaram, pois muitas gerações de consanguinidade cruzada encheram seus genomas com mutações que reduziram sua condição física. Esses dados sugerem que esta última população de mamutes provavelmente teria morrido mesmo se os humanos nunca tivessem chegado à Ilha Wrangel. Mas se nossos ancestrais levaram os mamutes do continente à extinção, isso acabou com a possibilidade de que mamutes imigrantes do continente pudessem enriquecer o *pool* genético de Wrangel e salvar aquela última população. Os humanos teriam condenado indiretamente os mamutes da Ilha Wrangel ao seu colapso genético?

Indecisa, fico em cima do muro. A história das extinções norte-americanas me parece muito complicada. O clima estava mudando de forma acentuada durante a transição para o Holoceno. Então, chegaram os humanos, que vieram dar o empurrão final para a extinção dos mamutes. Se a megafauna já estava com problemas, não era preciso uma multidão de humanos para gerar um impacto catastrófico.

Estamos trabalhando, no meu laboratório, em um grande projeto que visa compreender como a megafauna norte-americana já era problemática quando os humanos começaram a se espalhar pelo continente. Extraímos DNA antigo de centenas de ossos de bisões, mamutes e cavalos que viveram nos últimos 40.000 anos na região que um dia foi o leste da Beríngia. Coletamos restos de besouros que podem ser usados como indicadores de regimes de temperatura e pluviosidade. Contamos ninhos de esquilos terrestres e identificamos as plantas com que foram feitos, medimos isótopos de carbono, oxigênio e nitrogênio de ossos e o *permafrost* (camada de gelo permanente no solo) e sequenciamos DNA de plantas diretamente de solos antigos. A imagem que podemos compor com esses dados é de um ecossistema dinâmico e resiliente, onde os membros dominantes da comunidade mudam junto com o clima. Durante os intervalos frios, as gramíneas são escassas e os cavalos e mamutes são mais abundantes do que os bisões, provavelmente por serem mais bem adaptados para sobreviverem com forragem de qualidade inferior. Mas quando o clima esquenta, tudo muda. Esquilos terrestres aparecem, as pastagens se expandem e os bisões se recuperam, superando os outros herbívoros, provavelmente porque os bisões têm tempos de procriação mais curtos e podem habitar mais rapidamente as pastagens restabelecidas com mais bisões. A comunidade está em constante fluxo; as espécies vêm e vão, tornam-se mais ou menos abundantes, adaptam-se e diversificam-se em harmonia umas com as outras e também com as mudanças climáticas.

Embora nossos dados sejam apenas da América do Norte e recuem não mais do que 40.000 anos, imagino que esse cenário tenha ocorrido na Beríngia e em todo o Pleistoceno. Durante os períodos interglaciais, os habitats foram preenchidos com plantas e animais adaptados ao calor. Quando o clima esfriou, as espécies adaptadas ao frio assumiram o controle, enquanto as espécies adaptadas ao calor ficaram restritas a trechos de habitats mais quentes. Nesses refúgios, as espécies adaptadas ao calor passaram por um período perigoso das suas existências. E assim que o clima voltou a aquecer, os sobreviventes se tornaram a base para novas expansões.

A oscilação entre períodos quentes e frios ocorreu ao longo do Pleistoceno, instigando ciclos repetidos de expansão e declínio nas populações da megafauna coincidentes com o aumento e diminuição do habitat adequado. No entanto, apenas as transições climáticas mais recentes coincidiram com extinções generalizadas de megafauna taxonomicamente diversa. Os mamutes, que prosperaram por milhões de anos em habitats temperados, boreais e de tundra, e em três continentes, de repente se viram sem alimentos e nenhum lugar para ir depois do Dryas Recente. Os ursos-de-cara-achatada, que sobreviveram a pelo menos dois ciclos glaciais anteriores, eram de alguma forma inadequados para o calor do início do Holoceno. E os cavalos, que sobreviveram a mais de uma dúzia de grandes transições climáticas durante o Pleistoceno e prosperaram no oeste norte-americano de hoje, não conseguiram encontrar um habitat adequado, após a última era glacial, em nenhum lugar da América do Norte e acabaram extintos localmente. Essas e aproximadamente mais três dúzias de espécies americanas que foram extintas de forma repentina após a última era glacial tinham sobrevivido a vários períodos anteriores de mudanças climáticas igualmente importantes. O momento e a coincidência dessas extinções exigem uma desordem adicional. A única coisa diferente é que as pessoas estavam lá, competindo com outras espécies por recursos e habitat de refúgio, além de caçá-las para seu próprio sustento.

A extinção da megafauna norte-americana mudou fundamentalmente a paisagem norte-americana. Nas suas planícies, o desaparecimento de mamutes e cavalos abriu caminho para o ressurgimento e o êxito do bisão. Ao longo da costa da Califórnia, o desaparecimento da megafauna fomentou o retorno do cerrado e a diminuição da avelã da Califórnia, que era um importante componente da dieta da população local. Para reabrir as matas na ausência da megafauna, as pessoas adotaram o fogo como meio de controlar a vegetação. Na Beríngia, a tundra de estepe produtiva foi substituída pelos ecossistemas de tundra menos produtivos de hoje, pelo menos em parte, pois os grandes animais que antes reciclavam nutrientes, dispersavam as sementes e reviravam os solos rasos, não estavam mais lá.

A veracidade do modelo Blitzkrieg de Martin ainda é debatida. Argumentos contra questionam a capacidade de um número pequeno de humanos para matar uma diversidade tão grande de presas e apontam para períodos anteriores da história da Terra, quando mudanças ecológicas dramáticas causaram extinções em massa. Para Martin, no entanto, um modelo de mudança climática era insuficiente não apenas porque ignorava o fato de que mudanças climáticas semelhantes não causaram extinções em massa durante os ciclos glaciais anteriores, mas também porque não fornecia uma causa comum para a natureza global das extinções. A partir dessas discussões surgiu um meio-termo, no qual as extinções são causadas por uma combinação de efeitos: as mudanças climáticas afetavam os habitats, e à medida que as populações humanas se expandiam, aumentava também a sua necessidade de comida e, consequentemente, a intensidade de sua caça. Martin também rejeitou essa visão de "meio-termo" igualmente porque não a achava suficientemente global no seu poder argumentativo. Sim, grandes mudanças climáticas coincidiram com as extinções da megafauna e a chegada do homem às Américas, e é possível também que na Europa e no norte da Ásia. No entanto, ainda não há evidências de mudanças climáticas significativas imediatamente anteriores às extinções da megafauna australiana.

MASSACRE CONTÍNUO

Os ancestrais polinésios dos maoris estabeleceram-se primeiramente em Aotearoa (também conhecida como Nova Zelândia) durante o final do século XIII, cerca de 700 anos atrás. Há 600 anos, foi extinta uma ordem inteira de pássaros - três famílias taxonômicas que incluíam nove espécies diferentes, que tinha prosperado nas ilhas por mais de 5 milhões de anos.

As moas, nome comum dado a este grupo diversificado de aves, eram gigantes. Seu ovo equivalia, em tamanho, a cerca de 90 ovos de galinha. As fêmeas das maiores espécies - e elas eram muito maiores que os machos - pesavam cerca de 250 quilos. Só existia um predador das moas: a águia gigante de Haast, *Harp agornis moorei*, que podia descer do céu, agarrar uma moa com suas enormes garras e carregá-la consigo.

Dados genéticos isolados a partir de centenas de ossos, penas e fragmentos de casca de ovo de moa contam a história das populações dessas aves, que foram abundantes e prósperas por pelo menos 4.000 anos antes da sua extinção. Não existe evidência genética de declínio populacional, doença, luta para encontrar alimentos ou outros momentos difíceis durante o período que antecedeu sua extinção. Nem evidências paleoecológicas de mudanças climáticas abruptas nas ilhas de Aotearoa, coincidentes ou imediatamente anteriores à extinção das moas. O clima nas ilhas mudou durante o Pleistoceno e Holoceno, como ocorreu em outros lugares, mas as moas resistiram a essas mudanças com pouca evidência genética relevante. E então, em um instante geológico, as moas de Aotearoa simplesmente desapareceram.

O que causou essa mudança repentina no destino das moas? Neste ponto do livro a resposta já deve ser bastante óbvia. Os primeiros sítios arqueológicos de Aotearoa estão repletos de ossos e cascas de ovos de moa. Essa evidência da sua caça imediata e extensiva torna a sua extinção uma das mais fáceis de ser diretamente vinculada a nós. Assim como prevê o modelo de Martin, as pessoas chegaram às ilhas de Aotearoa e passaram a se alimentar das moas fêmeas, machos e também dos ovos e dos filhotes. Como não tinham evoluído para escapar desse tipo de predador, as moas não foram capazes de se reproduzirem com rapidez o suficiente para sustentar os apetites humanos.

A história da extinção das moas de Aotearoa é semelhante a outras histórias de extinções em ilhas, mas diferem das extinções em continentes em alguns aspectos importantes. Primeiro, as extinções da megafauna nas ilhas costumavam ocorrer de forma mais rápida do que nos continentes, com um intervalo menor entre a primeira chegada dos humanos e a morte do último indivíduo da megafauna. Isso provavelmente se resume ao tamanho das ilhas (as espécies têm menos habitat disponível para se esconder do que nos continentes), ao tamanho das populações de presas nas ilhas (populações menores são mais vulneráveis à extinção do que populações maiores) e a natureza das próprias espécies de presas (muitas espécies insulares evoluíram na ausência de qualquer tipo de predadores). Além disso, os humanos que vivem em ilhas também podem extrair recursos do oceano, portanto, a diminuição das populações de presas terrestres não teria uma influência limitadora sobre o tamanho da população de predadores (humanos). A segunda maneira pela qual as extinções nas ilhas diferem das que ocorrem nos continentes é que as extinções nas ilhas ocorreram mais tarde no tempo geológico. E a razão para isso é simples: as pessoas demoraram mais para chegar às ilhas.

A primeira aparição de humanos em uma ilha era, quase sempre, uma má notícia para a fauna endêmica. Quase 10% das espécies de aves nativas foram extintas quando os humanos encontraram e colonizaram as ilhas do Pacífico. Como em outros lugares, as espécies corporalmente maiores, e com taxas de reprodução mais lenta, eram mais propensas à extinção. Embora as aves fossem particularmente vulneráveis, as extinções nas ilhas não se limitaram a um único grupo taxonômico. Hipopótamos anões desapareceram da ilha de Chipre há 12.000 anos, logo após o aparecimento dos primeiros humanos. As preguiças das Índias Ocidentais sobreviveram nas ilhas de Cuba e Haiti por mais tempo do que no continente, com o momento do declínio inicial de sua população nas ilhas muito próximo da primeira evidência arqueológica da presença de pessoas. O macaco jamaicano, o último primata caribenho sobrevivente, foi extinto 250 anos após a chegada do homem à Jamaica.

Mas a extinção de espécies insulares nem sempre ocorreu por efeitos diretos da predação humana. A chegada de pessoas foi muitas vezes acompanhada de desmatamentos e outros tipos de degradação ambiental que reduziram o habitat de espécies endêmicas. Os marinheiros também traziam coisas consigo, voluntariamente - plantas comestíveis, animais domesticados como cães, porcos e galinhas - ou ignorando a companhia. Os ratos são particularmente devastadores para as espécies insulares - às vezes transportados como alimento, às vezes pegando carona sem o conhecimento dos capitães. De fato, a disseminação de ratos está tão intimamente ligada à disseminação de pessoas que uma análise genética de ratos do Pacífico foi usada para reestabelecer o momento e a ordem do assentamento humano nas ilhas do Pacífico.

Uma das últimas ilhas a ser colonizada por pessoas também foi o lar de uma das espécies mais famosas já extintas. O dodô, um pombo que não voava, ficou com a duvidosa honra de ser o ícone global da extinção causada pelo homem. Era endêmico das Ilhas Maurício, localizada no Oceano Índico a cerca de 1.200 quilômetros (750 milhas) de Madagascar. O registro mais antigo de dodô nas Ilhas Maurício é de marinheiros portugueses que descobriram a ilha em 1507, depois de terem sido desviados do curso por um ciclone. Os marinheiros não ficaram por muito tempo, e sequer fizeram questão de mencionar os dodôs em seus escritos.

Mas em 1638, marinheiros e comerciantes holandeses estabeleceram o primeiro assentamento permanente nas Ilhas Maurício. Vinte e quatro anos depois, os dodôs foram extintos. As histórias da extinção do dodô são descritas como uma das ações humanas mais cruéis e brutais. Os dodôs aparentavam ser pássaros ingênuos que, em vez de fugirem, aproximavam-se para examinar melhor as pessoas. Alguns livros registram pessoas batendo em dodôs até a morte por esporte ou diversão. Ninguém comia os dodôs, cuja carne aparentemente não tinha um gosto muito bom. Na verdade, os dodôs sucumbiram diante da incapacidade de se reproduzirem. As fêmeas faziam seus ninhos no chão e colocavam apenas um único ovo durante a época de reprodução. Esses ovos eram engolidos pelos ratos, pelos porcos e por outras espécies que os humanos trouxeram com eles. Portanto, não nasciam filhotes de dodô, e finalmente todos os dodôs adultos morreram.

Os humanos são realmente responsáveis pelas mortes do dodô, das moas, do hipopótamo anão do Chipre, das preguiças das Índias Ocidentais e do macaco jamaicano? Pesam evidências contra nós. Mas existem alguns contraexemplos. Um dente de preguiça terrestre das Índias Ocidentais de 4.200 anos foi encontrado recentemente na ilha de Cuba, provando que essa espécie coexistiu com os humanos por mais de 3.000 anos. Ainda que isso não limpe a barra dos humanos em relação à extinção das preguiças indianas, a prova de uma longa coexistência exige um mecanismo diferente da Blitzkrieg.

Embora a fauna insular pareça ter sofrido de forma desproporcional se comparadas às dos continentes, foi por causa do baixo número e da menor densidade de presas potenciais nas ilhas que surgiram alguns dos primeiros esforços humanos para conservar os recursos animais. No Sri Lanka, os humanos caçaram macacas sinica, langures-cinzentos e macacos-de-cara-roxa nos últimos 45.000 anos e, no entanto, essas três espécies ainda existem atualmente.

Patrick Roberts, do Instituto Max Planck para a Ciência da História Humana em Jena, Alemanha, estuda as interações entre os autóctones do Sri Lanka e os primatas nativos e acredita que a única razão pela qual esses primatas sobrevivem até hoje é devido a ações deliberadas por parte dos primeiros cingaleses. Na caverna de Fa-Hien Lena, Roberts e seus colaboradores identificaram milhares de ossos de animais caçados, a maioria de indivíduos adultos – apesar do fato de que os adultos, no auge da saúde, tenham sido os mais evasivos da população. Roberts acredita que esta preferência por adultos revela uma sofisticada cultura de caça que desenvolveu um conhecimento considerável sobre os ciclos de criação e os territórios de suas presas. Ele argumenta que os caçadores do Sri Lanka estavam bastante cientes de como a caça poderia afetar os primatas para limitar deliberadamente sua captura. Se for verdade, os primeiros cingaleses podem ter sido os primeiros humanos a praticar a caça sustentável.

O SOLITÁRIO GEORGE

No dia de Ano-Novo de 2019, um pequenino caracol morreu na unidade de reprodução em cativeiro da Universidade do Havaí, em Manoa. Chamava-se George, tinha 14 anos e viveu na unidade por toda a sua vida. Depois que todos os seus parentes morreram, os pesquisadores procuraram uma companheira, ou pelo menos um amigo para George, mas jamais encontraram outro caracol da mesma espécie. Quando George morreu, no dia 1º de janeiro de 2019, sua espécie, *Achatinella apex fulva*, tornou-se a mais recente a ser incluída na categoria "extinta" da Lista Vermelha da União Internacional para a Conservação da Natureza (UICN).

Histórias sobre a extinção de caracóis havaianos não atraem tanta atenção como a iminente extinção de algo maior, como um rinoceronte, mas as perdas de espécies menos visíveis não são menos prejudiciais para seus ecossistemas, e nossa culpa não é menor do que nas perdas de grandes herbívoros. Na verdade, alguns cientistas estimam que quase 40% das espécies extintas desde os anos 1500 são caracóis e lesmas terrestres. No Havaí, os caracóis desempenham papéis vitais em seus ecossistemas. Alguns atuam como decompositores, ocupando o nicho preenchido pelas minhocas no continente; outros comem as algas que crescem nas folhas, limitando potencialmente a propagação de doenças. Mas, graças aos predadores de caracóis, introduzidos nas ilhas havaianas, as espécies endêmicas de caracóis havaianos estão desaparecendo em um ritmo alarmante. Ratos introduzidos comem caracóis, e as pessoas gostam de coletar e, às vezes, também de comer caracóis. Mas o pior agressor é outro caracol: o caracol-lobo-rosado, que foi trazido para o Havaí em 1955 para combater a propagação de caracóis-gigantes-africanos, também trazidos para o Havaí, mas acidentalmente, em 1936, e desde então comem plantações e paredes de gesso pelas ilhas. Os caracóis-lobo-rosados são predadores vorazes de outros caracóis e destinavam-se a devorar caracóis-gigantes-africanos para resolver o problema causado por eles. Infelizmente, os caracóis-lobo-rosados preferem o sabor dos caracóis havaianos e, hoje, enquanto os caracóis-gigantes-africanos estão indo muito bem, os caracóis endêmicos que ainda não estão extintos, agora estão a caminho da extinção. O golpe final para os caracóis endêmicos do Havaí pode vir da coincidência de nossa intervenção bem-intencionada e da mudança do clima havaiano. Alguns caracóis havaianos endêmicos podem ser encontrados hoje em refúgios em altitudes mais elevadas, onde o clima é frio e seco demais para caracóis-lobo-rosados. Esses habitats estão, no entanto, tornando-se mais quentes e úmidos, e os caracóis-lobo-rosados estão se movendo.

Embora a história de George não tenha um final feliz, a situação dos caracóis havaianos ilustra perfeitamente a atual luta da transição de nosso papel de predador para o de protetor das espécies. Sabemos por que algumas delas estão desaparecendo e queremos impedir que isso aconteça, mas ainda não temos uma solução. Podemos estabelecer programas de reprodução em cativeiro, mas se não houver acasalamento ou se a espécie não for capaz de se reproduzir em cativeiro, não há mais nada a fazer. Podemos projetar e implementar estratégias para remover espécies invasoras, mas essas estratégias podem falhar ou ter consequências imprevisíveis. E enquanto imaginamos novas maneiras de ajudar as espécies ameaçadas, seus habitats continuam a se deteriorar.

Novas tecnologias estão surgindo. Se George tivesse uma relação suficientemente próxima com uma espécie diferente de caracol, talvez pudesse ter acasalado e produzido descendentes enquanto ainda vivia. Essa descendência, no entanto, teria obtido apenas 50% de sua ascendência da espécie de George, e não está claro se seria considerada por taxonomistas ou biólogos conservacionistas como da mesma espécie ou como de uma outra diferente. Essa entrada genética externa também poderia mudar o comportamento do caracol. Se o híbrido não preenchesse o nicho ecológico que a espécie de George preenchia, as consequências da extinção não teriam sido evitadas.

Um dia pode ser possível fazer um clone de George, pois um pequeno pedaço de seu pé foi cortado, logo após sua morte, e enviado para o San Diego Frozen Zoo, onde está criopreservado - caso a tecnologia para ressuscitar uma espécie extinta venha se concretizar.

A desextinção, no entanto, não é uma solução iminente para a crise de extinção e, no caso específico de George, nem chega a ser uma opção. A desextinção requer células viáveis que possam ser transformadas em embriões viáveis, um hospedeiro materno capaz de proporcionar um ambiente no qual o embrião possa se desenvolver, além de uma estratégia confiável para criar e liberar um animal clonado na ausência de qualquer indivíduo pertencente à mesma espécie. Todas as espécies candidatas à desextinção devem enfrentar diferentes obstáculos técnicos, éticos e ecológicos ao longo do caminho, que vão desde "Podemos encontrar uma célula viável?" até "Existe um óvulo ideal ou hospedeiro materno?" ou ainda "Existe um habitat no qual podemos liberar o organismo sem que ele seja novamente extinto?". No caso de George, pode ser que as células armazenadas no zoológico congelado sejam viáveis. No entanto, os biólogos sabem muito pouco sobre os ciclos de reprodução e de desenvolvimento das espécies de George (e de caracóis em geral) para elaborar uma estratégia eficaz de clonagem e criação. É claro que isso pode mudar com o tempo, mas eu apostaria que o desenvolvimento da tecnologia de clonagem de caracóis está no final da lista de biotecnologias que precisam ser desenvolvidas, e que é mais provável que o investimento privado – o tipo de financiamento que alimenta essas soluções propostas para a crise de extinção – seja usado para a ressurreição de uma megafauna extinta mais carismática, do que para trazer de volta um pequeno caracol. Não sou esperançosa com a desextinção de George, mas seu pé está lá congelado, só por precaução.

UMA FORÇA EVOLUTIVA EM DESENVOLVIMENTO

Dentre todas as maneiras que os humanos têm utilizado para interferir nas trajetórias evolutivas das espécies ao nosso redor, causar a extinção é de longe a mais grave. Talvez seja por isso que hoje nos esforçamos tanto para nos isentar da culpa, procurando outras explicações ou explicações parciais, e até imaginando soluções tecnológicas como a desextinção, que poderiam nos absolver da nossa responsabilidade.

Porém, em vez de se livrar da culpa, seria mais proveitoso reconhecer que as extinções que os humanos causaram ou ajudaram a causar no passado não foram ações deliberadas. Os primeiros australianos e os primeiros americanos não planejaram e depois se empenharam em matar todos os vombates gigantes e todos os mamutes. Ocorreu que a chegada dos humanos mudou fundamentalmente a paisagem seletiva desses habitats. Assim como os símios bípedes tinham uma vantagem de aptidão física quando caçavam em campos de vegetação alta, se comparados com seus primos quadrúpedes, os animais que se mantinham fora de nosso alvo no Pleistoceno, por conta do comportamento e da fisiologia, tinham uma vantagem de aptidão física sobre aqueles que não fugiam. Mesmo extinções posteriores, como as das moas e dos dodôs, não foram deliberadas. Essas e muitas outras espécies que agora estão extintas foram vítimas de mudanças dramáticas em seus habitats, algumas diretamente causadas por humanos, outras indiretamente, e ainda existem as que talvez nem tenham sido nossa culpa.

É claro, porém, que o caráter grave e destrutivo das ações humanas aumentou ao longo do tempo. Isso se deve em parte ao fato de haver um número cada vez maior de nós, humanos. Em vez de alguns pequenos grupos familiares de caçadores de subsistência, as pessoas chegavam às ilhas aos montes e, quando desembarcavam de seus navios, traziam também ratos, gatos e porcos, sementes de plantas domesticadas, pragas de insetos e caracóis-gigantes-africanos. Com o tempo, as pessoas também se tornaram cada vez mais poderosas. Ferramentas rudimentares foram substituídas por *atlatls*, depois por espingardas e em seguida por supercomputadores. À medida que nossa tecnologia avançava, foi também acelerando o ritmo de novos avanços tecnológicos. Desenvolvemos novas maneiras de matar e de transformar paisagens, e o fizemos - e continuamos a fazê-lo - numa velocidade muito mais rápida do que a seleção natural - o único mecanismo pelo qual outras espécies podem se adaptar (e acompanhar as mudanças). A Sexta Extinção - a extinção em massa que está inegavelmente ocorrendo hoje - é a consequência da evolução humana.

A notícia, no entanto, não é de toda ruim. Além das proezas tecnológicas, desenvolvemos uma consciência social. Não queremos levar as espécies à extinção, pelo contrário, queremos proteger os habitats e preservar a biodiversidade. Para alguns, o desejo de conservar a natureza é totalmente egoísta: apreciam a estética dos espaços naturais e a variedade de opções no cardápio. Outros são mais altruístas, atribuindo valor à própria natureza. Independentemente da motivação, vimos, nos últimos 150 anos, um reconhecimento gradual desse nosso papel de causar extinções, e uma adoção também gradual de um novo papel no qual trabalhamos ativamente para não causar mais extinções. Mas à medida que assumimos esse papel, fica claro que não podemos dar um passo atrás e deixar que as espécies evoluam como fizeram em suas trajetórias pré-humanas. Estamos muito integrados, nossas tecnologias estão muito avançadas e nossa população grande demais para nos desvencilharmos dos habitats que invadimos nos últimos 200.000 anos. Em vez disso, o novo papel humano é considerar como nossas ações, começando no Pleistoceno, afetaram outras espécies, e aprender com as consequências de nosso passado. Devemos considerar como seria um mundo ao mesmo tempo biologicamente diverso e cheio de pessoas. Devemos usar nossas tecnologias cada vez mais avançadas para moldar o futuro no qual as pessoas possam prosperar ao lado de outras espécies.

PERSISTÊNCIA DE LACTASE

Na cópia do cromossomo 2 que herdei da minha mãe, cerca de dois terços do caminho em direção ao centro no braço longo do cromossomo, tenho uma única mutação – uma troca de um nucleotídeo guanina (G) para um adenina (A) – no íntron 13 de um gene chamado *componente 6 do complexo de manutenção de minicromossomo* ou MCM6. O MCM6 está envolvido na fabricação do complexo proteico que desenrola o DNA durante a divisão celular, o que parece (e de fato é) importante. Minha mutação não afeta em nada esse processo, pois está em um íntron, que é uma sequência de DNA ignorada quando o gene é traduzido em uma proteína. Dado que os íntrons acabam praticamente descartados no corte genômico, pode ser surpreendente saber que essa mutação em particular, quando ocorreu em um de meus ancestrais, mudou o curso da evolução humana.

A mutação G para A no íntron 13 do MCM6 só existe em humanos há pouco tempo, mesmo assim muitas pessoas a têm. Eu tenho uma cópia que herdei de minha mãe, mas muitas pessoas com ascendência do norte da Europa têm duas cópias de sua versão mutante, o que significa que herdaram de ambos os pais. Na Europa, a prevalência dessa mutação aumenta de frequência em uma variação clinal (de traço biológico) de sul a norte. Mais de 60% das pessoas que vivem na Europa Central e Ocidental carregam pelo menos uma cópia da versão mutante do MCM6, e essa proporção sobe para mais de 90% nas Ilhas Britânicas e na Escandinávia. Esse padrão – uma mutação que atinge alta frequência em uma grande população em um curto período de tempo evolutivo – não surge por acaso e deve ter proporcionado uma vantagem de aptidão física para os que a herdaram. De fato, quando a aptidão física das pessoas com a mutação é comparada com a aptidão física dos que não a têm, ela aparece como a mutação mais vantajosa que surgiu nos últimos 30.000 anos de história evolutiva humana.

Considerando a importância da mutação G para A no íntron 13 de MCM6, podemos deduzir que os cientistas teriam uma compreensão profunda do que exatamente ela faz. O fenótipo causado por essa mutação é bem descrito: alguém que possui essa mutação mantém a capacidade de digerir lactose, o tipo de açúcar encontrado no leite, até a idade adulta. Pessoas normais (ou seja, as que não têm essa mutação) perdem a capacidade de quebrar e digerir a lactose perto da idade do desmame, assim como todos os outros mamíferos. Adultos não mutantes são "intolerantes à lactose" – beber leite pode deixá-los inchados e com gases. Adultos mutantes, no entanto, podem beber litros de leite sem efeitos colaterais desagradáveis. Bem, desde que não bebam galões.

O mecanismo molecular que leva à "persistência da lactase", que é o nome científico que descreve a produção contínua da enzima lactase na idade adulta, é bem menos compreendido. A mutação G para A no íntron 13 de MCM6 ocorre a 14.000 nucleotídeos de distância do gene da lactase, o que leva a pensar como uma mutação tão distante pode ter algum impacto. A mutação parece alterar a sequência do íntron 13 de tal forma que se torna um local de ligação secundário para a proteína que ativa o gene da lactase. Com esse local secundário, a lactase continua a ser produzida após a via normal ser desligada e a pessoa continua a poder beber leite.

Saber exatamente quando a persistência da lactase evoluiu pela primeira vez em humanos permanece um mistério. O registro arqueológico mostra que a produção de laticínios se espalhou rapidamente depois de surgir, mas ainda não revelou se essas primeiras populações que consumiam laticínios já eram lactase persistentes. Pode ser que a mutação tenha surgido mais tarde, depois que a produção e o consumo de laticínio já estavam bem estabelecidos. Além disso, dados genéticos de populações humanas de todo o mundo revelaram várias mutações diferentes que causam a persistência da lactase, surgidas de formas independentes. É estranho que a frequência da persistência da lactase numa população não se correlaciona absolutamente com o uso cultural de laticínios. A alta frequência de persistência da lactase em algumas populações atuais pode ocorrer simplesmente ao acaso: uma convergência de eventos que criou o ambiente ideal para a propagação da característica. Independentemente de como ou quando as mutações de persistência da lactase apareceram em nossos genomas, é claro que essas mutações não apenas alteraram a trajetória evolutiva de nossa própria espécie, mas também pavimentaram a transformação de muitas outras espécies, sejam selvagens ou não - uma transformação que continua até hoje.

Essa história começa no final da última era glacial.

OS CAÇADORES SE TORNAM PASTORES

Há 14.000 anos, a era glacial mais recente havia acabado e os humanos haviam se espalhado por grande parte do mundo. O clima mais quente e úmido significava produções cada vez maiores de plantas e, consequentemente, presas bem alimentadas. Com muito mais alimentos a seu alcance, as pessoas começaram a trocar a vida nômade por uma existência mais sedentária.

Uma parte especialmente produtiva do mundo era o Crescente Fértil, uma região em forma de lua crescente (como o nome sugere) que se estende desde o litoral do Levante até as costas dos Montes Taurus, a Cordilheira dos Zagros e as adjacências do Golfo Pérsico. Moradores das primeiras comunidades do Crescente Fértil caçavam animais selvagens e colhiam frutos, sementes, folhas e tubérculos que floresciam ao seu redor. Garantir a próxima refeição era fácil, então eles começaram a fazer experimentos. Descobriram que a captura seletiva de presas machos em vez de fêmeas era mais lucrativa porque permitia que as populações de presas crescessem. Também encontraram uma fonte confiável e nutritiva no número crescente de nozes, gramíneas e leguminosas que proliferavam sob essas condições mais quentes e úmidas, e ainda desenvolveram ferramentas – pedras de amolar – para ajudá-los a processar a abundância de nozes que coletavam. Foi, portanto, uma época de abundância e de inovação.

Mas, de repente, a sorte mudou. Cerca de 12.900 anos atrás, o planeta mergulhou novamente nas condições da era do gelo – a Dryas Recente. As pessoas se viram em meio a uma paisagem muito menos produtiva e – depois de passarem bons tempos transformando carbono e nitrogênio do solo em mais humanos – com mais bocas para alimentar. Apesar da crise, as condições em algumas partes do Crescente Fértil ainda eram muito boas em comparação com outros lugares, por isso as pessoas se concentraram lá. Os tempos ruins duraram mais de mil anos.

Quando o clima se recuperou e o Holoceno começou, as comunidades do Crescente Fértil voltaram a fazer experimentos: capitalizaram os recursos naturais de suas terras e transformaram as inovações de seus ancestrais em novas estratégias que garantiram a sobrevivência. À medida que faziam novos experimentos, as plantas e os animais com os quais interagiam começaram a mudar. Nessa nova era de experimentação humana, os indivíduos mais aptos eram aqueles que os humanos escolheram para propagar. Este foi o alvorecer do Neolítico.

A palavra *Neolítico* se traduz literalmente como "nova pedra" e se refere à nova Idade da Pedra, ou o período da história humana durante a qual se iniciou a domesticação de plantas e animais. A transição para o Neolítico começou no final da recessão de mil anos do Dryas Recente e, há 10.000 anos, as pessoas estavam plantando, cuidando e colhendo trigo, cevada, lentilha, ervilha, linho e grão de bico, entre outros produtos agrícolas. Essas culturas exigiam cuidados o ano inteiro, o que significava que mais pessoas eram necessárias para preencher esses papéis, e mais comida era necessária para alimentar essas pessoas. Terras virgens foram se transformado em fazendas. Pequenas comunidades tornaram-se aldeias agrícolas, depois as aldeias tornaram-se vilas e, então, cidades. Mais recursos foram retirados do solo para criar e manter a infraestrutura para esses assentamentos, e mais terras foram transformadas, de virgens para cultivadas, com o intuito de alimentar as pessoas que sustentavam essa infraestrutura.

A mudança da coleta de plantas comestíveis para o cultivo de lavouras forneceu alguma segurança contra a fome, mas os rendimentos das colheitas variaram. Com muito mais bocas para alimentar, anos de vacas magras teriam sido terríveis. Para se proteger da fome nos tempos de colheita ruim, as pessoas precisaram encontrar uma maneira de armazenar alimentos. Elas construíram infraestrutura para guardar os grãos colhidos, mas isso atraiu roedores e outras pragas - além disso, os alimentos armazenados não duravam para sempre. Felizmente, elas também encontraram uma solução. Passaram a criar animais, uma fonte confiável de armazenamento de calorias. Durante os anos favoráveis, o excesso de grãos poderia ser fornecido aos animais em cativeiro, cujas populações cresceriam. Esses animais podiam ser abatidos quando os rendimentos das colheitas eram baixos ou sempre que as pessoas desejassem um pouco de carne na sua dieta.

A transição da caça para o pastoreio foi um processo lento de experimentação e descoberta. Inicialmente, as pessoas se ocuparam com a limitação do movimento animal, entendendo que as presas contidas são mais fáceis de capturar do que as presas dispersas em grandes espaços. Elas aprenderam a interpretar o comportamento dos animais, experimentando selecionar com base no temperamento quais indivíduos comer e quais permitir que se reproduzissem. Viram que algumas espécies se adaptavam melhor do que outras ao redor das pessoas. Algumas espécies eram menos propensas a fugir e ficavam menos irritadas em cativeiro, por exemplo, e outras seguiam naturalmente a liderança de um congênere dominante e eram mais propensas a receber instruções semelhantes de uma pessoa dominante.

Assim como aconteceu com as plantas, a primeira evidência de que os humanos estavam manipulando animais selvagens é da região ao redor do Crescente Fértil. Por volta do início do Holoceno, os caçadores a noroeste do Crescente Fértil começaram a usar uma nova estratégia para caçar os ancestrais selvagens das ovelhas domesticadas. Eles começaram a capturar quase exclusivamente carneiros reprodutores jovens - machos com idades entre dois e três anos. Essa estratégia de caça teria dois benefícios. Primeiro, caçar machos em vez de fêmeas garantiria que o grupo pudesse continuar a se reproduzir. Em segundo lugar, a remoção direcionada de machos locais pode ter atraído machos de grupos próximos. Essa nova estratégia permitiu essencialmente que os caçadores tivessem suas ovelhas e também pudessem se alimentar delas.

Há 9.900 anos, pastores de cabras em Ganj Dareh, nas terras altas do atual Irã, herdaram uma estratégia semelhante para maximizar os retornos da caça, caçando machos reprodutivos e fêmeas mais velhas, deixando que as fêmeas em melhor idade de reprodução pudessem reconstituir o grupo. Então, cerca de 500 anos depois, as cabras aparecem no registro arqueológico das planícies próximas. Isso marca uma importante transição na história humana. As terras altas são um lar montanhoso natural para as cabras selvagens, que passam o tempo escalando saliências precárias para escapar de predadores e adquirir alimentos que outros animais não conseguem alcançar. As terras baixas, no entanto, não eram um habitat particularmente bom para cabras. Elas estavam nas planícies porque haviam sido trazidas para lá pelas pessoas . Eram cabras a caminho de serem domesticadas.

TRANSFORMAÇÃO

Não há regras que definam a transição do selvagem para o domesticado. Definimos espécies domesticadas como aquelas cujas trajetórias evolutivas estão sob controle humano. Hoje, as pessoas escolhem entre os domesticados qual fêmea deve acasalar com qual macho e quais sementes plantar e quais descartar. Se escolhermos sabiamente - com base em milhares de anos de experiência em reprodução e décadas de experimentos em genômica -, nossas escolhas mudarão a aparência, a ação ou o gosto dessa espécie, e essa espécie será transformada de acordo com nossa visão. É claro que nossos ancestrais neolíticos não tinham experiência na manipulação deliberada de outras espécies. Para eles, a transformação de uma espécie de selvagem para domesticada foi, pelo menos inicialmente, fortuita.

Consideremos nosso primeiro domesticado: o cachorro. Evidências genéticas nos mostram que os cães foram domesticados na Europa ou na Ásia há pelo menos 15.000 anos - e possivelmente muito antes. Mas jamais algum caçador da era do gelo pensou que seria divertido trazer um lobo para dentro de sua cabana para deixá-lo dormir em sua cama e manter seus pés aquecidos. Em vez disso, a transição do lobo para o cão começou por acidente, quando os lobos que se aninhavam perto de um assentamento humano reconheceram as pessoas como uma fonte potencial de alimento. Claro que a intenção não era devorar pessoas, caso contrário os nossos ancestrais os teriam matado e essa coisa de "melhor amigo do homem" jamais teria existido. Em vez disso, os lobos faziam a limpeza, vasculhando o que as pessoas descartavam e caçando outras espécies que também estavam por ali pegando as coisas descartadas. A relação inicial entre lobos e pessoas não era mutualista, mas comensal: para os lobos era vantajoso ficar próximos das pessoas, já as pessoas talvez nem tenham notado.

Assim, o cenário estava pronto para que essa interação se tornasse intensa. Os humanos começaram a se beneficiar com os lobos próximos dos seus assentamentos. Os que se aninhavam nas proximidades comiam restos de comida e afastavam os parasitas. E quando os predadores mais perigosos se aproximassem, os lobos, assustados, davam um alerta. Além disso, os filhotes de lobo provavelmente eram muito fofos, biologicamente falando. E à medida que o relacionamento foi amadurecendo, lobos e pessoas gradualmente perderam o medo um do outro e desenvolveu-se um mutualismo entre eles. Os humanos passaram a alimentar e criar os lobos menos agressivos e menos propensos a fugir. Finalmente, esses lobos evoluíram para cães, e as pessoas passaram a confiar neles como trabalhadores e companheiros.

O cão foi a primeira, mas não a única, espécie a seguir a rota comensal da domesticação. Os gatos, que estavam entre as primeiras espécies a serem domesticadas, também foram atraídos pelo lixo que os assentamentos humanos produziam. Na verdade, foram atraídos pelos ratos e camundongos atraídos pelos subprodutos (lixo) da agricultura primitiva. Ao contrário dos cães, os gatos não sofreram grandes mudanças físicas durante a transição de selvagens para domesticados, mas são mansos em comparação com os gatos selvagens. Assim como os cães, os gatos evoluíram para ficar particularmente sintonizados com os costumes sociais humanos. Respondem quando chamados pelo nome, por exemplo, e alguns até seguem instruções não verbais, como escolher entre as opções apontadas pelo dono - ou seja, se forem estimulados.

Como são nossos companheiros, cães e gatos ocupam posições elevadas na sociedade humana -não os vemos como alimento, para começar - mas nem todos os domesticados que seguiram o caminho comensal conseguiram papéis tão confortáveis. Na China, as aves selvagens que eram atraídas por restos de comida descartados evoluíram para galinhas domesticadas. As galinhas domesticadas agora representam 23 bilhões dos 30 bilhões de animais terrestres que vivem em fazendas em todo o mundo, apertadas em gaiolas onde mal podem se mover. Os perus selvagens foram domesticados no atual México e no sudoeste dos Estados Unidos, e a preferência humana por peitos de peru de tamanho grande criou algumas linhagens que são muito pesadas para andarem ou se reproduzirem por conta própria. E os porcos, que se acredita terem entrado em seu relacionamento conosco como catadores de lixo no sudoeste e no leste da Ásia, hoje são criados para o abate, mantidos como animais de estimação, usados para reposição de partes do corpo humano e ridicularizados por culturas em todo o mundo por associação com estereótipos quase sempre negativos.

A maioria das espécies que consideramos de criação – gado, ovelhas, cabras, camelos, búfalos e outros – foi domesticada por meio de um caminho secundário: o da presa. O caminho da presa é semelhante ao comensal, porque começa por acaso, embora o primeiro estágio seja o manejo humano de animais selvagens. O manejo animal pode ter sido desencadeado por uma escassez local de presas, talvez devido a mudanças climáticas ou superexploração ou ambos. Ou talvez tenha surgido à medida que as pessoas testavam estratégias de caça, de maneira a aumentar tanto os números quanto a previsibilidade das presas.

De qualquer forma, as estratégias que foram desenvolvidas – pegar animais pós-reprodutivos ou abater machos em vez de fêmeas, por exemplo – sustentaram e até impulsionaram as populações de presas e ajudaram a garantir um suprimento constante de alimentos. Por fim, algumas espécies de presas controladas foram cooptadas para a sociedade humana. As pessoas começaram a controlar onde e quando elas se moviam, o que comiam e como se reproduziam.

Como esses animais trocaram a vida livre selvagem por uma vida controlada por nós, acabaram experimentando um conjunto diferente de pressões evolutivas. Em cativeiro, os chifres não eram apenas desnecessários para proteção ou competição de acasalamento, mas também não valia a pena transportá-los e esperar que crescessem. Mais importante, porém, era o temperamento. Um animal de cativeiro agressivo não podia ser tolerado porque era um perigo tanto para as pessoas quanto para outros animais. Um animal que se assustava facilmente e fugia também não contribuiria para a próxima geração. Com o tempo, os humanos optaram por criar os animais mais dóceis e submissos, formando rebanhos que não temiam e até passaram a confiar nos pastores. Hoje, alguns cientistas acreditam que muitos dos traços físicos aparentemente não relacionados que são comuns entre os animais domesticados - cor da pelagem malhada, dentes pequenos, caudas e orelhas moles, cérebros pequenos e ciclos estrais não sazonais, por exemplo - derivam de fatores genéticos no desenvolvimento do cérebro que também estão associados à seleção contra o comportamento agressivo.

Embora os caminhos da presa e do comensal comecem involuntariamente, há um ponto ao longo de ambos os caminhos no qual nossas escolhas passam a se tornar deliberadas. Durante as primeiras gerações de vida em cativeiro, os chifres podem se tornar menores e os indivíduos mais dóceis, pois indivíduos com essas características são mais aptos do que outros em seu ambiente cativo. No entanto, quando um pastor decide que prefere animais de um determinado tamanho ou cor de pelagem, ou que deseja criar um animal que possa puxar um arado ou produzir muito leite, cruza-se uma linha. Essa transição do acaso para a intenção é o que diferencia a domesticação de outros mutualismos, e também o que nos diferencia de outros animais.

Mutualismos que se parecem um pouco com a domesticação são comuns em toda a árvore da vida. Alguns dos exemplos mais intrigantes estão nas formigas. As formigas cortadeiras tropicais seguem trilhas bem marcadas pela floresta, cada uma carregando um pedaço de folha muitas vezes maior que seu tamanho. As folhas não servem para as formigas comerem, mas sim para alimentar as plantações gigantes de cogumelos que elas cultivam em suas colônias. Nesse mutualismo, as formigas são muito parecidas com os fazendeiros humanos. Elas alimentam e podam seus jardins de fungos, mantendo-os saudáveis, removendo fungos parasitas e outras pragas. Elas até aprendem (através de sinais químicos) se uma determinada planta é tóxica para os fungos e param de fornecê-la. O fungo se beneficia com um habitat seguro no subsolo - habitat indisponível para fungos fora do mutualismo. O mutualismo é passado para a próxima geração graças a outro comportamento impressionante das formigas cortadeiras: em um dia que começa de forma bastante incomum, milhares de formigas aladas de repente voam em massa para o céu. Uma vez no ar, elas acasalam várias vezes e depois perdem as asas e caem no chão como uma neve preta com pinças. Essa paisagem infernal (que eu experimentei como estudante de graduação trabalhando na floresta tropical no Panamá) não é uma praga moderna, mas sim o voo nupcial da formiga-cortadeira. E o fungo? No decorrer de todos esses voos, divertimentos e quedas, cada rainha esperançosa da próxima geração consegue, de alguma forma, segurar um pouco do fungo de sua antiga colônia. Se ela sobreviver, usará isso para semear seu próprio jardim de cogumelos, transmitindo o mutualismo.

Algumas formigas desenvolveram mutualismos que se parecem mais com pastoreio do que com agricultura. As formigas-amarelas-do-prado europeias, *Lasius flavus*, cuidam de pulgões, protegendo-os enquanto eles se alimentam de plantas. Em troca, as formigas comem o cocô rico em nutrientes desses pulgões (alguns chamam isso de "melada"), que as formigas os estimulam a liberar acariciando-os com suas antenas (alguns se referem a isso como "ordenha"). A rara formiga africana *Melissotarsus emeryi* protege colônias de cochonilhas, apertando-as e lambendo-as, presumivelmente comendo a cera que reveste seus corpos. Formigas *Melissotarsus* também foram observadas arrancando cochonilhas das plantas e levando-as embora, levantando a suspeita de que as cochonilhas também são, por vezes, o prato do dia.

Outros mutualismos animais se parecem com relacionamentos entre animais de estimação e seus donos. A gigante tarântula venenosa *Xenesthis immanis* permite que um minúsculo sapo – o *Chiasmocleis ventrimaculata* – fique em sua toca. A tarântula poderia comer o sapo se quisesse, mas isso não acontece. Em vez disso, o sapo fica na toca com ela. Depois que a tarântula termina uma refeição, o sapo entra em cena para devorar o que sobrou. Enfim, o sapo ganha um lugar seguro para viver e a tarântula ganha uma toca livre de restos de comida que possam atrair pragas que comem ovos de aranha.

À primeira vista, esses mutualismos assemelham-se muito com a domesticação: agricultura, pastoreio, pecuária, até mesmo criar animais de estimação. Há, no entanto, uma diferença fundamental. A domesticação envolve propósito. Essas formigas, aranhas e sapos chegaram em seus relacionamentos por acaso. Ao longo de milhares de gerações, cada linhagem se adaptou à coexistência com a outra, acabando por confiar no mutualismo para a sobrevivência. Em nenhum momento durante a evolução desses relacionamentos, as espécies notaram que haviam entrado em um mutualismo. Nenhuma das espécies parou para considerar cenários futuros alternativos nos quais o mutualismo pode ser melhorado, aprimorando uma característica particularmente útil. Nenhuma das espécies modificou intencionalmente a outra.

Os humanos, no entanto, projetam e aprimoram. E fazemos isso rapidamente. Durante uma vida humana, alguém pode tentar muitas estratégias diferentes para encurralar um auroque selvagem. Quando descobre que uma estratégia não está funcionando, pode tentar outra diferente. E pode ir refinando-a com base no que aprendeu sobre o comportamento e a história natural dos auroques. Quando descobre uma estratégia que funciona, não precisa esperar a evolução para passar essa inovação para o filho e, finalmente, para o neto. Simplesmente pode contar ao filho o que aprendeu. Também pode contar a seus pais, seus vizinhos e amigos, que podem continuar de onde ele parou.

Quando nossos ancestrais começaram, há mais de 10.000 anos, a manipular seus ambientes e as espécies que viviam neles, não pretendiam domesticar nada. No entanto, tinham um objetivo. Eles experimentaram estratégias de caça que sustentassem o rebanho e estratégias de propagação que produzissem colheitas de alto rendimento, porque previam um futuro em que os recursos seriam mais previsíveis e garantidos com menos esforço. Com esse futuro em mente, tornaram-se cada vez mais intencionais na forma como mudaram e manipularam as espécies. Eles construíram armadilhas para capturar suas presas e criaram redes de irrigação para suas plantações. E porque podiam pensar rápido, mudar de ideia e de estratégias num instante, além de também contar a seus amigos e familiares o que haviam descoberto, tinham vantagem no desenvolvimento de relações de poder com essas espécies.

UM TERCEIRO CAMINHO PARA A DOMESTICAÇÃO

A domesticação não mudou as regras da evolução. Como no caso das espécies selvagens, a aptidão de um domesticado é medida pelo número de descendentes viáveis produzidos. Também como acontece com as espécies selvagens, a criação bem-sucedida de filhotes em cativeiro requer acesso a recursos e a um companheiro. Além disso, como no caso das espécies selvagens, as pressões evolutivas do ambiente em que um domesticado vive determinarão quais características maximizam esse acesso. Para um domesticado, no entanto, nós somos essas pressões evolutivas.

Tão logo nossos ancestrais perceberam que plantas e animais podiam ser manipulados, passaram a querer mais. Então, buscaram uma variedade maior de plantas para comer ou usar para fazer roupas, ferramentas e materiais de construção; uma diversidade mais ampla de animais para a alimentação, o trabalho e o transporte. Armados com uma nova compreensão do cultivo de plantas e criação de animais, os humanos descobriram maneiras mais eficientes de exercer suas preferências sobre os domesticados, e de aprimorar espécies já sob o seu domínio. A domesticação passou a ser vista como uma oportunidade.

Espécies domesticadas através dos caminhos de comensal e de presa tendiam a ter características que as tornavam dóceis ao controle humano. Viviam em grandes grupos sociais com hierarquias que criavam papéis nos quais podiam se inserir. Eram sexualmente promíscuas e muito flexíveis em relação à alimentação, o que significava que um humano poderia tomar essas decisões por elas, que não se assustavam facilmente na presença dos humanos. Algumas espécies, no entanto, não tinham essas predisposições. Para domesticar essas espécies era preciso adotar uma terceira via: a via direcionada.

O cavalo foi o primeiro animal dessas espécies a ser domesticado pela via direcionada. A primeira evidência de que os humanos estavam lidando com cavalos vem da cultura botai da Ásia Central. Lá, os arqueólogos recuperaram ossos de cavalos de 5.500 anos com evidências de danos nos dentes - sugerindo que os cavalos estavam usando freios ou arreios -, e também resíduos de proteína do leite de potes de barro - sugerindo que as pessoas estavam bebendo ou processando leite de égua. Como há pouca chance de uma pessoa conseguir ordenhar uma égua selvagem, trata-se de uma evidência bastante forte de que os cavalos botai foram domesticados.

Por mais de uma década, Ludovic Orlando, um cientista de DNA antigo baseado em Lyon, na França, especializado em domesticação de cavalos, vem liderando uma colaboração internacional (da qual faço parte) para tentar descobrir quando, onde e como os cavalos foram domesticados. Quando nossa equipe de pesquisa isolou o DNA antigo dos cavalos botai, comparando-o com o DNA de cavalos vivos, esperávamos descobrir que os cavalos botai eram os ancestrais diretos dos cavalos domesticados de hoje.

Mas, para nossa surpresa, não eram. Descobrimos que os cavalos botai contribuíram com alguma ascendência genética para o cavalo de Przewalski de hoje, que é amplamente considerado o único cavalo selvagem remanescente. Mas o DNA do cavalo botai desapareceu do *pool* genético do cavalo. O registro arqueológico é claro sobre o fato de que o povo botai domesticou cavalos, mas a linhagem que eles domesticaram não sobreviveu.

Em 2019, na esperança de identificar a geração de origem de cavalos domesticados vivos, nossa equipe comparou o DNA de quase 300 cavalos antigos de todo o Hemisfério Norte com o DNA de cavalos domesticados vivos. Encontramos evidências de que as pessoas domesticaram, além dos cavalos botai, pelo menos dois outros grupos de cavalos, ambos há cerca de 4.000 anos. Um desses eventos de domesticação ocorreu no sudeste da Europa e outro no norte da Ásia. No entanto, assim como os cavalos botai, nenhuma dessas linhagens de cavalos domesticados sobreviveu. Na verdade, ainda não sabemos onde ou quando os humanos domesticaram a linhagem de cavalos que conhecemos hoje.

Por que povos de tantas culturas diferentes domesticaram cavalos? Acredita-se que as culturas pioneiras na domesticação de cavalos o fizeram para ajudar na caça de outros cavalos. E uma vez que tinham os cavalos sob controle, as pessoas descobriram que eles eram úteis para outras coisas além do fornecimento de carne e couro. As éguas podiam ser ordenhadas e os cavalos podiam sobreviver com forragem de qualidade muito inferior à exigida pelo gado. Mais importante, no entanto, é que os cavalos podiam ser montados.

Andar a cavalo proporcionou muitas vantagens. Era mais eficiente cercar animais selvagens e domesticados a cavalo do que a pé. A vantagem de altura obtida ao andar a cavalo tornava fácil dominar outras pessoas. E os cavalos, por serem seguros e fortes, podiam percorrer longas distâncias em terrenos difíceis.

A equitação transformou as culturas nas estepes asiáticas, que foram as primeiras a adotá-la, e depois transformou as sociedades humanas em todos os lugares. Na Europa, por exemplo, povos nômades da cultura yamnaya chegaram a cavalo há cerca de 5.000 anos, puxando suas carroças (recém-inventadas) cheias de armas e ferramentas próprias da sua cultura, como rodas e martelos de cobre, além de uma linguagem que alguns linguistas acreditam ser a raiz de todas as línguas indo-europeias faladas hoje. Ao entrar na Europa, os yamnayas encontraram fazendeiros estabelecidos que haviam se expandido para o norte, a partir do Crescente Fértil, 4.000 anos antes. Os cavalos, dessa forma, reuniram as culturas que fomentaram a transição do Neolítico europeu para a Idade do Bronze.

Hoje, as pessoas continuam a pegar espécies da natureza para tentar domesticá-las. Enquanto muitos de nós estamos satisfeitos com cães e gatos, algumas outras pessoas preferem animais de estimação mais incomuns. Durante a Idade Média, pessoas de certo *status*, entediadas em usar gatos comuns para controlar seus roedores, voltaram-se para o geneta, pequeno carnívoro africano que parece uma mistura de lêmure, guepardo, furão e filhote de gato. Os genetas não são particularmente fofinhos, mas certamente são exóticos, e sua popularidade está ressurgindo nos Estados Unidos e na Ásia. As capivaras, grandes roedores nativos da América Central e do Sul, também são cada vez mais populares como animais de estimação. Embora a criação em cativeiro tenha criado linhagens de capivara mais aptas à convivência com as pessoas, elas têm de ser mantidas em pares, além de precisar de acesso a piscinas, banhos de lama e muito sol, coisas que a maioria das cidades e das famílias comuns não podem fornecer.

A domesticação, ou via direcionada, também está sendo usada para criar novos tipos de alimentos. A aquicultura é talvez a indústria de domesticação que mais cresce no mundo, com cerca de 500 espécies marinhas e de água doce domesticadas desde a virada do século XX. A indústria de carnes exóticas está trabalhando para domesticar (ou pelo menos trazer para cativeiro) animais selvagens, de jacarés a avestruzes e renas, com algum sucesso. Um exemplo é o bisão americano, que está se tornando comum em fazendas nos Estados Unidos e em outros lugares. Bisões criados em fazendas são casos de sucesso de domesticação, por serem menos agressivos e menos propensos a entrar em pânico na presença de humanos do que seus primos selvagens. Grande parte dessa disposição para a domesticação pode, no entanto, ter vindo de cruzamentos com gado. O cruzamento é aceito, até mesmo incentivado, pela indústria, e o bisão criado pode ter até 37,5% de ancestralidade de gado enquanto ainda se qualifica para venda como "búfalo". Visando ajudar os pecuaristas a equilibrar os cruzamentos no gerenciamento e na manutenção da ascendência de bisões, foram desenvolvidos testes genômicos para calcular a proporção de DNA de gado em um determinado garanhão ou matriz.

A domesticação dirigida também é importante no mundo das plantas comestíveis. Hoje, centenas de plantas estão sendo transformadas de comestíveis para cultiváveis (produtivas) e nutritivas. A apios americana, por exemplo, é uma leguminosa (o que significa que fixa nitrogênio no solo além de ser comestível) que produz tubérculos subterrâneos irregulares. Também conhecida como glicina tuberosa ou batata de feijão, foi consumida por povos indígenas em toda a América do Norte, mas nunca domesticada. É, no entanto, uma excelente candidata. Nutritiva, simples de colher, ela cresce bem em solos de baixa qualidade (e ainda os melhora). Como uma cultura domesticada, a apios americana pode ser plantada em habitats em deterioração ou em partes do mundo onde se prevê que os padrões climáticos podem se tornar mais variáveis.

Plantas já domesticadas, mas com potencial para se tornarem melhores provedoras de nutrição, também são alvos de seleção direcionada. Novos girassóis estão sendo produzidos com sementes maiores e mais oleosas, por exemplo, assim como novas versões de milho que podem prosperar em habitats propensos à seca e resistir a doenças. Esses esforços para manipular tanto plantas selvagens quanto as domesticadas para serem fontes de nutrição mais eficientes e confiáveis, podem ser a nossa melhor chance de manter a população mundial alimentada, à medida que ela cresce e os padrões climáticos do planeta mudam.

A FORÇA DA PECUÁRIA

Os auroques, *Bos taurus primigenius*, evoluíram na Índia atual há mais de 2,5 milhões de anos, quando o planeta esfriou nas eras glaciais do Pleistoceno e as pastagens começaram a substituir as florestas outrora disseminadas. Essa mudança na vegetação dominante criou novos nichos de herbívoros, especialmente para animais que poderiam aproveitar as gramíneas ásperas, mas ricas em nutrientes. Os auroques eram animais grandes com tempos de gestação curtos, o que os tornava uma das espécies mais bem-sucedidas nas pastagens em expansão. Quando as pessoas estavam plantando trigo no Crescente Fértil, os auroques se espalharam por grande parte da Europa, Ásia e norte da África, onde eram caçados e comidos pelos humanos.

Cerca de 10.500 anos atrás, em um local chamado Dja'de, no vale do Médio Eufrates do Crescente Fértil (hoje norte da Síria), o registro arqueológico revela uma diminuição repentina no tamanho dos ossos de auroques. Os arqueólogos que trabalharam no local conceberam várias explicações para isso: uma mudança para uma estratégia de caça, na qual as pessoas capturavam principalmente fêmeas, poderia causar essa redução de tamanho, já que os auroques fêmeas são muito menores que os machos. Porém, os ossos coletados contêm números iguais de machos e fêmeas, descartando essa possibilidade. Uma mudança para capturar apenas subadultos também poderia causar esse padrão, mas a coleta inclui auroques de todas as idades. A deterioração do habitat poderia levar a adultos menores, mas a redução de tamanho foi mais severa nos auroques machos do que nas fêmeas, sugerindo uma causa que afeta mais um sexo do que o outro. Além disso, outras espécies coletadas não pareciam ter sido afetadas, como seria de esperar se houvesse uma causa externa comum. Então, os arqueólogos concluíram que a redução do tamanho daqueles auroques foi resultado da domesticação. Os caçadores que se tornaram pastores em Dja'de, podem ter permitido que apenas os machos menos agressivos e mais facilmente manipuláveis se reproduzissem. Como agressividade e tamanho tendem a estar relacionados, essa pressão seletiva reduziu a diferença de tamanho entre os dois sexos e o tamanho da espécie em geral. Dja'de, concluíram, continha a primeira evidência de manejo de auroques.

Apenas algumas centenas de anos depois de Dja'de, mudanças semelhantes foram vistas em outro local, como Çayönü, a cerca de 250 quilômetros (150 milhas) de Dja'de, no Alto Vale do Tigre, no atual sudeste da Turquia. Em Çayönü, os arqueólogos observaram mudanças tanto no tamanho dos ossos coletados quanto nos isótopos estáveis de carbono e nitrogênio nesses ossos, o que revelou que, além dos machos terem ficado menores, a dieta dos auroques havia mudado. Eles tinham começado a comer plantas que cresciam em habitats abertos, como fazendas, em vez de em suas florestas nativas. Os arqueólogos não viram mudanças isotópicas semelhantes em ossos de veados-vermelhos, outra espécie de presa com preferências de habitat e dieta semelhantes às de auroques selvagens. Isso sugere que a mudança na dieta não foi causada por tendências no clima local, mas por alguma coisa específica. Os auroques de Çayönü, concluíram os arqueólogos, adotaram um estilo de vida que dependia - ou pelo menos tolerava - os humanos. Esses auroques eram o gado primitivo - especificamente gado taurino, *Bos taurus taurus*.

Embora seja certo que novos dados arqueológicos virão apurar melhor a história da domesticação do gado taurino, Dja'de e Çayönü são os prováveis epicentros dessas domesticações. Ambos os locais estão situados em terrenos relativamente planos em comparação com as regiões montanhosas vizinhas, e teriam sido um habitat ideal para o manejo de auroques. Eles são os únicos locais na região onde as pessoas passaram a levar um estilo de vida sedentário, há 11.000 anos, o que pode ter sido um pré-requisito para o manejo de auroques. Os locais também eram próximos geograficamente, o que facilitaria a troca de ideias, e talvez até de animais, entre os assentamentos.

Quase imediatamente após o gado doméstico aparecer no registro arqueozoológico, eles começaram a se espalhar. A domesticação do gado ocorreu depois da de cabras e ovelhas e (de acordo com a evidência genética) envolveu relativamente menos animais, o que talvez demonstre que eram mais difíceis de se domar. Os auroques eram maiores que ovelhas e cabras, mais agressivos e mais difíceis de manejar e cercar. No entanto, uma vez domados, transformaram as sociedades humanas. Porque poderiam não apenas alimentar e vestir as pessoas, mas também serem colocados para trabalhar. Tendo o gado como nossos primeiros "cavalos" de trabalho - puxando, rebocando e carregando objetos pesados -, as fazendas se tornaram mais eficientes. Terras inacessíveis ou difíceis puderam ser cultivadas. Mais nutrientes podiam ser retirados da terra e alimentar mais pessoas. Com o gado para fazer o trabalho árduo de transformar terras em fazendas, as pessoas puderam se expandir para fora de suas aldeias, levando consigo as culturas, as ferramentas, as plantas e os animais domesticados que praticamente definiram o Neolítico.

Há 9.000 anos, o gado taurino havia se espalhado pela Europa, seguindo tanto a costa do Mediterrâneo quanto o rio Danúbio. Por volta de 8.000 anos atrás, eles se espalharam pela África. Dispersaram-se pela costa norte da África, depois pelo Estreito de Gibraltar e novamente na Europa pela península ibérica. Há 4.000 anos, o gado taurino havia chegado ao centro e ao norte da China. O zebu, uma linhagem de gado diferente, domesticada há cerca de 9.000 anos no Vale do Indo, atual Paquistão, espalhou-se para a África Oriental há 4.000 anos e para o Sudeste Asiático há 3.000 anos. À medida que ambas as linhagens de gado se espalharam, foram se encontrando e se acasalando com os auroques selvagens, com as populações previamente estabelecidas de gado domesticado e com outras espécies relacionadas. Parte dessa mistura ocorreu por acaso, mas muitas vezes foi deliberada, pois os pastores neolíticos reabasteciam seus rebanhos de gado acolhendo outros animais. A troca de genes levou ao surgimento de linhagens localmente adaptadas. O gado tibetano, por exemplo, sobrevive em grandes altitudes graças a mutações herdadas não de outro gado domesticado, mas de iaques nativos.

Assim como o gado se adaptou aos novos ambientes, também se adaptou à vida com as pessoas. Em 2015, uma equipe de pesquisadores irlandeses de DNA antigo liderada por David MacHugh e Dan Bradley, sequenciou o genoma completo de um auroque que vivia na atual Grã-Bretanha, antes que o gado doméstico chegasse lá. Eles compararam o genoma desse auroque com os genomas de gado domesticado vivo, procurando por mudanças genéticas que evoluíram no gado, depois que foi domesticado. Encontraram mutações em genes relacionados ao desenvolvimento do cérebro, imunidade e metabolismo de ácidos graxos, o que provavelmente beneficiou o gado, pois permitiu que se adaptasse a viver em grupos sociais e a consumir alimentos diferentes. Também encontraram mutações em genes envolvidos com o crescimento e a massa muscular, que podem refletir adaptações associadas à produção de carne. E descobriram ainda que o gado europeu compartilha uma mutação em um gene chamado *diacilglicerol aciltransferase* 1 ou DGAT1, que tem sido associado à produção de leite particularmente gorduroso. Essa mutação é evidência da seleção precoce feita por humanos, para o que hoje continua sendo uma parte vital do nosso sistema alimentar global: a produção de laticínios.

PROTEÍNA LÍQUIDA

A primeira evidência arqueológica de que as pessoas estavam produzindo laticínios data de cerca de 8.500 anos atrás - 2.000 anos após a domesticação do gado. Na Anatólia (atual Turquia oriental), que fica bem longe do centro original de domesticação do gado, os arqueólogos recuperaram resíduos de gordura do leite em potes de cerâmica, indicando que as pessoas estavam esquentando leite para processá-lo. Análises semelhantes de proteínas de gordura do leite em cerâmica registram a disseminação da produção de laticínios na Europa, que parece ter ocorrido simultaneamente com a disseminação do gado domesticado. Não é de surpreender que as pessoas tenham começado a produzir laticínios logo após a domesticação do gado. O leite é a principal fonte de açúcar, gordura, vitaminas e proteínas para mamíferos recém-nascidos e, como tal, é desenvolvido especificamente para ser nutritivo. Não seria preciso muita imaginação para um pastor de gado deduzir que o leite de uma vaca seria tão bom para ele e sua família quanto era para o bezerro. O único desafio teria sido digeri-lo - ou seja, sem a mutação de persistência da lactase.

Como a persistência da lactase permite que as pessoas aproveitem as calorias da lactose, também faz sentido que a disseminação da mutação de persistência da lactase e a disseminação da produção de laticínios estejam intimamente ligadas. Se a mutação surgiu perto do início da produção de laticínios ou já estava presente em uma população que adquiriu a tecnologia de laticínios, ela teria dado uma vantagem aos que a possuíam sobre os que não a possuíam. Os que tinham a mutação, com acesso a recursos adicionais do leite, estariam mais aptos a converter de forma mais eficiente a proteína animal em mais pessoas (descendência), e a mutação se tornaria mais frequente. Curiosamente, porém, o DNA antigo não encontrou a mutação de persistência da lactase nos genomas dos primeiros produtores de leite, e ela tem sua frequência mais baixa na Europa hoje, exatamente na parte do mundo onde a produção de laticínios começou. Os primeiros produtores de leite não estavam, ao que parece, bebendo leite. Em vez disso, eles processavam o leite cozinhando ou fermentando, fazendo queijos e iogurtes azedos para remover os açúcares indigeríveis.

Se as pessoas podem consumir produtos lácteos sem a mutação de persistência da lactase, deve haver alguma outra explicação sobre o porquê de a mutação ser tão prevalente hoje. E a persistência da lactase é, de fato, prevalente. Quase um terço de nós a tem, e pelo menos cinco mutações diferentes evoluíram – todas no mesmo trecho do íntron 13 do gene MCM6 –, tornando as pessoas tolerantes à lactose. Em cada caso, essas mutações atingiram alta frequência nas populações em que evoluíram, indicando que fornecem uma enorme vantagem evolutiva.

Mas ser capaz de beber leite (além de comer queijo e iogurte) é suficiente para explicar por que essas mutações foram tão importantes? A hipótese mais direta é sim. O benefício da persistência da lactase é poder consumir lactose, o açúcar que representa cerca de 30% das calorias do leite. Somente aqueles que podem digerir a lactose têm acesso a essas calorias, que podem ter sido cruciais durante épocas de fome, secas e doenças. O leite também pode ter fornecido uma importante fonte de água potável, que também pode ter sido limitada durante os períodos de dificuldades.

Outra hipótese é que a ingestão de leite proporcionou acesso ao cálcio e à vitamina D, além da lactose, cujo complemento auxilia na absorção do cálcio. Isso poderia beneficiar populações específicas com acesso limitado à luz solar, pois a radiação ultravioleta da exposição ao sol é necessária para estimular a produção de vitamina D pelo corpo. No entanto, embora isso possa explicar a alta frequência de persistência da lactase em lugares como o norte da Europa, não explica o porquê de populações em climas relativamente ensolarados, como partes da África e do Oriente Médio, também apresentarem altas frequências de persistência da lactase. Nem essa hipótese nem a hipótese mais diretamente ligada à lactase podem explicar por que a persistência da lactase é tão baixa em partes da Ásia Central e da Mongólia, onde se pratica o pastoreio e a produção de laticínios há milênios. Por enquanto, ainda não sabemos explicar o motivo de a persistência da lactase ter atingido frequências tão altas em tantas partes diferentes do mundo e de ter permanecido em baixas frequências em algumas regiões onde a produção de laticínios é econômica e culturalmente importante.

O DNA antigo lançou alguma luz sobre quando e onde a mutação de persistência da lactase surgiu e se espalhou na Europa. Nenhum dos materiais colhidos de sítios arqueológicos pré-neolíticos - economias que dependiam de caça e coleta - têm a mutação de persistência da lactase. Nenhum dos antigos europeus das primeiras populações agrícolas no sul e centro da Europa (pessoas que se acredita serem descendentes de agricultores que se espalharam pela Europa da Anatólia) tinha a mutação de persistência da lactase. No entanto, a evidência mais antiga da mutação de persistência da lactase na Europa é de um indivíduo de 4.350 anos da Europa central. Na mesma época, a mutação é encontrada em um único indivíduo do que hoje é a Suécia, e em dois locais no norte da Espanha. Embora esses dados sejam escassos, o momento coincide com outra grande reviravolta cultural na Europa: a chegada de pastores asiáticos da cultura yamnaya. Talvez os yamnayas trouxessem consigo não apenas cavalos, rodas e uma nova língua, mas uma capacidade aprimorada de digerir o leite.

O mistério da persistência da lactase em humanos destaca a complicada interação entre genes, ambiente e cultura. O aumento inicial na frequência de uma mutação de persistência da lactase, não importando em quem surgiu primeiro, pode ter acontecido por acaso. Quando os yamnayas chegaram à Europa, por exemplo, trouxeram doenças – especificamente a peste – que devastaram as populações nativas europeias. Quando as populações são pequenas, os genes podem se deslocar rapidamente para uma frequência mais alta, independentemente do benefício que possam fornecer. Se a mutação de persistência da lactase já estava presente quando a peste apareceu e as populações sucumbiram, o aumento inicial da mutação pode ter acontecido sub-repticiamente. E quando as populações se recuperaram, a produção de laticínios já era generalizada e o benefício para aqueles que tinham a mutação teria sido imediato. Ao domesticar o gado e desenvolver tecnologias de laticínios, nossos ancestrais criaram um ambiente que mudou o curso de nossa própria evolução.

Continuamos a viver e evoluir nesse nicho construído pelo homem. Em 2018, nossa comunidade global produziu 830 milhões de toneladas métricas (mais de 90 bilhões de litros) de leite, sendo 82% de vaca. O resto vem de uma longa lista de outras espécies que as pessoas domesticaram nos últimos 10.000 anos. Ovelhas e cabras, que juntas representam cerca de 3% da produção global de leite, foram criadas para produção de leite na Europa na mesma época em que começou a produção leiteira da vaca. O búfalo foi domesticado no Vale do Indo há 4.500 anos e hoje é o segundo maior produtor de leite, produzindo cerca de 14% da oferta global. Os camelos, que foram domesticados na Ásia Central há 5.000 anos, produzem cerca de 0,3% do suprimento mundial de leite. As pessoas também consomem leite de cavalos, que foram ordenhados pela primeira vez por pessoas da cultura botai há 5.500 anos; dos iaques, que foram domesticados no Tibete há 4.500 anos; dos burros, que foram domesticados na Arábia ou na África Oriental há 6.000 anos; e das renas, que ainda estão em processo de domesticação. Mas esses são apenas os produtos lácteos mais comuns. Produtos lácteos de espécies mais exóticas – alces, veados, alpacas, lhamas – podem ser comprados e consumidos hoje, e há rumores de que Edward Lee, do *reality show Top Chef*, está descobrindo como fazer ricota de leite de porco, caso alguém queira provar.

INTENSIFICAÇÃO

À medida que a relação humana com o gado mudou, também mudaram as pressões evolutivas que nossos ancestrais exerceram sobre eles. No início, as pessoas simplesmente queriam gado que fosse mais fácil de controlar e manter vivo. Essas preferências levaram a um declínio no tamanho do gado (e presumivelmente agressividade) até a Idade Média, quando a tendência se inverteu. Alguns historiadores sugerem que essa inversão reflete uma mudança nas prioridades durante um período de prosperidade. Livres das preocupações de terem de encontrar sua próxima refeição, os criadores de gado da época começaram a experimentar melhorias em outras características para além da sobrevivência. Por volta do século XVII, os criadores tinham otimizado o gado para as peculiaridades de habitats e gostos regionais, raças desenvolvidas para serem resistentes em climas frios, pés firmes em terrenos montanhosos e também para propriedades estéticas como cor da pelagem e formato do chifre.

Porém, nem tudo eram flores naquela época. À medida que o gado se espalhava pela Europa, ele passava a consumir os recursos do continente. Florestas e campos foram transformados em pastagens, e as espécies que dependiam desses habitats selvagens foram desaparecendo. Os auroques – ancestrais selvagens do gado – estavam entre as espécies que o gado expulsou; os últimos auroques morreram em 1627 em uma reserva de caça na atual Polônia. À medida que as populações de gado cresciam, a qualidade da forragem e dos habitats de gado diminuiu. Os rebanhos tornaram-se densamente povoados e mais pobres em saúde. As epidemias de peste bovina surgiram, causando caos e fome em toda a sociedade humana.

Procurando desesperadamente por uma solução, os criadores de gado voltaram-se mais uma vez para suas habilidades de engenharia. Eles viram que alguns bovinos eram mais resistentes a doenças do que outros e começaram a trabalhar para combinar essa resiliência com características regionais e estéticas vantajosas. As apostas eram altas, e então começaram a manter registros oficiais de criação, reconhecendo sistematicamente a mistura de rebanhos e resultados. Essa abordagem meticulosa da criação de gado acabou levando à diversidade de formas, tamanhos e variedades de gado que conhecemos hoje.

A manipulação do gado não se limitou aos criadores europeus. O gado chegou às Américas em 1493 como parte da segunda viagem de Cristóvão Colombo ao Novo Mundo e, nos cem anos seguintes, foi levado da Espanha, Portugal e norte da África para o Caribe e para a América Central e do Sul. A diáspora global do gado continuou ao longo do século XVII, quando os anglo-saxões levaram raças de gado europeias para a América do Norte e para a Austrália. Os zebuínos foram introduzidos no Brasil, vindos da Índia, durante o século XVIII. Esses novos habitats para o gado apresentaram novas exigências e papéis específicos para o gado preencher. Os criadores do Novo Mundo aprimoraram seus rebanhos combinando características entre as raças europeias e adicionando características de animais locais como o bisão americano, criando gado resistente e produtivo que se adaptava melhor do que seus primos europeus aos climas regionais.

Na virada do século XX, fazendeiros da Europa e do Novo Mundo lutavam para atender à demanda, que se intensificou com a invenção de vagões refrigerados que podiam transportar carne por longas distâncias. À medida que a demanda aumentava, também aumentavam os esforços para maximizar o potencial de lucro de cada animal. Os criadores aprimoraram os rebanhos usando dados registrados em livros genealógicos, às vezes importando animais do exterior para adicionar ao *pool* genético de seu rebanho. Mas o progresso foi retardado pelo número limitado de descendentes que qualquer touro ou vaca em particular poderia ter. Em meados do século XX, no entanto, duas novas tecnologias – inseminação artificial e transferência de embriões – surgiram no horizonte para resolver esse problema e mudar para sempre o cenário da pecuária.

Na inseminação artificial, os espermatozoides são coletados de um macho e depositados no trato reprodutivo de uma fêmea em ciclo estral, permitindo ao criador controlar com precisão a reprodução. Mais crucialmente, o esperma coletado pode ser congelado, enviado por longas distâncias e armazenado por décadas, permanecendo ainda viável. Isso aumenta o impacto genético de um touro individual muito além de seus próprios anos reprodutivos.

A transferência de embriões também estende o impacto genético de uma vaca. Uma típica bezerra nasce com mais de 100.000 óvulos, dos quais apenas alguns serão fertilizados. O objetivo da transferência de embriões é aumentar consideravelmente o número de óvulos que podem ser fertilizados na vida reprodutiva da vaca – em média 10 ou mais. Na transferência de embriões, as vacas são tratadas com hormônios para induzir a produção de mais de um óvulo por vez. Ela pode, então, ser acasalada (ou inseminada artificialmente) para criar mais de um embrião, ou seus óvulos podem ser coletados e fertilizados *in vitro* e depois transferidos para uma hospedeira substituta. Se for acasalada, seus embriões são expelidos de seu útero e podem ser coletados. Depois de se certificar de que estão saudáveis, podem ser transferidos para substitutas e continuar o seu desenvolvimento.

A inseminação artificial e a transferência de embriões aceleraram o refinamento da raça. Durante a década de 1960, criadores na Bélgica usaram inseminação artificial para refinar uma raça de gado já fortemente musculosa conhecida como belga azul. Desde então, análises genômicas revelaram que sua musculatura extrema é causada por uma mutação que bloqueia a produção de miostatina, uma proteína que interrompe o desenvolvimento muscular quando o animal atinge a idade adulta. Os animais com a mutação continuam a crescer mesmo depois de atingirem esse marco de desenvolvimento, traduzindo-se em enormes quantidades de carne magra no abate. Embora o mecanismo genético fosse desconhecido na década de 1960, os criadores suspeitavam que, se um touro particularmente musculoso engravidasse uma vaca particularmente musculosa, ela daria à luz a bezerros ainda mais musculosos. A inseminação artificial permitiu-lhes um melhor controle sobre seus experimentos, mantendo uma constante entrada genética masculina, acelerando o ritmo de seleção de reprodução.

A inseminação artificial e a transferência de embriões têm um enorme potencial agrícola. Com a transferência de embriões, uma vaca que produz um bezerro por ano, pode produzir até dez. Esse aumento da produção reprodutiva pode salvar vidas em partes do mundo onde crises frequentes de seca ou doenças levam a períodos de insegurança alimentar. Essas duas tecnologias também possibilitam a movimentação rápida e eficiente de características desejadas entre populações e raças. Em 1983, criadores do que hoje é conhecido como Centro de Inovação Pecuária da África Ocidental transferiram embriões de vacas N'dama da África Ocidental para substitutos de vacas Boran do Quênia. Seu objetivo era transferir a resistência inata do gado N'dama à doença tripanossômica - também conhecida como doença do sono africana - para rebanhos impactados de gado Boran. Quando os bezerros N'dama atingiram a idade reprodutiva, foram cruzados com gado Boran, passando seus genes de resistência para a próxima geração.

Embora a proliferação de uma característica benéfica em uma população possa ser considerada uma vitória, fazê-lo por meio de inseminação artificial ou transferência de embriões pode ter consequências inesperadas. Vejamos um exemplo extremo: se um touro ou uma matriz particularmente valorizada se torna o único contribuinte para a próxima geração, equivale à consanguinidade intensiva, ou seja, todos os descendentes resultantes são meios-irmãos. A seleção de reprodução também causou perdas consideráveis de diversidade genética na maioria de nossos animais domesticados. Em cavalos, por exemplo, a intensificação da seleção de reprodução nos últimos 200 anos criou os mais rápidos e ágeis de hoje, mas às custas de uma redução de quase 15% na diversidade genética geral da espécie. Com menos indivíduos no *pool* de reprodução, os defeitos genéticos, que de outra forma seriam raros, tornam-se mais frequentes. Outro exemplo são as vacas belgas azuis, que têm canais de parto extraordinariamente estreitos, o que significa que 90% de seus bezerros (geralmente com peso muito elevado) nascem por cesariana. Os gados belgas azuis também são propensos a problemas respiratórios e línguas aumentadas, e sua baixa produção de gordura os torna pouco adequados para viver em climas frios. Esses animais não sobreviveriam fora de ambientes controlados por humanos, no entanto, estão bem adaptados ao ambiente em que nascem.

Traços desadaptativos, que são efeitos colaterais da seleção de reprodução, são comuns entre nossos animais de estimação. Alguns desses efeitos até se tornaram características em algumas raças particulares. Um terço dos buldogues de raça pura, por exemplo, tem problemas respiratórios graves, e os cães pastores alemães são excepcionalmente suscetíveis à displasia da anca. Esses problemas genéticos podem ser resolvidos com a introdução da diversidade por consanguinidade, um processo que às vezes é chamado de "resgate genético". Mas também pode remover outras características específicas da raça, o que torna essa solução desconfortável para a comunidade de criadores de cães. Na verdade, essa comunidade chegou a declarar, em meados do século XX, o resgate genético "não natural", embora eu note sua aceitação como "natural" dos séculos de consanguinidade que levaram às raças de cães de hoje. Felizmente, uma controvérsia envolvendo os dálmatas fez muitos da comunidade de criadores de cães aceitarem o resgate genético.

Na década de 1970, todos os dálmatas de raça pura tinham uma condição chamada hiperuricosúria, que causava a formação de cálculos urinários nos rins e na bexiga, muitas vezes levando à insuficiência renal. Em 1973, Robert Schaible, médico geneticista e criador de dálmatas, decidiu tentar curar seus cães da hiperuricosúria usando resgate genético. Ele cruzou um dálmata com um ponteiro e, em seguida, para restabelecer as características da raça dálmata adequada, cruzou os híbridos dálmatas/ponteiro resultantes com dálmatas de raça pura por cinco gerações. Sete anos depois, ele tinha uma linhagem de cães com 97% de ancestralidade dálmata (31 dos 32 ancestrais de quinta geração eram dálmatas) que não apresentavam hiperuricosúria. Ele pediu ao

American Kennel Club para registrar seus cães como dálmatas e, após vários meses de deliberação, sua petição foi aprovada. O então presidente do AKC, William Stifel, escreveu: "Se houver uma maneira lógica e científica de corrigir problemas de saúde genética associados a certas características da raça, e ainda preservar a integridade do padrão da raça, cabe ao American Kennel Club liderar esse caminho".

A atitude de Stifel não foi compartilhada por todos na comunidade de criação de dálmatas. Alguns membros apontaram que o problema não havia sido realmente resolvido. Os cães podem, afinal, ser portadores de hiperuricosúria sem apresentar sinais da doença e passar a característica para seus descendentes. Em resposta, o AKC fez os criadores esperarem para registrar seus cães até que seu *status* de não portador fosse comprovado, o que ocorreu quando os cães produziram ninhadas totalmente livres de doenças.

Uma solução mais simples veio em 2008, quando Danika Bannasch, da Universidade da Califórnia, identificou a mutação causadora da doença como um gene chamado SLC2A9. Com essa descoberta, um simples teste genético pode determinar se um filhote é portador ao nascer. Em 2011, o AKC começou a registrar dálmatas que passaram neste teste genético, abrindo caminho para soluções genéticas para outras doenças causadas pela seleção de reprodução.

Testes genéticos como esse para a hiperuricosúria começaram a mudar a forma como as escolhas de reprodução são feitas. Colaborações globais de sequenciamento de DNA criaram bancos de dados de referência para ursos, cães, gado, maçãs, milho, tomates e dezenas de outras linhagens domesticadas. Com esses dados, cientistas e criadores estão descobrindo quais genes mapeiam quais características, e podem usar essas informações para combinar raças com ambientes, mover características entre populações e raças, além de evitar a propagação de genes maladaptativos. As consequências são significativas: um relatório de 2019 de Thomas Lewis e Cathryn Mellersh, ambos associados ao The Kennel Club no Reino Unido, informou que várias doenças genéticas, incluindo colapso induzido por exercício em labradores, catarata precoce em staffordshire bull terriers e cegueira progressiva em cocker spaniels foram quase eliminados entre os cães registrados no Kennel Club desde que os testes genômicos se tornaram disponíveis.

Os domesticados de hoje são feitos da engenhosidade e engenharia humana e estão em toda parte. De acordo com o World Cattle Inventory (que é uma coisa real publicada pelo site Beef2Live.com, cujo lema é "Coma carne, viva melhor!"), nosso planeta abriga rebanhos de várias espécies domesticadas, chegando a cerca de 1 bilhão de animais. Isso significa que há uma vaca ou boi para cada sete pessoas, e uma imensa diversidade de gado. *Raças de gado: uma enciclopédia* descreve mais de 1.000 raças distintas – três vezes o número de raças de cães domésticos listadas pela Organização Canina Mundial. A maioria das raças de gado de hoje surgiu durante os 250 anos desde a Revolução Industrial, quando o gado foi criado para características específicas associadas à produção de carne ou leite ou para viver em climas ou locais incomuns. O impacto global de todos esses animais não foi pequeno. O gado come muito. Cada vaca ou touro pode consumir mais de 18 quilos de comida todos os dias. O gado ocupa muito espaço. O desmatamento para apoiar o pastoreio do gado tem sido uma das principais fontes de mudanças antropogênicas da paisagem ao longo do último século. Além disso, o gado polui. O gás metano liberado com seus peidos e arrotos (principalmente arrotos) é responsável por quase um sétimo das atuais emissões globais de gases de efeito estufa.

No entanto, queremos sempre mais. Queremos bons gados, com carne e leite de melhor qualidade. Queremos animais de estimação diferentes e mais exóticos. Queremos novas variedades de alimentos mais saborosos. Queremos ajudantes, trabalhadores, guias e farejadores. Mas ao mesmo tempo, diferentemente de nossos ancestrais, temos consciência das consequências de conseguir o que se quer. Reconhecemos que as taxas de extinção de espécies não domesticadas são muitas vezes maiores do que a taxa média no registro fóssil, por isso queremos animais que produzam mais proteína, exigindo menos recursos e ocupando menos espaço. Sabemos que a agricultura industrializada causa poluição do ar e da água, por isso queremos que nossa agricultura polua menos e nossas plantações sejam naturalmente imunes a doenças e outras pragas. Sabemos que alguns animais cujas vidas controlamos sofrem de doenças genéticas comuns por causa da consanguinidade, então queremos eliminar mutações prejudiciais sem sacrificar as características que criamos. E queremos continuar a aprimorar nossos animais domesticados para melhorar nossas vidas, por exemplo, criando gatos hipoalergênicos, e vacas que produzam leite que também possa ser consumido por quem não possua a mutação de persistência da lactase.

É possível alcançar esses objetivos do século XXI com as próprias tecnologias do século XXI. As estratégias de reprodução que nossos ancestrais desenvolveram durante o Neolítico, e depois aprimoraram ao longo de milênios, são limitadas pelas restrições da evolução: a aleatoriedade da recombinação, a fertilização genética e o ritmo lento das gerações. As tecnologias atuais de sequenciamento de DNA podem identificar genes específicos que atingem um fenótipo desejado, mas a reprodução é muito imprecisa para tirar proveito dessas informações. Uma nova família de tecnologias, denominada engenharia genética, e um novo campo de pesquisa, a Biologia Sintética, que tira proveito das tecnologias de Engenharia Genética, podem melhorar nossa precisão experimental. Usando tecnologias de Engenharia Genética, os criadores de cães poderiam reparar uma mutação causadora de doenças sem ter de sacrificar características específicas da raça, e os criadores de gado poderiam remover a resistência a doenças entre raças sem ter de introduzir fenótipos que são localmente mal-adaptativos. A Biologia Sintética também expande nossos horizontes experimentais. Podemos mover características que evoluíram em uma espécie para outra diferente – com a qual nunca se acasalaria de forma natural. Podemos até mesmo aumentar as espécies com características que são inteiramente projetadas por humanos.

As tecnologias de Engenharia Genética existem há quase tanto tempo quanto a inseminação artificial e a transferência de embriões, e vou discuti-las em detalhes na segunda metade do livro. Primeiro, porém, voltemos ao início do século XX, quando o sucesso de nossos ancestrais como engenheiros de plantas e animais domesticados estava paralisando a sociedade humana e ameaçando os habitats globais com desmatamento, pastoreio excessivo e poluição. Foi no meio dessa próxima catástrofe que nasceu uma ideia. Talvez a melhor maneira de preservar os espaços selvagens remanescentes fosse torná-los menos selvagens.

[illegible] com [illegible] condições que seriam [illegible]mente [illegible] por humanos.

As tecnologias de Engenharia Genética existem há quase tanto tempo quanto a inseminação artificial e [illegible] in [illegible] da segunda metade [illegible] no início do século XX [illegible] o sucesso de [illegible] como [illegible] plantas [illegible] associada [illegible] da agropecuária [illegible] pastoreio excessivo e poluição. Foi [illegible] catastróficos [illegible] uma [illegible] talvez [illegible] maneira de [illegible] os [illegible] presentes [illegible] animais selvagens.

O BACON DA VACA DO LAGO

[Resolução 23261, 61º Congresso, Segunda Sessão] Uma lei para importar animais selvagens e domesticados para os Estados Unidos.

Seja decretado pelo Senado e pela Câmara dos Representantes dos Estados Unidos da América, reunidos em Congresso, que o Secretário de Agricultura seja, por meio desta, instruído a pesquisar e importar para os Estados Unidos animais selvagens e domesticados cujo habitat seja semelhante às reservas governamentais e terras atualmente desocupadas e não utilizadas, *considerando* que, a seu juízo, os referidos animais possam se propagar em nosso território e se mostrem úteis como alimento ou como animais de carga; e que duzentos e cinquenta mil dólares, ou o valor necessário, sejam, por meio desta, atribuídos, de quaisquer recursos do Tesouro que não sejam, de algum outro modo, atribuídos para este fim.

No final de março de 1910, um desespero coletivo havia se espalhado entre o povo dos Estados Unidos. A população havia triplicado para quase 100 milhões durante a metade do século anterior. Florestas haviam sido derrubadas e montanhas arrancadas, expondo as bordas da fronteira, que passou a ser mensurável. Bisões e pombos-passageiros foram reduzidos de bilhões para a quase extinção, enquanto os mercados continuaram a exigir mais: mais peles para casacos, mais penas para chapéus e mais carne bovina para as refeições. Os fazendeiros tentaram criar mais gado, mas o pastoreio excessivo destruiu o campo e a indústria estava entrando em colapso. A cada temporada, milhões de cabeças de gado a menos eram colocadas no mercado. As pessoas estavam famintas e ansiosas. Falou-se até em comer cachorros.

Nos estados pantanosos do sudeste, onde a qualidade da forragem era muito ruim para sustentar o gado, surgia um novo desastre. Na Feira Mundial de 1884, em Nova Orleans, a delegação japonesa trouxe um aguapé, *Eichornia cassipes*, de presente para a cidade anfitriã. Cativado pelo contraste de suas minúsculas flores de lavanda com as grossas folhas verdes onde cresciam, o povo de Nova Orleans espalhou o aguapé, entusiasmadamente, pelos rios e lagos de toda a cidade. A coisa tomou uma proporção enorme e, em 1910, havia mantas impenetráveis de aguapés sufocando lagos, rios e igarapés, sugando oxigênio da água e matando peixes, além de bloquear completamente o transporte fluvial para o Golfo do México. O Departamento de Guerra tentou removê-los manualmente, e também usando veneno e outras soluções, mas nada adiantou. O simples mas encantador aguapé produziu uma grande emergência ambiental e econômica.

O congressista norte-americano da Louisiana, Robert "Cousin Bob" Broussard, tinha um plano para resolver ambas as crises. Ele iria convencer o Congresso a aprovar a Resolução 23261, que forneceria US$ 250.000 – cerca de US$ 6,5 milhões em dólares de hoje – para importar hipopótamos para a baía da Louisiana. Os hipopótamos comeriam o aguapé, limpando os cursos d'água, ao mesmo tempo em que transformariam a desagradável planta em toneladas de deliciosa carne de hipopótamo.

A ideia de importar animais africanos para os Estados Unidos não era originalmente de Broussard. Quatro anos antes, o major Frederick Russell Burnham, um escoteiro e aventureiro que foi a inspiração dos Boy Scouts of America, propôs a seus amigos da elite política que os Estados Unidos deveriam importar antílopes, girafas e outros animais africanos para povoar as reservas de terra recém-estabelecidas no oeste americano. Burnham tinha passado grande parte das décadas anteriores no sul da África, e essa experiência o convenceu de que trazer esses animais magníficos e comestíveis para os Estados Unidos era uma ideia razoável. Para ele era claro que esses animais não apenas atenderiam ao problema de falta de carne, mas também estimulariam o apoio, em particular dos entusiastas da caça esportiva, ao movimento de conservação. Esta é a ideia que fez surgir a Resolução 23261. Para defendê-la, Broussard e Burnham recrutaram dois outros aliados improváveis: William Newton Irwin, da Secretaria de incentivo à plantação, do Departamento de Agricultura dos EUA, oficialmente encarregado de melhorar os pomares de frutas do país, que estava obcecado em resolver a crise da carne. Irwin não acreditava que a expansão da pecuária no oeste daria certo, porque a terra estava ocupada ou sobrepastoreada. Ele andava à procura de novos lugares para produzir carne quando ouviu falar do plano hipopótamo, e conclui que se tratava de uma solução perfeita: os hipopótamos são nativos de lugares pantanosos (da África Subsaariana), passam o dia dentro da água (sem atrapalhar), pastam à noite e cada animal consome 40 quilos de grama por dia. Irwin apostava que um só hipopótamo poderia comer muitos aguapés e alimentar muitas pessoas famintas. Persuadido, juntou-se à equipe.

O quarto membro da equipe era Frederick "Black Panther" Duquesne. Como Burnham, Duquesne era um escoteiro talentoso, porém, a coisa mais curiosa nessa história é que ambos haviam sido contratados para assassinar um ao outro durante a Segunda Guerra dos Bôeres, um conflito entre o Império Britânico e as nações Bôer, da África. Mas para deixar a coisa mais pitoresca, Duquesne também era um vigarista que, em outras ocasiões, já havia trabalhado como cafetão, espião alemão, fotógrafo, botânico, falso paraplégico e *showman* ambulante. Foi, inclusive, numa das apresentações de Duquesne em um show solo itinerante, em ele era o "Capitão Fritz Duquesne, o lendário caçador de animais selvagens africanos.", que Broussard o encontrou. A atuação de Duquesne, provavelmente com algumas partes verdadeiras, foi suficiente para convencer Broussard a convidá-lo a participar de seu Conselho de Especialistas.

Quando a equipe de Broussard se reuniu para apresentar evidências ao Congresso em apoio à Resolução 23261, o comitê fez as perguntas mais óbvias: os hipopótamos são perigosos? Eles vão comer aguapés? Eles podem ser domesticados? Com que rapidez suas populações crescerão e poderão se tornar pragas? Os homens responderam como puderam. Irwin advertiu que os hipopótamos poderiam ser destrutivos quando soltos, mas Duquesne rebateu, alegando, sem nenhuma evidência, que os hipopótamos eram naturalmente mansos, podiam ser alimentados com leite da mamadeira e até gostavam de ser conduzidos na coleira. E os três pontuaram sobre o sabor da carne de hipopótamo (uma mistura de carne bovina com carne de porco doce) e tentaram explicar por que ela ainda não era um alimento básico (porque, até então, ninguém havia nos dito para comer carne de hipopótamo). Pelo tom do questionamento ficou claro que quase todos os presentes acreditavam que os hipopótamos poderiam, de fato, resolver a questão da carne e também o problema do aguapé.

À medida que as notícias do depoimento foram se espalhando, e os jornais de todo o país passaram a elogiar a criatividade de Broussard e declarar apoio entusiástico à Resolução 23261, o *New York Times* passou a se referir aos hipotéticos hipopótamos como "bacon da vaca do lago". Em um editorial publicado em abril de 1910, o *Times* dizia que "em 2,6 milhões de hectares, hoje ociosos, nos 'estados do Golfo' (do México), podem ser produzidas anualmente 1.000.000 toneladas das mais deliciosas das carnes frescas, no valor de US$ 100.000.000". Tudo parecia estar contribuindo para que o plano de Broussard fosse bem-sucedido.

No entanto, a resolução nunca foi votada. Burnham, Irwin e Duquesne testemunharam tarde demais para que o Congresso pudesse colocá-la em pauta antes do final das sessões de 1910. Broussard pretendia insistir na divulgação da ideia para aumentar a conscientização sobre ela. Então, o grupo resolveu fundar a New Food Supply Society, e Burnham planejou uma viagem de pesquisa à África. Mas acabou sendo chamado ao México para proteger as minas de cobre ameaçadas pelo início da Revolução Mexicana e não pôde ir à África. Irwin acabou morrendo, a New Food Supply Society caiu no esquecimento e Duquesne entrou em paranoia de que outros estavam roubando a *sua* ideia de importar hipopótamos. Broussard morreu em 1918 sem nunca ter conseguido trazer o projeto de volta à discussão.

É difícil dizer se o plano teria funcionado. Os hipopótamos comem muitas plantas, mas também são altamente territoriais e perigosos. A carne de hipopótamo é comestível, mas será que as pessoas escolheriam comê-la? Também é questionável se os hipopótamos seriam passíveis de vida em cativeiro. Além disso, se a população de hipopótamos crescesse o suficiente para alimentar uma nação inteira de comedores de carne, certamente produziriam muito lixo, que teria que ir para algum lugar.

Algumas respostas vêm de um tipo de experiência que está ocorrendo hoje na Colômbia, onde um rebanho de hipopótamos vive ao redor da propriedade do falecido traficante colombiano Pablo Escobar. A experiência começou quando ele trouxe quatro hipopótamos para sua propriedade na década de 1980. Quando Escobar morreu, não tinham para onde enviar os animais, que foram deixados por conta própria. Hoje, a população cresceu para mais de 50 hipopótamos, provando que eles podem sobreviver e se reproduzir por conta própria fora da África. Seu rápido crescimento populacional também despertou a preocupação de que podem deslocar espécies nativas, o que confirma seu potencial invasor. E também são perigosos: em 2009, três hipopótamos escaparam, matando vários bois antes que um deles fosse morto e os outros dois capturados e devolvidos à propriedade de Escobar. Quanto à sua domabilidade, eles não parecem gostar muito de humanos (o que coloca em dúvida o testemunho de Duquesne). Já em relação ao seu sabor delicioso, nenhum deles foi abatido para alimentação. Os cientistas também discordam em relação ao seu impacto no meio ambiente ser bom ou ruim. Por um lado, eles transferem nutrientes da terra para a água e criam canais pelos quais a água flui pelas zonas úmidas, algo que falta ao ecossistema desde que a megafauna nativa da Colômbia foi extinta. Por outro lado, os hipopótamos não evoluíram na Colômbia e sua introdução alterará os caminhos evolutivos das espécies que vivem por lá. Mas os hipopótamos atraem turistas, o que traz um impulso econômico para a comunidade.

A popularidade e a impraticabilidade da Resolução 23261 capturam o choque do início do século XX entre nosso desejo de ter mais agora – de aproveitar mais recursos do mundo e transformá-los em uma vida mais fácil para mais de nós – e a nossa percepção de que os recursos naturais são finitos. A resolução defendida por Broussard era aparentemente sobre a conservação, mas sua verdadeira intenção era conservar uma rota marítima e um modo de vida. Qualquer animal que pudesse servir para esse serviço, mesmo um animal enorme e provavelmente perigoso do qual a maioria das pessoas nunca tinha ouvido falar, estaria destinado a aumentar a prosperidade da nação. Mas ninguém considerou o fato de que a introdução dessa espécie não nativa visava corrigir os danos de uma espécie não nativa previamente introduzida. E nenhuma consideração foi dada ao impacto ecológico dos hipopótamos nas baías ou à sustentabilidade a longo prazo da produção e distribuição de carne de hipopótamo. O projeto foi apoiado em uma mera empolgação causada por uma ideia que se propunha a solucionar os problemas imediatos da nação.

Apesar do que parecem ser falhas óbvias, a resolução dos hipopótamos de Broussard estava ideologicamente alinhada com os conservacionistas da era progressista. Descontentes com o declínio de bisões e outros animais de grande porte, caçadores esportivos e proprietários de terras começaram a se organizar contra a caça excessiva e o desmatamento. Eles queriam impor limites à retirada de árvores e animais para que as populações desses animais tivessem a chance de se recuperar, mas sabiam que isso só seria possível se conseguissem ter a opinião pública do seu lado. Eles pensaram em criar parques públicos onde as pessoas pudessem passar férias para escapar da confusão das cidades. Nesses parques, a caça e a extração de madeira seriam permitidas, mas apenas em níveis sustentáveis. Além disso, os parques poderiam ser povoados com animais selvagens – importados de outros continentes, e também os nativos – que as pessoas gostariam de ver. Os conservacionistas da era progressista davam valor aos animais selvagens, mas esse valor era medido pelos serviços que esses animais poderiam prestar às pessoas. Essa visão centrada no ser humano pode parecer ingênua da perspectiva atual, que é mais focada no ecossistema, mas, naquela época, foi extremamente necessária para impulsionar a proteção da terra e a conservação da biodiversidade. Para algumas espécies, isso veio na hora certa.

O FIM DA ABUNDÂNCIA

Quando os europeus desembarcaram nas Américas no século XV, mamutes, mastodontes e preguiças gigantes já haviam desaparecido. A vegetação que antes era controlada por esses gigantes da era do gelo passou a ser administrada por pessoas que usavam fogo e outras tecnologias para criar terras habitáveis e produzir plantas comestíveis. Nessa época, rebanhos enormes de bisões se espalhavam pelas pradarias norte-americanas, assim como de perus selvagens, de lobos e coiotes. Em direção às costas, florestas abundantes estavam sendo lentamente devastadas por fazendas com plantações de milho, feijão, abóbora e girassol.

E ainda havia os pombos.

Os pombos-passageiros há muito faziam parte do ecossistema norte-americano. Os ancestrais dos pombos-passageiros divergiram daqueles de seus parentes vivos mais próximos, as pombas-de-coleira, antes de 10 milhões de anos atrás. Ambos sobreviveram aos altos e baixos das eras glaciais em lados opostos das Montanhas Rochosas, com pombos-passageiros a leste e as pombas-de-coleira a oeste. Suas dietas incluíam sementes de árvores mastros: bolotas, nozes, castanhas pequenas, e praticamente qualquer coisa que pudessem encontrar. As duas espécies de pombos eram ecologicamente semelhantes, exceto por uma diferença notável: as populações de pombos-passageiros eram enormes.

Quando os europeus chegaram à América do Norte, encontraram bandos de, literalmente, bilhões de pombos-passageiros. Em 1534, Jacques Cartier se tornou o primeiro europeu a ver um pombo-passageiro. Cartier estava explorando a costa leste do Canadá quando avistou, no que hoje é a Ilha do Príncipe Eduardo, "um número infinito de pombos-torcazes".* A passagem de bandos de pombos-passageiros sobre um povoado levaria dias para se completar, e "os raios do sol eram cobertos e a luz do dia ficava reduzida ao entardecer de um eclipse parcial" e "o estrume caia como flocos de neve derretidos".**

Os pombos-passageiros eram uma considerável força ecológica. Seus bandos iam de floresta em floresta, consumindo tudo pelo caminho. Nos locais onde se aninhavam, cada árvore poderia conter 500 ninhos. E quando abandonavam os ninhos, o que faziam de uma vez só, no final da estação de nidificação, deixavam uma espessa camada de esterco no chão da floresta e árvores desfolhadas e quebradas. Eles sufocavam as florestas e, assim, reiniciavam o ciclo ecológico, abrindo caminho para as florestas primárias se mudarem para onde antes estavam as florestas maduras.

É constrangedor, mas eu só soube da existência dos pombos-passageiros na pós-graduação. Meu primeiro projeto de pesquisa

---

* A citação é atribuída a Cartier no manifesto de 1955 de A. W. Shorger, *The Passenger Pigeon: Its History and Extinction,* leitura obrigatória para todos que são obcecados pelos pombos-passageiros.

** John J. Audubon inclui esta deliciosa lembrança da época em que observava pombos-passageiros em Ohio, no seu verbete sobre pombos-passageiros da sua *Ornithological Biography,* 1831-1839.

de DNA antigo tinha como objetivo descobrir se o dodô era um tipo de pombo, como algumas pessoas sugeriram, ou uma linhagem separada intimamente relacionada aos pombos. Para responder a isso, eu precisava de DNA de dodô e esperava obter permissão para colher uma pequena amostra de osso do famoso dodô do Museu de História Natural da Universidade de Oxford para análise. A gerente das coleções de zoologia, Malgosia Nowak-Kemp, era uma mulher delicada, mas impetuosa, que tinha muito orgulho de cada um dos espécimes do museu. Ela estava ansiosa para vê-los usados para a ciência, mas também nervosa com a ideia de fazer buracos neles. Malgosia estava disposta a me ajudar com minha pesquisa, mas, antes de me dar permissão para cortar o dodô, eu teria de provar minhas habilidades, por assim dizer, em pássaros mortos menos preciosos.

Entusiasmada para mostrar sua coleção de pombos extintos, Malgosia me arrastou, junto com Ian Barnes (que parece sempre me acompanhar nas desventuras dos museus), por um lance de escadas de pedra e para o saguão de um grande depósito. O local era repleto de fileiras de armários de metal que iam do chão ao teto, com cartões brancos colados em suas portas trazendo os nomes taxonômicos das coisas mortas que estavam dentro: *Galliformes*, *Anseriformes*, *Psittaciformes*... Ela pediu para que esperássemos na porta e desapareceu no depósito à procura dos armários de pombos mortos, *Columbiformes*. Tudo o que percebíamos naqueles longos minutos eram sons de batidas, de gavetas arrastadas para fora dos armários, portas abrindo e fechando, além de alguns xingamentos esporádicos em inglês e polonês. Ian e eu esperamos incomodados, sem saber se devíamos oferecer ajuda ou ficar ali, parados, como, aliás, ela mesma havia nos instruído. Finalmente, Malgosia ressurgiu triunfante, com uma pilha de papéis em uma mão e, na outra, trazia um pombo-passageiro empalhado, em cores vivas, equilibrando-se em um fino galho de castanheiro americano. Vindo em nossa direção, entre os corredores de armários, podíamos ver os olhos dela brilhando com uma mistura de orgulho maternal e admiração. Sua voz chegou a falhar de emoção enquanto ela explicava que aquela pequena escultura estava no salão principal, mas foi devolvida ao depósito quando a exposição passou por uma atualização e que, se eu quisesse, poderia pegar um pequeno pedaço de seu bico para meu estudo de DNA.

O que aconteceu a seguir está gravado na minha memória. O piso de pedra do depósito era irregular e estranhamente inclinado, nada incomum para um edifício que estava em uso desde a década de 1850. Enquanto ela caminhava em nossa direção, com seus olhos e mente focados no pombo, Malgosia calculou mal um passo em torno de um piso particularmente instável, mas se recuperou bem, transformando o que poderia ter sido uma queda dolorosa em um leve tropeção. Mas no seu desequilíbrio, a pequena escultura tremeu e nós três prendemos a respiração. O pombo deu uma boa balançada e depois se acalmou, mas logo em seguida ouvimos um leve estalo, e o galho em que o pombo estava empoleirado se partiu. Ficamos observando, horrorizados, o pássaro cair para frente, batendo com a cabeça na base da escultura e, depois, girando com os pés para o ar. Tudo parece ter ficado em câmera lenta quando o pombo girou em direção ao chão, completando uma rotação de pelo menos 360 graus antes de pousar de costas com uma batida seca. Ian e eu congelamos o olhar no pombo-passageiro recémdesmontado no chão, nervosos demais para erguer a cabeça. Mas ainda não acabou. Cerca de um segundo após o pouso, a cabeça do pombo se separou do corpo e, como uma indignidade final, começou a rolar para longe, e podíamos ouvir o "tec tec tec" ressoando pelas fileiras de armários cada vez que o bico batia no chão de pedra.

Eu, é claro, fiz o que todo cientista de DNA antigo que se preze faria: peguei um pedaço do bico e extraí o DNA.

Infelizmente, mesmo com toda essa aventura, não aprendemos muito sobre o pombo-passageiro naquela primeira análise genética. Eu amplifiquei alguns pequenos fragmentos de DNA e os comparei com sequências de outros pombos, incluindo o dodô de Oxford do qual finalmente obtive permissão para colher uma amostra (e que agora sabemos ser um tipo de pombo). Esses pequenos fragmentos de DNA ligavam os pombos-passageiros ao grupo que inclui as pombas-de-coleira, mas não nos diziam nada sobre o fato de os bandos de pombos-passageiros serem tão grandes.

Como uma população pode diminuir de bilhões para zero em apenas algumas décadas? Infelizmente para os pombos-passageiros, eles eram saborosos e abundantes, além de fáceis de serem capturados. Até mesmo as crianças podiam caçá-los com facilidade, dando pauladas quando estavam pousados aos montes nas árvores ou derrubando-os do céu arremessando-lhes batatas. Mas a verdadeira ameaça aos pombos foi outra: a tecnologia. Durante a primeira metade do século XIX, os colonos europeus estabeleceram uma extensa rede ferroviária em todo o continente. Essa rede criou uma conexão de alta velocidade – mais rápida do que os bandos podiam voar – de uma extremidade da faixa de pombos-passageiros a outra, e de todos os potenciais locais de nidificação de pombos-passageiros aos mercados famintos da costa leste. Em 1861, linhas telegráficas intercontinentais possibilitaram sinalizar a localização dos bandos de pombos-passageiros para quem quisesse embarcar naquele trem. Nas duas décadas seguintes, bilhões de pombos-passageiros foram localizados, rastreados e mortos. Foram capturados, baleados, envenenados e sufocados com a fumaça de enxofre queimando embaixo das árvores cheias de ninhos. Caçadores individuais capturavam até 5.000 aves por dia. Em 1878, perto de Petoskey, Michigan, e no que seria o último grande local conhecido de nidificação de pombos-passageiros, 50.000 aves foram mortas por dia em quase cinco meses. Em 1890, de toda a população selvagem, restavam apenas alguns milhares de pássaros. Em 1895, conservacionistas coletaram os últimos ninhos e ovos de pombos-passageiros selvagens para tentar criar populações em cativeiro. Em 1902, o último pombo-passageiro selvagem foi baleado por caçadores em Indiana, e Martha, uma das poucas pombas-passageiras nascidos na natureza, foi enviada ao Zoológico de Cincinnati e colocada em uma gaiola com George, que havia nascido em cativeiro. Martha e George jamais conseguiram reproduzir. Em 1910, George morreu, e Martha ainda viveu sozinha, como a última de sua espécie, por pouco mais de quatro anos. Ela e a espécie morreram no dia 1º de setembro de 1914.

Mesmo com as inúmeras adversidades combinadas, sejam os sistemas ferroviário e telegráfico ou a facilidade com que os pombos-passageiros podiam ser capturados, o declínio dessa espécie aconteceu de uma forma extremamente rápida. Uma hipótese que busca explicar porque nenhuma população pequena persistiu pressupõe que os grandes bandos eram uma necessidade para sua sobrevivência. Esse fenômeno é conhecido como efeito Allee, em homenagem ao ecologista Warder Clyde Allee, que descobriu, na década de 1930, que os peixinhos dourados cresciam com mais rapidez quando viviam em locais confinados com muitos outros peixinhos dourados do que quando viviam sozinhos. Isso era contrário às expectativas, pois a competição por recursos finitos deveria fazer com que os indivíduos crescessem de forma mais lenta. Allee propôs que a resposta era a cooperação. Se, por exemplo, os indivíduos cooperarem para encontrar comida ou se defender contra predadores, mais indivíduos significariam mais cooperação e maior aptidão individual. Traduzido para pombos-passageiros, o efeito Allee significaria que, com o tempo, os pombos-passageiros podem ter evoluído para depender da cooperação e, portanto, de grandes populações para sua sobrevivência.

Para desenvolver essa estratégia ecológica, as populações de pombos-passageiros devem ter sido muito grandes e por muito tempo. Quando começamos a estudá-los, a maioria das pessoas acreditava que os bandos de pombos-passageiros só haviam se tornado grandes recentemente, ou quando as florestas se expandiram após a última era glacial, ou depois que os primeiros americanos começaram a praticar a agricultura em escala, uma vez que as culturas teriam resultado em amplas fontes de alimento para as populações de pombos em crescimento.

Em 2000, quando extraí o DNA mitocondrial do pombo-passageiro sem cabeça de Oxford,* a tecnologia de sequenciamento de DNA ainda não era suficientemente avançada para nos permitir gerar genomas inteiros para espécies extintas. Isso mudou durante a primeira década do século XXI, quando novas tecnologias de sequenciamento permitiram o acesso ao DNA antigo até mesmo nos menores fragmentos sobreviventes – e, a partir desses pequenos fragmentos, juntar genomas inteiros. Genomas inteiros resultariam em uma capacidade muito maior para determinar quando as populações de pombos-passageiros se tornaram grandes e, talvez, por que foram extintas tão rapidamente.

Nos anos seguintes, isolamos o DNA de centenas de peles, penas e ossos de pombos-passageiros, em busca de um espécime suficientemente bem preservado para gerar uma sequência genômica completa. Finalmente, em 2010, Allan Baker, então chefe do departamento de História Natural do Royal Ontario Museum, nos deu acesso a 72 (!) pombos-passageiros da coleção do museu, que incluía alguns dos últimos pombos-passageiros a serem abatidos e preservados. Dentre estes, encontramos três que estavam em ótimas condições. Focando neles, geramos bilhões de sequências curtas de DNA e as montamos cuidadosamente em genomas. Em seguida, comparamos esses genomas entre si, e com genomas de pombas-de-coleira. Pudemos então estimar quando as populações de pombos-passageiros se tornaram grandes e procuramos mutações genéticas que podem tê-los tornado mais bem-sucedidos em grandes populações.

Nossos resultados foram, ao mesmo tempo, satisfatórios e não satisfatórios. Aprendemos que as populações de pombos-passageiros tinham sido extremamente grandes pelo menos nos últimos 50.000 anos, e provavelmente por muitas dezenas de milhares de anos a mais. Isso significa que seus bandos eram

---

* Só como registro, Malgosia fixou a cabeça de volta ao corpo após o infeliz incidente, e agora o espécime está completamente intacto.

gigantes mesmo durante a época mais fria da última era glacial. Encontramos mudanças genéticas que afetaram suas respostas ao estresse e os ajudaram a combater doenças, situações que se poderia esperar em populações extremamente grandes e densas. Também encontramos indícios genéticos de que os pombos-passageiros eram generalistas na dieta, o que deve tê-los ajudado a sobreviver em regimes climáticos tão diferentes. Mas não encontramos nenhuma pista genética que pudesse revelar por que eles foram extintos.

É possível que, à medida que os pombos-passageiros evoluíram em grandes bandos, eles perderam comportamentos que seriam importantes em uma vida solitária. Há pouca necessidade de ser realmente bom em encontrar comida ou um companheiro, por exemplo, se houver milhões de indivíduos em uma proximidade imediata, e com os quais você pode cooperar. Mas isso é apenas especulação; ainda não há evidências genéticas que sustentem um efeito Allee contribuindo para a extinção dos pombos-passageiros. E os dados limitados que possuímos sugerem que as aves em cativeiro se reproduziam tão facilmente em grupos de uma dúzia ou mais, quanto na natureza em grupos de várias centenas de milhões. Parece mais provável que os pombos-passageiros tenham sido extintos porque foram mortos pelas pessoas. Nossas intervenções para salvá-los foram muito poucas e muito tardias.

Embora os pombos-passageiros tenham desaparecido para sempre, seu declínio não passou despercebido. Diante da sua perda iminente, que ocorria simultaneamente com a do bisão americano, foram organizados alguns dos primeiros esforços legais para proteger espécies ameaçadas de extinção. Sua extinção abriu o caminho para muitas das leis, protocolos e regulamentos de conservação que atualmente estão em vigor em todo o mundo.

UM PRESENTE PARA OS AINDA NÃO NASCIDOS

Em 1842, a Suprema Corte dos Estados Unidos decidiu, no caso *Martin v. Waddell's Lessee*, que um proprietário não tinha o direito de proibir os outros de extrair ostras de um pântano na costa de sua propriedade em Raritan Bay, Nova Jersey. Com essa decisão, o tribunal considerou que as terras sob águas navegáveis eram propriedade pública ao invés de privada. Essa *doutrina de confiança pública* (*public trust doctrine*) – a ideia de que a vida selvagem e as áreas nativas pertencem a todos e, portanto, o governo é responsável por protegê-las – tornou-se a pedra angular do modelo norte-americano de conservação da vida selvagem.

Na época da decisão do caso *Martin v. Waddell's Lessee*, a vida selvagem norte-americana estava em apuros. Os colonos europeus haviam limpado as florestas ao longo da costa leste do continente, transformando as árvores em navios e fazendo plantações onde existiam árvores. Todos os anos, esses navios transportavam milhares de peles de animais – castor, veado, bisão e outros – para a Inglaterra, criando e satisfazendo a demanda do mercado. Em meados do século XVII, os castores quase haviam sido eliminados da costa leste, e os veados já eram tão raros que a Colônia da Baía de Massachusetts se ofereceu para pagar um xelim por cada lobo morto – presumindo implicitamente que o declínio dos veados se dava em razão do grande número de lobos, em vez de muitos caçadores.

A destruição ambiental não se limitou ao leste. Ao longo das costas do norte do Pacífico, a Russian-American Fur Company especializou-se em leões-marinhos, vacas-marinhas-de-steller, lontras-marinhas e lobo-marinho-do-norte. A escalada da matança foi impressionante. Vários anos atrás, enquanto procurava ossos de mamute na ilha de St. Paul, no mar de Bering, tropecei no que pensei ser evidência de um antigo tsunami. Uma tempestade na noite anterior havia exposto uma parede de areia ao longo da costa, revelando camadas que se acumularam ao longo das últimas centenas de anos. A poucos metros do topo, notei vários pequenos ossos saindo da areia e comecei a desenterrá-los. Só depois de ter coletado cerca de uma dúzia de crânios de focas, cada um com um afundamento redondo, do tamanho de uma bola de tênis, é que me dei conta do que havia encontrado. Aquele lugar tinha sido um viveiro de focas do norte e agora era o local de um massacre ocorrido séculos atrás.

As consequências dessas caças dirigidas variaram conforme as espécies, como as lontras-marinhas que por pouco não foram extintas, e as vacas-marinhas-de-steller que desapareceram completamente. As vacas-marinhas-de-steller eram as parentes de 10 toneladas e 9 metros de comprimento dos dugongos e dos peixes-bois que viviam nas florestas de algas submarinas que prosperavam ao longo das costas do norte do Oceano Pacífico e do mar de Bering. As vacas-marinhas-de-steller eram caçadas por sua carne e gordura, que as pessoas comiam e queimavam para se aquecer enquanto caçavam mamíferos marinhos menores. Foram extintas 27 anos após serem vistas pela primeira vez e relatadas por europeus. Jim Estes, um ecologista que passou grande parte de sua carreira estudando os ecossistemas de algas gigantes, acredita que as vacas-marinhas estavam condenadas mesmo que as pessoas não as considerassem palatáveis. Ele argumenta que o destino delas foi selado quando as pessoas extirparam as lontras-marinhas. Sem lontras para comer os ouriços-do-mar, as populações de ouriços tornaram-se excessivas, a ponto de consumirem e destruírem as florestas de algas de que as vacas-marinhas dependiam para se alimentarem e se protegerem. Expostas e vulneráveis, as gigantes gentis não tiveram chance. Sua história destaca o delicado equilíbrio das comunidades ecológicas, onde cada espécie depende de outras para sobreviver. Quando os humanos interrompem esse equilíbrio, todo o ecossistema é afetado.

À medida que a terra e os animais foram se tornando mais escassos no leste, os colonos se expandiram para o oeste. Doenças europeias haviam se espalhado séculos antes, devastando populações nativas americanas e reduzindo a predação humana da vida selvagem nativa. Enquanto os colonos se espalhavam por aquela vasta terra de abundância, não viam motivo para limitar o que podiam carregar, sobretudo enquanto os mercados na Europa e nas cidades ao longo da costa leste dos EUA estavam dispostos a pagar por peles e carne. Eles capturaram todos os castores que puderam encontrar e, quando não conseguiram encontrar mais, tornaram-se caçadores de bisões. No início de 1800, surgiu um sistema de postos de comércio no oeste que encorajou os nativos americanos, cujas habilidades de caça ao bisão foram aumentadas pela reintrodução do cavalo, a capturar mais animais para vender suas peles. Bisões foram abatidos aos milhares, às vezes por suas peles, às vezes para alimentar trabalhadores que construíam ferrovias e às vezes apenas por causa de suas línguas, que eram consideradas iguarias.

No oeste, nem os nativos americanos nem os primeiros colonos estavam em posição de impedir a destruição. Os nativos americanos estavam sendo empurrados lenta e insensivelmente de suas terras para as reservas e lutavam pela sobrevivência. Os colonos viam a vida selvagem como uma de suas únicas fontes de renda e sustento. No leste, no entanto, a mudança começava a fermentar. À medida que as pessoas iam se tornando mais ricas, passaram a ter tempo para atividades recreativas, e a caça esportiva era a favorita. Porém, a caça exige que os animais existam. Não deveria ser surpresa, portanto, que os clubes de esportistas tenham desempenhado um papel importante no estabelecimento de leis de proteção animal.

Entre os mais influentes desses clubes estava o New York Sportsmen's Club, fundado em 1844 para fazer cumprir a doutrina de confiança pública estabelecida pela decisão da Suprema Corte alguns anos antes. O New York Sportsmen's Club elaborou regras, fez campanhas para a imposição de temporadas fechadas, contratou informantes para descobrir pessoas que violassem leis de vida selvagem e da caça, e ainda processou infratores usando o próprio dinheiro e a experiência jurídica dos membros.

Enquanto o New York Sportsmen's Club se ocupava defendendo animais de caça como *public trust*, outros clubes faziam campanha para que lugares selvagens fossem estabelecidos como terras públicas. Os esforços dos clubes foram recompensados. Em 1864, o presidente Abraham Lincoln assinou o Yosemite Grant Act, concedendo 15.000 hectares do vale de Yosemite e o Mariposa Big Tree Grove ao estado da Califórnia, protegendo, assim, o vale do desenvolvimento comercial. Em 1872, o presidente Ulysses S. Grant assinou o Yellowstone National Park Protection Act, estabelecendo o Yellowstone como o primeiro parque nacional dos Estados Unidos, também o protegendo da exploração privada. Embora o exército tenha sido usado por mais de uma década para manter posseiros e caçadores fora dos parques, a criação dessas terras públicas teve um impacto imediato. Por exemplo, a maioria dos bisões vivos hoje traçam sua ascendência até a população que vivia dentro das fronteiras protegidas do Parque Nacional de Yellowstone.

Esse foi o pano de fundo para o abate de pombos de 1878 em Petoskey, Michigan. Naquela época, muitos estados tinham leis que pretendiam proteger animais de caça, mas elas eram fracas e difíceis de ser aplicadas, e a cultura em torno da caça ainda era impulsionada pelas forças do mercado. À medida que a data do abate planejado se aproximava, pequenos grupos que se opunham à matança de pombos viajaram para Petoskey para tentar impedir a ação. Eles quebraram algumas armadilhas e pressionaram as autoridades locais a aplicar multas, mas isso teve pouco impacto contra os milhares de caçadores que apareceram para matar pássaros. No final, quase um bilhão de pombos-passageiros foram mortos em menos de dois meses em Petoskey, e assim foi extinta a última colônia de nidificação de pombos-passageiros.

Michigan aprovou uma lei em 1898 proibindo a matança de pombos-passageiros por um período de 10 anos, período que, segundo as autoridades da época, seria o tempo suficiente para as aves se recuperarem. Mas era tarde demais. Os pombos-passageiros já estavam praticamente extintos na natureza.

Os bisões também estavam sumindo, tendo perdido uma oportunidade de proteção legislativa quando o presidente Grant vetou um projeto de lei que teria tornado ilegal matar bisões fêmeas. No entanto, nem tudo era má notícia. O quase desaparecimento desses dois animais, outrora numerosos, foi amplamente divulgado na mídia, e as pessoas começaram a lamentar não apenas por sua carne, mas pelos próprios animais, pelos seus rebanhos e manadas gigantes, além do espírito colonial que esses rebanhos e manadas representavam. Os declínios do pombo-passageiro e do bisão-americano tornaram-se gritos de guerra do movimento conservacionista.

Theodore Roosevelt fez mais do que qualquer presidente americano para tornar a conservação uma prioridade nos Estados Unidos. Teddy Roosevelt lamentava o declínio do bisão, tendo testemunhado isso pessoalmente em seu Elkhorn Ranch, em Dakota do Norte. Quando se tornou presidente em 1901, iniciou uma série de mudanças radicais que lançaram as bases para as leis de conservação atuais. Com conservacionistas como Gifford Pinchot, e preservacionistas como John Muir como conselheiros, ele ajudou a estabelecer mais de 100 milhões de hectares de terras públicas durante a sua presidência. Criou o Serviço Florestal dos Estados Unidos e o Bureau de Pesquisa Biológica; este último se fundiria várias décadas depois com o Bureau de Pesca para se tornar o Serviço de Pesca e Vida Selvagem dos Estados Unidos.

Não demorou para que boas iniciativas começassem a se sincronizar com a legislação e a ciência. Em 1900, o congressista John F. Lacey, republicano de Iowa, introduziu uma lei de proteção da vida selvagem que ficou conhecida como Lei Lacey e proibia o transporte interestadual de caça que havia sido abatida ilegalmente. A Lei Lacey também autorizou o governo a restaurar a vida selvagem onde as populações estavam desaparecendo ou ameaçadas de desaparecer. Em 1905, conservacionistas fundaram a American Bison Society, com Teddy Roosevelt como presidente honorário, e colocaram em prática um plano que acabaria salvando os bisões da extinção. Durante as duas primeiras décadas do século XX, as ciências da vida selvagem e do manejo florestal começaram a se afastar do cunho taxonômico, para recolher evidências de como os organismos se encaixam nos ecossistemas. A Ecological Society of America e a American Society of Mammalogists foram criadas, e ambas passaram a publicar revistas científicas para ajudar na divulgação de dados e ideias. Os cientistas começaram a desenvolver métodos para recensear populações, entender a variedade de plantas e observar a interconexão das comunidades por meio de teias alimentares. As pessoas começaram a entender o impacto das extinções não apenas na economia, mas também nos ecossistemas.

Em 1910, todos os estados tinham algum tipo de comitê de proteção da vida selvagem, mas poucos possuíam meios para realizar essa proteção. Isso mudou quando a Pensilvânia aprovou uma lei exigindo que os caçadores adquirissem uma licença para caçar legalmente. Quando outros estados viram que, de repente, a Pensilvânia passou a ter dinheiro para bancar a fiscalização da caça e a restauração da vida selvagem, também começaram a cobrar pelas licenças de caça. Em 1937, o "Pittman-Robertson Federal Aid in Wildlife Restoration Act" adicionou um imposto de consumo de 11% sobre suprimentos de caça - armas e munições - com receitas a serem distribuídas para as agências de conservação da vida selvagem dos estados, para programas de conservação e educação de caçadores. A conservação da vida selvagem estava ganhando força.

Como era previsível, nem todos concordaram em pagar pela licença, alegando que a caça não poderia ser limitada legalmente porque a própria vida selvagem era de propriedade do povo - com referência à "doutrina de confiança pública". Em 1916, Teddy Roosevelt escreveu em resposta: "Realmente; e pertencem não apenas para as pessoas agora vivas, mas para as pessoas que ainda nem nasceram. O 'maior bem para o maior número' aplica-se, sobretudo, ao número dos que haverão de nascer; e comparado a eles, os que estão vivos agora representam apenas uma fração insignificante".

UMA RESPOSTA À QUESTÃO DA CARNE

Quando o "Cousin Bob" Broussard morreu, em 1918, o mundo estava envolvido na Grande Guerra, e tanto a questão da carne quanto o problema do aguapé haviam desaparecido das primeiras páginas dos jornais do país. O Departamento de Agricultura havia desistido dos hipopótamos e, em vez disso, estava incentivando a Louisiana a transformar seus pântanos em pastagens, recuperando a terra – basicamente criando barreiras de lama para impedir a entrada de água para que os pântanos secassem e produzissem alimentos favoráveis ao gado. Inovações tecnológicas – máquinas que tornavam a colheita mais rápida e eficiente e produtos químicos que eliminavam pragas e aumentavam a fertilidade da terra – também possibilitavam fazer mais com menos. Não era mais necessário encontrar novos terrenos ou diversificar o cardápio. As pessoas poderiam simplesmente criar mais gado no espaço que já tinham.

Algumas tecnologias tiveram efeitos colaterais desagradáveis. O inseticida de arsenito de cobre verde-paris foi pulverizado pela primeira vez na década de 1860 em folhas de plantas de batata, para limitar a destruição das plantações por besouros do Colorado. Na virada do século XX, os agricultores haviam usado tanto inseticida que as autoridades acharam necessário aprovar uma legislação para controlar o uso de produtos químicos na agricultura. As novas máquinas também estavam causando problemas. Quando a Holt Manufacturing Company da Califórnia introduziu uma colheitadeira autopropulsada em 1911, o trabalho agrícola que era feito à mão, de repente, já não precisava de tanta intervenção humana. As pequenas e diversificadas fazendas familiares foram substituídas por fazendas maiores e mais eficientes, especializadas em monocultura. A consolidação das fazendas continuou ao longo da década de 1920, durante a Grande Depressão e em meados do século XX. Nas décadas de 1940 e 1950, o mesmo espaço de terra abrigava um número muitíssimo maior de animais, o que criou também condições ideais para doenças. Durante a década de 1940, os cientistas descobriram que a adição de antibióticos à ração animal os protegia e fazia com que ganhassem peso mais rapidamente. Essa prática de tratamento preventivo com medicamentos para animais de fazenda continua hoje, com a Organização Mundial da Saúde relatando em 2017 que, em alguns países, até 80% dos antibióticos disponíveis são usados para fazer animais saudáveis crescerem mais rapidamente.

A consolidação e a industrialização da agricultura criaram novos conflitos entre proprietários de terras e fauna selvagem. Embora o apoio público nos Estados Unidos à conservação tenha aumentado durante a primeira metade do século XX, o apoio governamental às iniciativas de conservação diminuiu durante a próspera década de 1950. O novo público rico recorreu às reservas e parques nacionais para recreação, incentivado pela indústria automobilística (como em "See the USA in your Chevrolet!"). O governo, focado em gastos dos militares, começou a conceder licenças para novos pastos, para a extração de madeira para materiais de construção e também para a exploração de petróleo em terras públicas. A população cresceu e a indústria agrícola, mais uma vez, não mediu esforços para acompanhar a demanda. Novas tecnologias, como a inseminação artificial, melhoraram a eficiência da indústria, mas as plantações e o gado estavam no limite de sua capacidade. Por fim, mais terras nativas foram convertidas em pontos comerciais, parques industriais e áreas agrárias. Estradas, barragens, campos arados e cheios de pesticidas e a constante expansão da pegada humana continuaram a fragmentar os espaços que restavam.

Em junho de 1962, a *New York Times Magazine* publicou um trecho do novo livro de Rachel Carson, *Primavera silenciosa*, no qual ela descreve um futuro desolado onde nosso uso indiscriminado de pesticidas causou, entre outros horrores, a morte de todos os pássaros e, consequentemente, a perda total dos seus cantos. Sua mensagem era arrepiante – e de forma intencional. Ela comparou os pesticidas diretamente com as consequências nucleares, chamando ambas de ameaças invisíveis e inevitáveis, e acusou a indústria química de conspirar com os governos para espalhar desinformação sobre os perigos dos pesticidas. A indústria reagiu, acusando Carson de ser comunista, amadora e histérica, além de ter ameaçado sua editora com um processo por difamação antes mesmo de o livro ser lançado. O presidente John F. Kennedy, no entanto, convocou um painel oficial para investigar suas alegações, o que acabou levando a mudanças na regulamentação dos pesticidas químicos nos Estados Unidos. Esse não foi o único legado de *Primavera silenciosa*. O livro de Carson fomentou um movimento ambiental de base que acabou levando à proibição global do pesticida Dicloro-Difenil-Tricloroetano (DDT), além de ter ajudado a criar a Agência de Proteção Ambiental nos Estados Unidos – e ainda continua a inspirar movimentos ambientais em todo o mundo.

AS CONSEQUÊNCIAS DA AÇÃO

Em 11 de março de 1967, quando a Lei de Preservação de Espécies Ameaçadas de 1966 entrou em vigor, 78 espécies nativas dos Estados Unidos tornaram-se as primeiras espécies ameaçadas de extinção oficialmente protegidas. A "classe de 1967", como foi apelidada pelo Serviço de Pesca e Vida Selvagem dos EUA, incluía ursos pardos, águias-de-cabeça-branca, jacarés-americanos, doninhas-de-patas-pretas, trutas-apache, panteras da Flórida, condores da Califórnia e grous-americanos, pássaro icônico, alto e branco como a neve, com uma coroa vermelha no topo da cabeça, cujo declínio para apenas 43 indivíduos ajudou a inspirar a legislação. Cada uma das 78 espécies listadas foi considerada extremamente ameaçada. Com a lei em vigor, o ser humano assumiu o controle formal do futuro dessas espécies, completando nossa transição para o papel de protetores. Daquele ponto em diante, poderíamos decidir se (e como) cada uma dessas 78 espécies sobreviveria.

A Lei de Preservação de Espécies Ameaçadas instruiu as agências federais a estabelecer planos para a recuperação de cada espécie listada e também forneceu os recursos para tornar essa recuperação possível. Em 1967, cientistas conservacionistas estabeleceram uma colônia de criação de grous-americanos no Patuxent Wildlife Research Center, em Maryland, com três ovos coletados em ninhos encontrados no Parque Nacional Wood Buffalo, no Canadá. Oito anos depois, colocaram ovos de grou-americano provenientes da colônia de reprodução em cativeiro nos ninhos de grous-canadenses, no Refúgio Nacional da Vida Selvagem do Lago Gray, em Idaho. Os grous-canadenses criaram os filhotes de grous-americanos como se fossem seus e, 50 anos depois, mais de 700 grous-americanos foram registrados na natureza e em cativeiro na América do Norte. Por 50 anos, os gestores de reservas ambientais decidiram quais pássaros criar, alimentar e proteger, para depois os libertar em um habitat ideal. Ao manipular a trajetória evolutiva das aves, esses gestores ambientais impediram sua extinção. E os grous não foram as únicas espécies salvas graças ao esforço humano: em fevereiro de 2020, o gavião-havaiano ('Io) tornou-se a sétima espécie da "classe de 1967" a ser formalmente removida da lista, juntando-se, como história de sucesso de conservação, ao ganso do Canadá, ao jacaré-americano, ao esquilo-raposa da península Delmarva, aos peixes salmonídeos cisco de mandíbula longa, ao pato mexicano e à águia-de-cabeça-branca.

A proteção de espécies ameaçadas cresceu em alcance e potencial ao longo da segunda metade do século XX. Em 1969, o Congresso dos EUA alterou a Lei de Preservação de Espécies Ameaçadas para proibir a importação ou venda de espécies em risco de outras partes do mundo. Em 1973, a Convenção sobre Comércio Internacional de Espécies Ameaçadas de Fauna e Flora Selvagens (CITES), foi assinada por 80 países, reforçando a proibição do comércio internacional de espécies ameaçadas de extinção. Um pouco depois, no mesmo ano, o presidente dos EUA, Richard Nixon, sancionou uma Lei de Espécies Ameaçadas (ESA, na sigla em inglês) completamente reformulada. A ESA impôs as regras da CITES nos Estados Unidos e acrescentou invertebrados e plantas à lista de espécies que poderiam ser declaradas ou ameaçadas ou em risco de extinção. Em 1993, o Programa das Nações Unidas para o Meio Ambiente promulgou a Convenção sobre Diversidade Biológica. Esse programa, que reconhece que a biodiversidade é parte integrante da prosperidade global e que a colaboração internacional coordenada é fundamental para o sucesso da conservação, tem hoje apoio quase global.

TRAVESSIA DE PANTERA

Embora a ESA forneça uma estrutura legal para proteger as espécies ameaçadas e em risco de extinção nos Estados Unidos, ela está longe de ser perfeita. Cada espécie listada requer seu próprio plano de recuperação, que muitas vezes tem de ser desenvolvido com conhecimento limitado da história evolutiva da espécie ou dos requisitos de seus habitats. As agências federais devem evitar tudo o que possa comprometer as espécies listadas em suas terras. Se uma espécie listada for descoberta em terras de propriedade privada, os proprietários não podem caçar, atirar, ferir, usar armadilhas, importunar, capturar, por em perigo ou perseguir essa espécie. Mas como é de se esperar, essas regras rígidas levam a centenas de contestações legais todos os anos, colocando a ESA em contradição com os direitos dos proprietários. Com desafios legais quase constantes, há uma tendência entre os gestores ambientais de evitar riscos desnecessários e manter estratégias de conservação que limitam as atividades humanas que podem impactar negativamente as espécies em perigo listadas. Hoje, no entanto, há uma percepção crescente de que essas estratégias passivas não retardaram a taxa de perda de biodiversidade, e que nosso papel como protetores é, de fato, intervir.

Uma das espécies ameaçadas de maior destaque na América do Norte foi salva porque as pessoas intervieram. A pantera-da-flórida é um ecótipo de puma, um grande gato que atende por diversos nomes, incluindo leão-da-montanha, catamount, painter, puma e gritador-da-montanha – este último pelo chamado arrepiante que as fêmeas produzem quando procuram um parceiro. Quando os europeus chegaram às Américas, os pumas estavam distribuídos quase continuamente de Yukon, no Canadá, até o extremo sul do Chile. Em meados do século XX, no entanto, a caça, o desmatamento e a agricultura os restringiam a bolsões de habitat de refúgio por toda essa área. Quando foram listadas em 1973, as panteras-da-flórida tinham sido reduzidas a menos de 20 animais vivendo no extremo sul do estado da Flórida.

Daremos um salto para o ano de 1981, quando o biólogo da Comissão de Pesca e Caça da Flórida, Chris Belden, estava coordenando o desenvolvimento do plano de recuperação da pantera-da-flórida. Para fazer um plano exequível, a equipe de Belden precisava identificar características físicas que distinguissem as panteras-da-flórida de outros pumas, para que tanto os gestores ambientais quanto o público em geral pudessem reconhecê-las. Ao longo de vários anos, a equipe de Belden capturou cerca de uma dúzia de panteras que viviam na reserva ambiental Big Cypress, em Collier County, no sudoeste da Flórida, e registrou dados descrevendo a saúde e o físico delas. Os pesquisadores notaram as testas largas e planas das panteras e também seus ossos nasais altamente arqueados; essas foram as características que o paleontólogo Outram Bangs usou ao descrever as panteras-da-flórida como uma subespécie distinta em 1899. A equipe de Belden, no entanto, escolheu duas características diferentes para defini-las: um redemoinho na pelagem da nuca e uma dobra na ponta da cauda.

Redemoinhos e rabos dobrados são características incomuns para serem selecionadas como definidoras de um grupo. De uma perspectiva evolucionária, estariam mais para desfigurações a serem removidas pela seleção natural em uma população saudável do que novidades evolutivas, neutras ou benéficas. Claro, a população de panteras-da-flórida não era saudável. Após décadas de isolamento, suas únicas opções de parceiros em potencial eram seus próprios irmãos, primos e pais. Gerações consanguíneas reduziram sua variação genética e aumentaram a frequência de traços desadaptativos como caudas torcidas. As panteras também sofriam de anormalidades genéticas mais graves. No início da década de 1990, 90% dos machos da Big Cypress tinham uma doença chamada criptorquidia, na qual pelo menos um testículo não descia e mais de 90% dos espermatozoides produzidos pelos machos eram anormais. Eles também tinham uma alta incidência de problemas cardíacos e sistemas imunológicos suprimidos, tornando-os menos capazes de combater doenças.

Havia mais um problema em definir as panteras-da-flórida por caudas dobradas e redemoinhos na pelagem. Enquanto todas as panteras na reserva ambiental Big Cypress tinham essas características, a maioria das panteras que viviam mais ao sul, no Parque Nacional Everglades, não tinham nem cauda dobrada nem redemoinho na nuca. Portanto, se esses traços fossem realmente definidores das panteras-da-flórida, a população do Everglades não deveria ser considerada de panteras-da-flórida?

Imaginando que o DNA poderia resolver seus problemas taxonômicos, o biólogo evolucionista Steve O'Brien e a veterinária da equipe de recuperação Melody Roelke começaram a comparar o DNA das panteras do Everglades com o de outros pumas. Seus resultados colocaram a recuperação da pantera-da-flórida em outro patamar. As panteras do Everglades, ao que parece, não eram totalmente floridianas. Em algum momento de sua história recente, as panteras do Everglades haviam trocado genes com panteras da Costa Rica.

Depois de algumas escavações, Roelke e O'Brien descobriram que, algumas décadas antes, os guardas florestais do Parque Nacional Everglades haviam pedido a Les Piper, diretor de um zoológico particular em Bonita Springs, para soltar várias de suas panteras-da-flórida cativas no parque para aumentar a população em declínio. Os guardas não sabiam, mas Piper já havia aumentado sua população cativa com animais da Costa Rica. Tinha recorrido a isso para aperfeiçoar o processo reprodutivo de suas panteras cativas, o que havia funcionado incrivelmente bem. Daí surgiu uma ideia: com o relativo sucesso das panteras de Everglades não consanguíneas, em comparação com as panteras do Big Cypress consanguíneas, parecia lógico que as panteras-da-flórida poderiam ser resgatadas pela introdução de variações de outra população.

Infelizmente, o Serviço de Pesca e Vida Selvagem dos EUA tinha uma regra não escrita contra a proteção de híbridos – e que seria o caso dessas panteras-da-flórida. Eles temiam que a proteção dos híbridos poluísse o *pool* genético das espécies ameaçadas e reduzisse suas características definidoras (mesmo que essas características fossem traços como caudas dobradas e redemoinhos na pelagem). Alguns membros da equipe de recuperação ambiental ficaram tão preocupados que pediram a O'Brien e Roelke que mantivessem seus resultados em segredo, preocupados que a mera existência de híbridos pudessem colocar em risco o *status* de proteção das panteras-da-flórida. À medida que a discordância entre a equipe de recuperação crescia, a situação na Flórida começou a ficar fora de controle. Circularam rumores de que as panteras no sul da Flórida não eram realmente panteras-da-flórida e, portanto, poderiam ser abatidas. Houve até um processo arquivado por razões taxonômicas, em que o réu foi acusado de capturar (e comer) uma pantera, e os advogados de defesa argumentaram que, se nem mesmo os especialistas sabiam dizer o que é uma pantera-da-flórida, não se poderia exigir que um leigo soubesse. E, assim, a população de panteras-da-flórida continuou a diminuir.

Na época, Steve O'Brien me disse acreditar que a única maneira de salvar as panteras-da-flórida era convencer o Serviço de Pesca e Vida Selvagem dos EUA a mudar de ideia sobre os híbridos. E, então, decidiu fazê-lo. Juntou-se ao biólogo evolucionista Ernst Mayr, o cientista que teorizou pela primeira vez o Conceito de Espécie Biológica, em 1940, e alguém que O'Brien esperava ser conceituado o suficiente para chamar a atenção dos reguladores. Eles escreveram um artigo de opinião para a revista *Science* apontando que a hibridização ocorre naturalmente entre subespécies, que por definição são as mesmas "espécies". Eles destacavam que as zonas híbridas – lugares onde grupos relacionados se sobrepõem em alcance e cruzamento – são comuns e que impedem ainda que as formas separadas se misturem em uma única forma. E propuseram uma nova definição para subespécies como entidades que têm uma história natural única, vivem em habitats ou áreas distintas e compartilham características moleculares ou físicas hereditárias e definidoras. No centro de seu argumento estava que as subespécies, mesmo que se misturem com outras espécies de vez em quando, mantêm uma distinção reconhecível o suficiente para um gestor de reservas ambientais ou mesmo para um leigo.

Eles conseguiram convencer o Serviço de Pesca e Vida Selvagem, que concordou em permitir que oito panteras saudáveis do Texas, a população geográfica e evolutivamente mais próxima das panteras-da-flórida, fossem capturadas e introduzidas na reserva ambiental de Big Cypress. Quatro anos depois, nasceu a primeira geração de panterinhas híbridas. Quinze sobreviveram, assim como seis das fêmeas de pantera texanas introduzidas. Mais híbridos nasceram nos anos seguintes. Eles eram fortes e saudáveis, as incidências de doenças debilitantes e deformidades físicas diminuíram, e a população de panteras-da-flórida cresceu em mais de 50%.

O abandono da política anti-híbrido, que acabou ocorrendo sem qualquer mudança oficial nas regras, beneficiou também outras espécies. As corujas-barradas, que se espalham para o oeste através América do Norte, às vezes hibridizam com corujas-manchadas do norte, que estão ameaçadas de extinção. Em 2011, o plano de recuperação da coruja-manchada do norte foi revisado e observou-se que, de fato, ocorre a hibridização com corujas-barradas, mas ela é rara e não gera maiores consequências para a recuperação da coruja-manchada do norte. Da mesma forma, a hibridização natural entre o esturjão pálido ameaçado e o esturjão-focinho-de-pá (*Scaphirhynchus platorynchus*), mais comum no baixo Mississippi, na confluência do rio Atchafalaya, não é considerada uma ameaça à recuperação do esturjão pálido. Os híbridos permanecem protegidos sob o ESA desde que suas características distintivas permaneçam intactas.

No entanto, a hibridização às vezes obscurece características distintivas. A truta degoladora da costa oeste é encontrada em todo o noroeste do Pacífico. Durante décadas, um número imenso de trutas-arco-íris criadas em incubadoras foi introduzido –

milhares despejadas em lagos e riachos por aviões – no habitat de truta degoladora, como estoque para pesca esportiva. Essas espécies se reproduzem rapidamente, e tanto a truta arco-íris quanto os híbridos puderam competir com a truta degoladora de raça pura. Décadas atrás, grupos conservacionistas pediram para que a truta degoladora fosse protegida pela ESA. No entanto, quando os cientistas realizaram suas avaliações populacionais, foram incapazes de distinguir as trutas de raça pura das híbridas, por isso não puderam recomendar a proteção. Esse problema ainda não foi solucionado, embora o DNA antigo ofereça alguma esperança para resolvê-lo no futuro. Em colaboração com Carlos Garza e Devon Pearse, ambos do Centro de Ciências da Pesca do Sudoeste da Administração Nacional Oceânica e Atmosférica, meu laboratório está sequenciando DNA de trutas coletadas durante o século XX – antes que o despejo de aviões se tornasse constante. Esperamos encontrar, nas trutas preservadas em museus, marcações genéticas que diferenciem espécies nativas de espécies criadas em incubadoras, e usá-las para desenvolver uma abordagem que os gestores ambientais possam usar para priorizar as populações que precisam de proteção. Se formos bem-sucedidos, abordagens semelhantes também poderão ser úteis para orientar o Serviço de Pesca e Vida Selvagem dos Estados Unidos a encontrar soluções para outros desafios dos híbridos.

Sem qualquer política oficial em relação aos híbridos, as autoridades do Serviço de Pesca e Vida Selvagem dos Estados Unidos têm de tomar decisões caso a caso. Hoje, os dados genéticos revelam que a hibridização é mais comum do que os biólogos pensavam ser antes da era do sequenciamento de DNA. E as consequências evolutivas da hibridização variam, tornando difícil conceber uma política híbrida eficaz e abrangente. A hibridização pode ter pouco impacto, como no caso das corujas-manchadas do norte e do esturjão pálido. Ou, como acontece com a truta degoladora da costa oeste, a hibridização pode ser destrutiva, substituindo características definidoras e ameaçando a sobrevivência de uma espécie ameaçada. Mas também pode ser construtiva, fornecendo um certo reforço de DNA que resgata uma população, como as panteras da Flórida, dos efeitos negativos da consanguinidade.

Vinte e cinco anos depois que o Serviço de Pesca e Vida Selvagem interveio para resgatar as panteras da Flórida, hibridizando-as com as panteras do Texas, a população está ainda mais saudável do que era em 1995, e existem mais animais vivos do que antes de seu resgate. Porém, nosso trabalho não terminou.

Em 2019, Steve O'Brien colaborou com meu grupo de pesquisa para sequenciar o DNA de três das panteras da Flórida, coletado por sua equipe no início dos anos 1990. Dois pertenciam à população de Big Cypress e um da população de Everglades, que infelizmente havia sido extinta quando as panteras do Texas foram trazidas para a Flórida. Comparamos o genoma de cada indivíduo com um conjunto de dados maior de genomas de puma de toda a gama atual das espécies. Como esperado, os genomas das panteras Big Cypress mostraram sinais claros de consanguinidade, e o genoma da pantera Everglades continha sinais de hibridização recente. Partes do genoma da pantera do Everglades se pareciam com as panteras Big Cypress, com longos trechos de DNA, onde era claro que sua mãe e seu pai estavam intimamente relacionados. Outras partes de seu genoma tiveram variações introduzidas de seus ancestrais da América Central. À medida que examinamos os cromossomos da pantera do Everglades, a quantidade de variação alternava entre esses dois estados: muita variação (estado geneticamente resgatado) e nenhuma variação (estado de consanguinidade). Esses dois estados revelam o que acontece após o resgate genético. Em poucas gerações, todas as panteras do Everglades tinham longos intervalos de DNA, onde a variação introduzida pela exogamia havia sido perdida. Os benefícios da hibridização estavam sendo diminuídos pela consanguinidade contínua.

Não analisamos se a diversidade adquirida quando as panteras do Texas foram introduzidas no Big Cypress também está sendo perdida para a consanguinidade, mas acredito que sim. O resgate genético funcionou, mas a população ainda é pequena e isolada, e as panteras-da-flórida ainda têm pouca escolha a não ser procriar com parentes próximos. Embora a população pareça saudável, uma reportagem de agosto de 2019 do *New York Times* incluiu vídeos de várias panteras-da-flórida sofrendo de um distúrbio neurológico que dificultava o controle das suas patas traseiras. Os gestores ambientais ainda não sabem se essa doença mais recente se deve a uma nova mutação genética ou a outro motivo, como, talvez, uma toxina em seu ambiente. O que está claro, porém, é que somos responsáveis pelo futuro delas. Devemos descobrir o que está causando essa nova ameaça à sua sobrevivência e encontrar uma solução. Caso contrário, as panteras-da-flórida serão extintas, apesar das décadas de esforços para salvá-las.

As panteras-da-flórida não teriam se recuperado sem uma intervenção ativa. Os humanos alteraram tanto o habitat delas que elas não conseguem mover-se de ou para uma população. Passivamente deixá-las em paz não teria resolvido a depressão por endogamia que as levou a terem uma saúde precária e a serem incapazes de se reproduzir. Outras populações de pumas ameaçadas podem ser salvas com a criação de corredores de vida selvagem onde cada animal pode se dispersar naturalmente. Onde isso não for possível, os gestores de reservas ambientais devem simular esse processo movendo fisicamente os animais entre as populações. Eles também devem fazer isso com a mesma regularidade que ocorreria de forma natural ou a intervenção não será bem-sucedida.

As panteras-da-flórida são um exemplo esperançoso do que a conservação pode alcançar quando as pessoas estão dispostas a intervir, mas também são um alerta de que as ações humanas têm consequências. As panteras-da-Flórida são diferentes hoje do que eram antes, e diferentes do que seriam sem nossa intervenção. Basicamente, as pessoas não apenas salvaram, mas também criaram o que agora conhecemos como pantera-da-flórida.

O PROBLEMA DO AGUAPÉ

Atualmente, a taxa de extinção de espécies é alta, mas seria ainda maior se as pessoas continuassem sua trajetória de exploração ao longo do século XIX. Em todos os continentes, foram estabelecidos programas, privados e públicos, para proteger as terras nativas da ameaça do desenvolvimento. Centenas de organizações de conservação - independentes ou patrocinadas por governos - foram criadas com atribuições que vão desde a proteção de espécies ou ecossistemas particulares à luta pelo fim da caça ilegal ou das baleias, até a conscientização de empresas e comunidades sobre os benefícios da conservação da biodiversidade. Embora o desenvolvimento não tenha parado e a população humana ainda esteja crescendo, as pessoas, hoje, valorizam a biodiversidade mais do que no passado, e isso torna os esforços para proteger a biodiversidade menos antipáticos e, consequentemente, mais exequíveis. É claro que tem ainda muita coisa a ser feita. Embora as abordagens existentes para a conservação tenham sido eficazes, elas não são suficientes. Atingir as metas atuais de conservação exigirá tecnologias melhores e mais sofisticadas, além de mais disposição para intervir. O que precisamos é de outra revolução tecnológica.

Vamos considerar o caso do aguapé.

Antes de "Cousin Bob" Broussard apresentar seu projeto de lei em 1910, o povo da Louisiana havia tentado de tudo para se livrar dos aguapés - só não tinham pensado em importar hipopótamos. Arrancaram as plantas com as mãos, atearam fogo nelas, tentaram afundá-las com óleo e até pulverizaram-nas com pesticidas. Como nada tinha funcionado, recorreram a outras espécies para fazer o trabalho: trouxeram carpas chinesas que até chegaram a comer algumas outras plantas aquáticas invasoras, mas acharam o aguapé intragável. Depois, importaram três espécies de insetos - duas brocas e uma mariposa - que evoluíram para se tornarem especialistas em aguapé. Os insetos causaram danos suficientes para torná-lo suscetível a doenças e suprimir sua floração, mas a planta continuava a se espalhar. Hoje, os tapetes espessos, verdes, que bloqueiam a luz do sol, esgotam o oxigênio e matam os peixes entopem canos d'água e causam estragos econômicos e ecológicos em todos os continentes, exceto na Antártida. Precisamos de outra solução.

O fenômeno das espécies invasoras não é algo recente. Elas se dispersam naturalmente, muitas vezes por longas distâncias. Ovas de peixes e sementes de plantas podem ser transportadas para outros continentes e oceanos pelas aves migratórias. Tempestades e correntes podem dispersar plantas e animais sobre tapetes flutuantes de vegetação. Há vários anos, eu e Logan Kistler, um cientista de DNA antigo especializado em plantas domesticadas, mostramos que os porongos se dispersaram da África para as Américas navegando correntes transoceânicas por centenas de dias. De alguma forma, suas sementes permaneceram viáveis para estabelecer populações que mais tarde foram descobertas e domesticadas pelos nativos americanos.

A viagem de longa distância é um outro veículo capaz de dispersar espécies, às vezes propositalmente, outras vezes, não. À medida que as tecnologias foram sendo aprimoradas, o ritmo das dispersões mediadas pelo homem acelerou. Os colonos europeus trouxeram para a América espécies que eram comuns na Europa. Mais tarde, as pessoas começaram a importar espécies por motivos específicos. O kudzu, por exemplo, foi introduzido nos Estados Unidos da Ásia no final do século XIX para controlar a erosão do solo. O kudzu adaptou-se tão bem em partes dos Estados Unidos que às vezes é chamado de "a trepadeira que engoliu o sul", devido à sua propensão de sufocar a vegetação, as linhas de transmissão elétricas, placas de estrada, veículos abandonados e qualquer outra coisa que apareça em seu caminho – e o kudzu cresce a uma taxa de até 30 centímetros por dia.

E as pessoas continuam a transportar espécies de um lugar para outro, quando têm aparência e sabor exótico, quando imaginam que podem ser úteis de alguma forma, ou simplesmente sem saber o que estão dispersando. Em 2016, um fiscal do Departamento de Agricultura dos EUA apreendeu um pacote no aeroporto de São Francisco que continha um ninho de vespas asiáticas gigantes – também conhecidas como "vespas assassinas" –, com larvas ainda vivas. Muita gente consome as vespas asiáticas gigantes como iguaria ou remédio para a dor, então os fiscais presumiram que o pacote pretendia ser um presente e não uma sabotagem ecológica. Embora os fiscais tenham frustrado a invasão de vespas assassinas pelo aeroporto em 2016, vespas asiáticas gigantes adultas foram vistas no estado de Washington e na Colúmbia Britânica em 2019, provocando uma grande preocupação sobre o extermínio iminente de abelhas nativas.

Como não são capazes de observar fronteiras políticas ou leis humanas, as espécies continuarão a se deslocar para habitats em que são consideradas invasoras. Se o clima nestes habitats lhes convém, se podem encontrar o suficiente para comer e, sobretudo, evitarem ser comidas, então, têm potencial para se estabelecer.

Hoje, os esforços de conservação concentram-se principalmente em espécies que causam danos ecológicos ou econômicos ao serem introduzidas. Nesses casos, os cientistas intervêm abertamente, tentando impedir o estabelecimento dessas espécies, criando ambientes inadequados para elas. As estratégias incluem envenenar espécies invasoras com herbicidas e pesticidas químicos, muitas vezes produzindo reduções temporárias na abundância de espécies invasoras, através da deterioração da qualidade da água e do solo ou introduzindo espécies que podem comer ou competir com as espécies mais destrutivas – além de algo mais rudimentar: remover manualmente as espécies invasoras.

Alguns desses esforços foram muito bem-sucedidos. Em 1993, cientistas soltaram joaninhas na pequena ilha de Santa Helena, no sul do Oceano Atlântico, onde cochonilhas-de-escama sul-americanas, introduzidas dois anos antes, estavam destruindo árvores de goma nativas. As joaninhas foram predadores eficientes da cochonilha-de-escama. Nenhum surto de grande escala foi relatado na ilha desde 1995, e as árvores de goma nativas estão prosperando. Em 2005, o Serviço Nacional de Parques dos EUA coordenou um programa que, em pouco mais de um ano, erradicou os javalis da pequena Ilha de Santa Cruz, na costa da Califórnia. Sem os javalis, as plantas e os animais nativos da ilha, oito dos que estão listados como ameaçados de extinção, começaram a se recuperar.

Das nossas estratégias existentes, a remoção manual é a que causa menos danos ecológicos a longo prazo, porém, as reduções nas populações de espécies invasoras, conquistadas através dela – e com muito trabalho –, podem ter curta duração. De 2017 a 2019, caçadores foram contratados para passar as noites vagando pelos Everglades, na Flórida, em busca de pítons birmanesas invasoras, serpentes que tiveram um sucesso evolutivo gritante nos Everglades. Sua camuflagem é ideal, considerando a vegetação local, e elas comem de tudo, de pequenos mamíferos e pássaros a veados de cauda branca, e até mesmo jacarés-americanos. Portanto, as pítons birmanesas tinham tido um impacto desastroso na vida selvagem local, particularmente nas aves. Durante os dois anos de campanha, os caçadores capturaram mais de 2.000 dessas serpentes birmanesas, algumas com mais de 5 metros. Mesmo com todo esse esforço, a população de pítons invasoras mal foi afetada. Precisamos de outra solução.

No início de 2019, a organização sem fins lucrativos Island Conservation informou que havia conseguido remover todos os ratos de Te Henua, nas Ilhas Marquesas. Foi a 64ª ilha a erradicar os ratos invasores, graças à Island Conservation. A recuperação ecológica em cada um dos casos foi surpreendente. Sem os ratos que comiam seus ovos, as populações nativas de aves marinhas se recuperam. As plantas nativas também se recuperaram, pois não tinham mais ratos para comer as sementes e plantas jovens, e as pessoas foram beneficiadas com a ampliação do rendimento das colheitas e da eliminação de doenças transmitidas por roedores. No entanto, a abordagem da Island Conservation para a remoção de ratos é controversa, por se basear em raticidas lançados de helicópteros e drones por toda a ilha. Os venenos de rato são eficazes, mas podem ter efeitos colaterais desagradáveis: não são capazes de atingir somente os ratos, podendo contaminar o solo e a água, além de poder prejudicar as aves que comem os roedores envenenados. Mesmo assim, as comunidades locais acreditam que os perigos potenciais dos raticidas valem a pena. Os técnicos da Island Conservation concordam, mas estão procurando desenvolver uma solução nova e mais segura na Biologia Sintética. Juntaram forças com uma equipe internacional de cientistas e organizações sem fins lucrativos para criar o programa Biocontrole Genético de Roedores Invasivos. O objetivo é criar ratos que não podem se reproduzir, inserindo uma mutação em seu DNA para torná-los estéreis.

A Biologia Sintética promete ser mais eficiente do que a remoção manual como abordagem ao manejo de espécies invasoras, além de mais humana e mais segura para o meio ambiente do que as técnicas de envenenamento. Ela também ajuda a aprofundar nosso papel de definidores do futuro evolutivo de outras espécies, papel no qual já estamos atuando.

A questão agora é até onde iremos. Devemos nos permitir alterar diretamente o DNA de uma espécie a fim de evitar que ela ou outra espécie seja extinta? Qual a diferença dessa abordagem com as que já utilizamos?

Enquanto pensamos nessas questões e nas opções que agora temos diante de nós, inúmeros voluntários se lançam todos os anos em lagoas, lagos e rios do pantanoso sudoeste para participar de limpezas programadas. Cobertos até a cintura por água turva e impura, arrancam punhados de aguapés invasivos com as próprias mãos, abrindo espaço para canoístas, nadadores e peixes.

E todos os anos o aguapé volta a crescer.

PARTE II
COMO PODERIA SER

GADO MOCHO

Em uma tarde de outono de 2019, sentei no banco do passageiro do Honda CRV de Alison Van Eenennaam no centro de Davis, Califórnia, juntando-me a uma pequena equipe de seu laboratório para a curta viagem até o estábulo da Universidade da Califórnia, na cidade de Davis. A placa do carro era "BIOBEEF" e um crocodilo de plástico verde, nostálgica herança australiana de Alison, estava pendurado no painel. "Este é o 'gadomóvel'", disse Josie Trott, gerente do laboratório de Alison e braço direito dela, enquanto dirigia. "A Alison nos disse para tomar cuidado e não bater".

Eu estava em Davis para dar uma palestra de Halloween no Genomics Center na manhã seguinte. Tinha concordado em fazê-la também porque seria uma oportunidade para conhecer Alison. Ela é uma das principais cientistas em Biotecnologia, que usa essa ciência a fim de promover o avanço da agricultura animal, e também uma hábil comunicadora e embaixadora dessa pesquisa. Eu queria sabatiná-la não apenas sobre os detalhes de seu trabalho, mas também sobre seu alcance entre o público em geral, que, acho justo dizer, não está totalmente familiarizado com o uso da Biotecnologia na agricultura. E, claro, depois dos acontecimentos dos últimos meses, eu queria conhecer sua vaca premiada, a Princesa. Mas infelizmente, a agenda de Alison era incompatível com o meu plano, pois ela estava passando o Dia das Bruxas na Austrália, onde tinha uma conferência de genética e criação de animais. Mas Josie se ofereceu para me apresentar a alguns dos membros do seu grupo e, talvez, me levar para ver algum gado.

Nossa primeira parada foi para o almoço. Enquanto esperávamos pela comida, Josie e os outros dois que se juntaram a nós, Joey Owen e Tom Bishop, me contaram sobre seus projetos em andamento. Joey e Tom estavam explorando diferentes maneiras de usar a Biotecnologia para dar aos agricultores mais controle sobre a produção de bezerros machos ou fêmeas. Os produtores de leite, por exemplo, talvez prefiram produzir bezerros fêmeas, já que, obviamente, os machos não crescem para produzir leite. Então, uma abordagem genética que limitasse a produção de machos os pouparia da despesa de vender machos para alimentação ou sacrificar bezerros machos após o nascimento.

Enquanto os ouvia e pensava na Princesa, ficou claro para mim que novas biotecnologias – ferramentas moleculares que desativam genes, mudam letras no código de DNA e pegam um gene de uma espécie para inseri-lo no genoma de outra – nos levaram ao limite de outra grande transformação em nossas relações com as plantas e os animais ao nosso redor. Menos claro, no entanto, era saber até que ponto as pessoas que trabalham com Biologia Sintética acreditam que estamos à beira desse limite. As motivações atuais para o uso de novas tecnologias são as mesmas que impulsionaram nossos ancestrais: melhorar a vida humana, a de nossos animais domesticados e também os ambientes em que todos vivemos. Mas as novas tecnologias parecem diferentes, talvez menos naturais. Ainda pior: seu uso é cercado por um mal-estar alimentado e agravado por campanhas globais bem financiadas, repletas de desinformação, que obscurecem intencionalmente a compreensão do que essas biotecnologias podem ou não podem fazer. Não se deve subestimar as consequências dessas campanhas; o ambiente de hoje é tão polarizado que simplesmente discutir um projeto que usa essas ferramentas pode incitar desconfiança, raiva e até violência.

A pesquisa de Alison é um exemplo das dificuldades de trabalhar neste novo espaço. Seu objetivo é melhorar o bem-estar animal - reduzir o sofrimento - enquanto, ao mesmo tempo, melhora a economia da pecuária. E apesar de passar sua carreira fazendo campanha por essas tecnologias, Alison está desanimada com o futuro.

Joey e Tom me explicavam seus experimentos, mas sem muita empolgação. Senti que eles estavam fazendo o possível para serem otimistas para continuarem com o trabalho, apesar dos contratempos que a equipe havia enfrentado nos últimos meses. Mas depois de lidar com a reação do público ao que aconteceu com a Princesa, eles estavam com dificuldades para imaginar um futuro em que seu trabalho pudesse ter o impacto que desejavam.

Terminamos o almoço e voltamos para o carro. Próxima parada: o estábulo e (imaginava) a Princesa. Na estrada, conversamos sobre as carreiras em ciência e biotecnologia e também sobre onde tudo isso poderia estar nos levando. Joey, prestes a terminar um doutorado, estava dividido entre dedicar-se à pesquisa acadêmica ou ir trabalhar na iniciativa privada. Não era uma escolha fácil. Embora trabalhar em um ambiente universitário possa permitir mais independência criativa, o financiamento para pesquisas acadêmicas, como a do laboratório de Alison, é quase inexistente, em grande parte devido à falta de clareza em relação aos caminhos regulatórios para a Biotecnologia na agricultura. Sem um marco regulatório, cientistas como Alison, Josie, Joey e Tom podem passar anos trabalhando em um projeto apenas para descobrir, no final, que houve uma mudança de objetivos, a reinterpretação de uma regra ou que a prioridade agora é um problema mais urgente a ser resolvido. Instituições públicas como a Universidade da Califórnia simplesmente não têm recursos suficientes para financiar uma série interminável de experimentos exigidos pelo atual ambiente regulatório, que, vale lembrar, muda com frequência. Para Joey continuar fazendo esse tipo de trabalho, sua única opção talvez seja aceitar um emprego na iniciativa privada.

Nosso pequeno grupo ficou em silêncio quando chegamos ao estábulo. Eu estava pensando em Princesa e suas batalhas dentro do ambiente regulatório existente. Princesa era (pelo menos na minha opinião) uma vaca leiteira normal. Mas também o produto de um experimento que eu sabia, por meio de reportagens da mídia, que não havia saído exatamente de acordo com o planejado. Eu sabia que seus irmãos machos haviam sido descartados e que apenas ela, por enquanto, tinha sido poupada. Fiquei pensando se, quando a visse, me seria óbvio que ela tinha sido gerada geneticamente.

Descemos do carro e passamos por dentro do estábulo até a porta dos fundos, para sairmos no meio da fazenda. Havia gado por toda parte. De longe vi um rebanho que pastava os restos da grama da última estação. Nas proximidades, um labirinto de dezenas de currais separava o gado por idade e raça e, presumivelmente, por experimentações. Passamos por um curral com duas vacas e seus bezerros, um deles estava se esforçando para tirar leite de uma das vacas, mas não estava conseguindo. Viramos uma esquina e passamos por um cercado de talvez 20 novilhas ruminando e com um olhar manso perdido no horizonte, e, logo em seguida, um outro com o mesmo número de bezerros igualmente olhando para o nada. Finalmente chegamos à Princesa. Era a terceira e a última esquina daquela fileira. O curral dela tinha o mesmo tamanho que os demais, mas ela dividia o espaço com apenas um outro animal – um touro robusto. Ambos nos seguiram atentamente com o olhar enquanto caminhávamos, até pararmos na frente deles.

"Esse é o marido dela", brincou Josie, apontando para o touro. E ainda esclareceu: "O trabalho dele é engravidá-la". Josie enfiou a mão no cocho para separar ramas de alfafa de feno de aveia, oferecendo a alfafa para o deleite de Princesa.

Eu estava um pouco confusa. "Pensei que o experimento já tinha acabado", disse delicadamente. "Temos que testar o leite dela", explicou Josie. "Para a FDA". "Mas para quê?", me perguntei em voz alta. Josie se virou para mim, com um olhar de frustração e perplexidade. "Exatamente", ela disse, ao mesmo tempo em que Tom resmungava alguma coisa enquanto se afastava.

OS OGMS NÃO SÃO BONS! MAS, AFINAL, O QUE É UM OGM?

Não é um eufemismo dizer que a engenharia genética é um assunto controverso na agricultura. Algumas pessoas são decididamente contra o uso das ferramentas da Biologia Sintética para modificar culturas alimentares e animais, citando a "não naturalidade" do processo, além de seus riscos imprevisíveis.

Outros veem a Engenharia Genética como nada mais do que um meio rápido e preciso de manipular as espécies exatamente como as manipulamos desde a origem da agricultura. A verdade fica no meio.

O impacto pretendido da Engenharia Genética é o mesmo da seleção tradicional de reprodução: criar plantas e animais mais saborosos ou úteis. O processo, porém, é diferente. Na abordagem tradicional, cruzamos dois indivíduos e esperamos que alguns descendentes desenvolvam a característica pretendida. Na Engenharia Genética, o DNA de um organismo é editado diretamente, garantindo que tal característica apareça já na próxima geração. Isso torna a Engenharia Genética mais rápida do que a reprodução seletiva, às vezes reduzindo o processo em décadas. E dado o número crescente de pessoas vivas no planeta, e que todas precisam comer, uma abordagem mais rápida e eficiente para melhorar nossas colheitas e animais domesticados é sempre bem-vinda.

Os produtos finais da Engenharia Genética são praticamente idênticos ao que se poderia esperar após gerações e gerações de reprodução seletiva, mas eles não precisam ser. A Engenharia Genética pode criar o que chamamos de plantas e animais transgênicos, organismos que combinam características de diferentes espécies. Organismos transgênicos podem até parecer ficção científica, mas não são. Hoje, os cultivos transgênicos possuem genes bacterianos que tornam as plantas inseticidas. Cabras e vacas transgênicas possuem genes humanos que alteram a composição do leite, o que, além de aumentar suas propriedades antimicrobianas, torna-o consumível por pessoas com alergia ao leite de origem animal. Já os mamões papaias havaianos transgênicos possuem genes virais que os tornam imunes ao vírus da mancha anelar do mamão. E esses são apenas alguns exemplos de organismos transgênicos reais.

Durante os primórdios da Biologia Sintética, a maioria dos organismos geneticamente modificados - mesmo aqueles para os quais o produto final pretendido era algo que poderia ser gerado usando a reprodução tradicional - eram pelo menos um pouco transgênicos. Isso porque era comum integrar fragmentos de DNA bacteriano como forma de verificar se as edições pretendidas tinham ocorrido (mais tarde falaremos sobre isso). Isso levou à caracterização geral de alimentos geneticamente modificados como "comida Frankenstein", um epíteto inabalável inspirado por uma carta de 1992 enviada ao *New York Times*, na qual Paul Lewis, professor de Língua Inglesa do Boston College, se opunha à ideia de tomates geneticamente modificados.

Abordagens mais recentes da Engenharia Genética não deixam vestígios do processo de edição no genoma. Como consequência, novos organismos geneticamente modificados tendem a ser cisgênicos em vez de transgênicos, o que significa que não contêm DNA de outros organismos. Para distingui-los, esses produtos são frequentemente chamados de "geneticamente modificados" em vez de "geneticamente produzidos". Organismos cisgênicos geneticamente produzidos por genes editados também seguem caminhos mais simples para o mercado do que organismos transgênicos geneticamente modificados, e muitas empresas deixaram de criar novas combinações de organismos (transgênicos), para ampliar ou excluir características existentes.

Embora muitos organismos que sofrem edição de genoma sejam essencialmente idênticos aos produtos da reprodução tradicional, as pessoas continuam a associar todos os organismos geneticamente produzidos (também conhecidos pela sigla OGMs, de organismos geneticamente modificados) aos transgênicos e, na maioria das vezes, os transgênicos ganharam fama de repugnantes – como o OGM imaginado em 1997 por Lewis para tomates aumentados com DNA de peixe, que não existia na época e não existe hoje.* Reações irrefletidas como essa permitiram que a confusão e a desinformação sobre os OGMs proliferassem. Então, produtores e comerciantes de alimentos que esperam lucrar com o desconforto dos clientes passaram a adornar seus produtos com rótulos verdes com a inscrição "não transgênicos", mesmo para produtos que nem podem ser geneticamente modificados. É comum encontrar nos supermercados os rótulos "não transgênicos" em frutas cítricas, tomates, feijão, azeitonas e uma longa lista de outros produtos para os quais atualmente não há opções de transgênicos para comprar. Podemos até ser surpreendidos ao encontrar rótulos "não transgênicos" em produtos como o sal, por exemplo, que é um mineral e sequer tem DNA para ser modificado. Portanto, um rótulo verde-brilhante escrito "não transgênico" não significa muita coisa.

É complicado definir um OGM. Eu poderia argumentar – como algumas pessoas fazem – que tudo o que comemos é geneticamente modificado. É verdade, em certo sentido, considerando os milhares de anos de seleção de reprodução que criou nossas plantas e animais domesticados. Mas também não é a definição pretendida para o termo OGM, e interpretá-lo dessa forma errada faz com que as diferenças genuínas entre ferramentas de engenharia genética e reprodução tradicional sejam ignoradas.

Uma definição um pouco mais restrita de OGM inclui apenas organismos desenvolvidos por pessoas usando outros meios que

* Cf. Stephen K. Lewis, *"Attack of the Killer Tomatoes?"*, *Corporate Liability for the International Propagation of Genetically Altered Agricultural Products*, 10 Transnat'l Law, 153 (1997).

não a reprodução tradicional. Essa definição é, no entanto, ainda muito ampla. Alimentos como maçãs honeycrisp, laranjas-de-umbigo, melancias sem sementes e avelãs não são produtos de reprodução tradicional, mas também não são geneticamente modificados. São produtos criados por enxertos – unindo partes do corpo de diferentes espécies ou linhagens de plantas. O enxerto é crucial para a produção de alguns dos nossos alimentos favoritos sem OGM. As uvas para vinho, por exemplo, estão sob constante ataque da filoxera, doença causada por pulgões, que foram introduzidos na Europa pelo homem, acidentalmente, trazidos das Américas durante o século XIX. Eles quase destruíram a indústria vinícola europeia quando tomaram rapidamente as videiras. A solução foi enxertar as videiras europeias em raízes de uvas americanas resistentes à filoxera. Foi assim que as videiras da Europa sobreviveram e o vinho continuou a ser delicioso. Hoje, quase todas as uvas para vinho do mundo crescem em porta-enxertos americanos, mas ninguém diria que esses vinhos devem ser rotulados como OGM.

Como o enxerto não afeta o DNA dentro de células individuais da planta, os organismos enxertados podem ser excluídos da classificação OGMs, restringindo a definição para focar explicitamente em organismos com DNA modificado. Assim, a União Europeia pôde definir OGMs como organismos com DNA "alterado não naturalmente por acasalamento ou recombinação natural". O curioso, no entanto, é que essa definição exclui as muitas variedades de frutas, vegetais e grãos produzidos ao longo do último século por melhoramento por mutação – uma estratégia para gerar novas variedades de plantas, expondo as mudas deliberadamente à radiação ou produtos químicos indutores de mutações.

O melhoramento por mutação causa várias mudanças aleatórias na sequência de DNA de todo o genoma e, ao fazê-lo, altera o fenótipo da planta. Arroz integral, o popular trigo Renan – resistente a doenças – e toranjas Ruby Red são todos produtos de melhoramento por mutação, mas, como indicado pelo rótulo verde brilhante na garrafa de suco de toranja Ruby Red que tenho na geladeira, não são considerados OGM. Por que não? A União Europeia argumenta que, embora muitas mutações ocorram ao mesmo tempo durante o melhoramento por mutação, com tempo suficiente e exposição a mutagênicos naturais (como luz UV), qualquer uma das mutações úteis provavelmente surgiria por conta própria. Como essas novas variedades poderiam ocorrer naturalmente, elas não são abrangidas pela definição de OGM adotada pela União Europeia.

Mas que fique claro: não estou defendendo que os produtos advindos de melhoramento por mutação devam ser considerados OGMs. Também não acho que esses produtos devam estar sujeitos a uma regulamentação distinta das variedades criadas tradicionalmente. As mutações não são inerentemente perigosas. Cada vez que uma célula se divide, uma nova cópia do genoma dessa célula é feita, e essa cópia contém alguns erros. Cada criança humana, por exemplo, tem cerca de 40 novas mutações em seu genoma que nenhum dos pais teve, a maioria das quais não tem impacto algum na criança. Em vez de argumentar a favor do aumento da regulamentação dos produtos de melhoramento por mutação, menciono esses produtos apenas para destacar que é uma hipocrisia ignorar as milhares de alterações genéticas imprevisíveis e aleatórias que surgem através do melhoramento por mutação, enquanto se exclui do mercado produtos que contêm poucas mutações, que são bem específicas e deliberadamente induzidas, com base no fato de que as consequências não intencionais dessas mutações poderiam se tornar perigosas.

Se a definição de OGM da União Europeia se baseia no processo de engenharia de um organismo, nos Estados Unidos optou-se por regular o produto final. Mas isso não significa que todos os organismos geneticamente modificados sejam tratados igualmente. Nos Estados Unidos, três agências regulam organismos geneticamente modificados, no que é conhecido como Coordinated Framework: o Departamento de Agricultura dos Estados Unidos (USDA) regula as plantas; a Federal Drug Administration (FDA) regulamenta animais e ração animal; e a Agência de Proteção Ambiental (EPA) regulamenta pesticidas e microrganismos. Cada agência adotou uma abordagem regulatória um pouco diferente. A FDA, por exemplo, regulamenta animais e alimentos geneticamente modificados como se fossem medicamentos, exigindo as mesmas avaliações de segurança e eficácia requeridas para um novo medicamento contra o câncer. Já o USDA optou por não regulamentar plantas geneticamente modificadas se o produto final for indistinguível de uma planta produzida tradicionalmente. Embora a decisão do USDA crie um ambiente menos restritivo para o desenvolvimento de plantas geneticamente modificadas nos Estados Unidos, a falta de uma estrutura global coordenada para regular esses produtos é insustentável a longo prazo. O que acontecerá quando uma planta desenvolvida nos Estados Unidos usando edição genética for introduzida em uma fazenda europeia? Será que, de repente, acaba se tornando um OGM? Mas como reconheceriam o produto final como OGM? Ainda mais importante: isso realmente importa?

HOLSTEIN SEM CHIFRES

Buri, pai de Princesa, nasceu em 2015 em uma fazenda em Minnesota. Ele foi um dos vários bezerros nascidos naquela primavera usando um processo chamado *transferência nuclear de células somáticas* ou, mais comumente, clonagem. A clonagem envolve a criação de um organismo inteiro não a partir da célula que se forma quando um espermatozoide fecunda um óvulo, mas de uma outra - a célula somática - retirada de algum outro tecido do corpo. Explicando de forma muito simples, a clonagem acontece mais ou menos assim: um óvulo não fertilizado é colhido e seu núcleo - onde está o DNA - é removido e substituído pelo núcleo da célula somática. Então, em uma etapa chamada reprogramação, as proteínas do óvulo enganam o genoma da célula somática, fazendo-o esquecer o tipo de célula que era (uma célula da pele ou célula mamária talvez), revertendo-a para o tipo de célula que se forma quando um espermatozoide fertiliza o óvulo - o tipo que pode se dividir e se diversificar em todos os diferentes tipos de células que compõem um organismo inteiro.

A clonagem tem sido comum na pecuária e, em 2015, o nascimento de bezerros clonados saudáveis foi bem-vindo, mas não uma notícia que fizesse o mundo parar. Buri, no entanto, não era apenas um clone. Ele era um clone geneticamente modificado.

O genoma de Buri foi editado por cientistas de uma empresa de biotecnologia chamada Recombinetics. Seu objetivo era excluir, em um embrião em estágio inicial, uma pequena sequência de letras de DNA no cromossomo 1 do gado e substituí-la por uma sequência diferente e ligeiramente mais longa de letras de DNA. Os genomas dos indivíduos geralmente têm versões um pouco diferentes do mesmo trecho de DNA, e essas versões são chamadas de alelos. Se a Recombinetics conseguisse trocar um alelo pelo outro, o animal resultante não desenvolveria chifres.

A falta de chifres, também conhecida como "mocho", tem sido observada em gado doméstico há milênios. A evidência mais antiga de gado mocho é da arte egípcia antiga que retrata crianças ordenhando vacas sem chifres - um sinal de que a falta de chifres também pode estar associada à docilidade. Dezenas de conjuntos arqueológicos europeus que datam dos últimos 4.000 anos incluem crânios de gado sem chifres, sugerindo que os agricultores de todas as culturas estavam escolhendo gado sem chifres em vez de seus parentes com chifres. Estima-se que o alelo com o qual a Recombinetics estava trabalhando evoluiu há pouco mais de 1.000 anos e é uma das várias mutações encontradas nas raças de gado de hoje.

É fácil imaginar por que pastores e fazendeiros ao longo da história preferiram o gado sem chifres. Animais sem chifres são mais fáceis de pastorear, mover e ordenhar. Além disso, os chifres são afiados e podem ferir tanto outro animal quanto qualquer pessoa que esteja no caminho. O gado sem chifres pode viver em densidades mais altas, e um criador de gado, cujo patrimônio líquido é determinado pelo número de cabeças de gado em sua terra, pode acomodar mais cabeças quando elas não têm chifres. O gado sem chifres é hoje tão valorizado que, muitas vezes, os fazendeiros optam (ou são obrigados pela legislação) por remover os chifres dos animais com cirurgia.

Nos Estados Unidos, cerca de 15 milhões de bezerros são descornados cirurgicamente a cada ano. A descorna é um processo desagradável, caro e doloroso - e que obviamente levanta grandes preocupações relacionadas ao bem-estar dos animais na fazenda. É precisamente esse processo que a Recombinetics pretendia eliminar, ou pelo menos reduzir, quando elaborou o genoma de Buri. Ao trocar o alelo sem chifres (mocho) de angus - uma raça de carne de elite que evoluiu sem chifres - no genoma de um holstein - a raça preto e branco que domina a indústria de laticínios - a Recombinetics pretendia criar um touro holstein sem chifres que, então, poderia ser cruzado com vacas holstein, aumentando a frequência de ausência de chifres nesta raça importante para a pecuária.

Mas, calma! A falta de chifre já existe em angus. Na verdade, muitas raças de gado têm alguma proporção de indivíduos naturalmente sem chifres, incluindo algumas vacas leiteiras. E qualquer um deles poderia ser cruzado com um holstein. Por que, então, não fazer isso da maneira normal? Porque seria um desastre ambiental e financeiro.

A reprodução tradicional ou a inseminação artificial podem ser usadas para passar o alelo mocho de angus para holstein. Se uma vaca holstein fosse inseminada com esperma de um touro angus mocho, o bezerro herdaria o alelo mocho de seu pai e, como apenas uma cópia é necessária para ter o efeito pretendido, não teria chifres. O problema, claro, é que o alelo pesquisado não é o único DNA que ela herdaria de seu pai. Ela teria, de fato, metade do seu genoma vindo dele, o que significa que uma cópia de cada gene seria uma versão otimizada para carne bovina, e isso seria terrível para o produtor de leite. Hoje, as vacas holstein de elite produzem 25% mais leite do que há dez anos, com menos comida, menos água e menos espaço. Como a maior parte da sua alimentação é destinada para a produção de leite, elas também produzem menos estrume e menos metano. Mas quando uma vaca holstein cruza com um touro Angus, toda essa otimização é perdida. O genoma do bezerro é uma mistura aleatória de alelos de holstein e de angus , e ela não seria nem uma vaca leiteira eficiente nem um animal de corte de elite. As características específicas de grande valor para o gado leiteiro poderiam ser restauradas, ao longo de várias gerações, pela reprodução seletiva de holstein sem chifres (porém, menos otimizadas), com holstein de elite. Mas isso levaria décadas, nas quais o produtor de leite amargaria um enorme prejuízo.

Em vez de misturar dois genomas aleatoriamente e ficar aguardando surgir o melhor, a edição de genes permite uma reprodução precisa, direcionada e seletiva. Sabemos exatamente qual mudança genética queremos fazer para induzir o fenótipo desejado - ausência de chifre -, e podemos fazer essa mudança com uma precisão exata. Com a edição genética, podemos mover o fenótipo natural sem chifres de angus para os holstein em uma única geração, melhorando o bem-estar animal sem interromper as características que tornam as vacas holstein fantásticas produtoras de leite. O holstein sem chifres geneticamente modificado não é transgênico - a característica evoluiu naturalmente no gado. E como o alelo sem chifres está em nosso gado há centenas de gerações, sabemos exatamente qual fenótipo esperar: um animal saudável, fértil e sem chifres, cuja carne e leite são tão seguros para consumir quanto há milhares de anos.

Tudo isso parece ótimo, certo? Qualquer um que ouça falar de holsteins sem chifres como uma introdução a essa família de novas biotecnologias pode até se perguntar sobre o motivo de tanto alarde. Mas não é aí que começa a história das tecnologias de engenharia genética - ou a oposição a elas. Para isso, precisamos voltar no tempo, quase 50 anos atrás.

"AGORA PODEMOS COMBINAR QUALQUER DNA"

Herbert Boyer deixou escapar o segredo em uma conferência científica em 1973. Boyer tinha sido convidado para falar sobre a descoberta de seu laboratório, o *Eco*RI, uma família de moléculas recém-identificadas, chamadas "enzimas de restrição", que permitiram que os cientistas estudassem o DNA em detalhes sem precedentes. O *Eco*RI era o ponto central da história contada por Boyer, mas foram os outros detalhes, que ele nem tinha a intenção de divulgar, que chamaram a atenção do público e deram início a uma cadeia de eventos da qual ainda estamos nos recuperando.

Boyer era um bioquímico da Universidade da Califórnia, em São Francisco, cujo laboratório foi um dos primeiros no isolamento e descrição das enzimas de restrição. Elas podem ser consideradas tesouras moleculares que evoluíram para encontrar e cortar sequências específicas de DNA. Como era comum na década de 1970, Boyer compartilhou amplamente o *Eco*RI após sua descoberta para que outros laboratórios pudessem testá-lo em suas próprias pesquisas. O que é relevante nessa história é que ele enviou *Eco*RI para Paul Berg, um bioquímico da vizinha Universidade de Stanford.

O laboratório de Berg estava desenvolvendo ferramentas para descobrir as funções dos genes. Uma maneira de fazer isso é adicionar um gene ao genoma de uma célula e medir se essa célula muda de alguma forma – talvez produzindo mais proteína ou crescendo a uma taxa diferente devido à adição desse gene. Berg era capaz de cultivar células (fazê-las crescer em colônias) em pratos de laboratório, mas precisava encontrar uma maneira de mover os genes que queria estudar para os genomas dessas células. É aqui que entra o *Eco*RI e sua capacidade de cortar o DNA. Berg levantou a hipótese de que o *Eco*RI cortaria o genoma para que outro DNA pudesse ser inserido. Então ele poderia usar outra molécula recém-descoberta – uma *ligase* – para soldar o DNA novamente.

Berg planejava juntar os genomas de dois vírus: o SV40, um vírus pequeno e bem estudado que infecta macacos, e o vírus lambda, que infecta bactérias. A escolha do lambda foi fundamental. Enquanto vírus como o SV40 fazem cópias de si mesmos sequestrando componentes da maquinaria de replicação do DNA do hospedeiro, o vírus lambda faz mais de si mesmo ao inserir seu genoma diretamente no DNA do hospedeiro. Se Berg fosse bem-sucedido em unir os dois vírus, o vírus lambda inseriria o genoma do vírus combinado no genoma da célula hospedeira. Se o experimento fosse bem-sucedido, ele teria desenvolvido um novo sistema para inserir DNA em genomas e, sobretudo, o sistema perfeito para estudar a função dos genes.

Em 1972, o laboratório de Berg abriu os genomas circulares do SV40 e do lambda e uniu os dois genomas do vírus. Isso criou o primeiro "DNA recombinante" do mundo – um genoma projetado para combinar (ou, no jargão da genética, recombinar) DNA de mais de um organismo. Eles pretendiam inserir seu DNA recombinante na bactéria *Escherichia coli*, que é naturalmente infectada pelo vírus lambda. No entanto, antes que o experimento fosse agendado para acontecer, Janet Mertz, uma estudante de pós-graduação e membro-chave da equipe de Berg, revelou o plano para cientistas do Cold Spring Harbor Lab, onde ela estava fazendo um curso. Suas reações foram duras. Afirmaram que a *E. coli* crescia rapidamente no intestino humano e que o SV40 era conhecido por causar câncer em pequenos mamíferos. E passaram a questionar se, ao realizar esse experimento, a equipe de Berg não estaria se colocando, e talvez o restante do mundo, em risco desnecessário. Mertz comunicou essas preocupações a Berg, que consultou outros pesquisadores e descobriu que muitos pensavam o mesmo. Então, decidiu interromper os experimentos. Era realmente um trabalho importante, mas a segurança vinha em primeiro lugar.

Enquanto Mertz, Berg e outros estavam unindo vírus, Stanley Cohen, um cientista de Stanford a quem Boyer também havia enviado o *Eco*RI, passou a explorar se o *Eco*RI poderia unir plasmídeos bacterianos – pequenas moléculas circulares de DNA que as bactérias trocam umas com as outras como uma maneira de trocar genes. Para a alegria de Cohen, o *Eco*RI podia realmente cortar alguns plasmídeos bacterianos. Aproveitando essa descoberta, Boyer e Cohen recombinaram o DNA de dois plasmídeos bacterianos e deram o próximo passo, injetando o plasmídeo recombinado em células de *Escherichia coli*. Eles selecionaram plasmídeos que tornavam a *Escherichia coli* resistente a antibióticos. Na verdade, cada plasmídeo continha genes de resistência a um antibiótico diferente. Isso significava que eles poderiam testar se o experimento havia obtido sucesso, ao tratar a (recombinada, assim esperamos) *E. coli* com ambos os antibióticos. Se as colônias sobrevivessem, saberiam que ambos os plasmídeos tinham entrado no genoma bacteriano.

Boyer e Cohen trataram suas bactérias com os antibióticos e as colônias sobreviveram. O experimento deles foi um sucesso. Embora não tenham usado o termo, atualmente muito difamado, eles criaram o primeiro organismo geneticamente modificado autorreplicante.

Foi esse experimento – a junção bem-sucedida de plasmídeos e a inserção desse plasmídeo recombinado na *E. coli* – que Boyer revelou acidentalmente na conferência de 1973. Do fundo da sala, dizem que alguém gritou: "Agora podemos combinar qualquer DNA". Mas a empolgação durou pouco, como no alerta de Mertz diante dos experimentos de emenda de vírus no Cold Spring Harbor Lab. Os cientistas presentes na conferência ficaram tensos. O DNA podia ser emendado, e isso era realmente muito bom. Mas logo nos primeiros experimentos, os cientistas já haviam desenvolvido alguns vírus potencialmente causadores de câncer e tornado as bactérias resistentes a antibióticos. Não havia dúvida de que estavam diante de uma tecnologia poderosa, mas quão poderosa? Claro que os cientistas queriam conhecer mais a respeito, mas também queriam manter todos seguros.

Ao final da conferência, os participantes escreveram e enviaram uma carta à Academia Nacional de Ciências e ao Instituto de Medicina, pedindo-lhes que estabelecessem um comitê para considerar os perigos da pesquisa de DNA recombinante. A carta destacou o potencial dos experimentos de DNA recombinante para avançar a ciência e melhorar a saúde humana, mas também levantou preocupações sobre os resultados ainda desconhecidos da recombinação de DNA em laboratório. Os cientistas queriam ter uma melhor compreensão de quais controles e protocolos de contenção deveriam ser usados para proteger as pessoas que trabalham no laboratório e também o público em geral. Queriam ser proativos em vez de reativos.

Os próximos passos foram dados imediatamente. Formou-se um comitê, declarou-se uma suspensão temporária do financiamento de pesquisas que criam organismos recombinantes e foi marcada uma reunião internacional para decidir o futuro da pesquisa de DNA recombinante. Embora essas medidas fossem destinadas a aplacar as preocupações do público, elas – infelizmente – tiveram o efeito oposto. Sentindo que os cientistas temiam o pior, começaram os protestos contra a tecnologia do DNA recombinante antes mesmo de a tecnologia poder ser avaliada. Jeremy Rifkin, que ficou conhecido por iniciar o movimento anti-OGM, arrecadou muito dinheiro assustando o público e fazendo muita gente acreditar que as pessoas seriam clonadas – sendo que a tecnologia de DNA recombinante não é clonagem! Muitos ficaram preocupados e passaram a pressionar os políticos para que algo fosse feito e as pesquisas fossem interrompidas. Uma linha clara foi traçada entre os que queriam que a pesquisa de DNA recombinante fosse bem-sucedida e aqueles que queriam proibi-la. E, então, foi organizada a Conferência Asilomar em Pacific Grove, na Califórnia, em fevereiro de 1975, que reuniu cientistas, especialistas em ética e também juristas para decidir o futuro da tecnologia de DNA recombinante. A maioria até deu apoio para que se prosseguissem as pesquisas de DNA recombinante, mas sempre com alguma hesitação. Eles se preocupavam com o que poderia acontecer se genes de plantas ou animais fossem inseridos em um genoma bacteriano. Os novos genes poderiam fazer com que as bactérias produzissem algo tóxico para plantas ou animais? Se um animal comesse bactérias recombinantes, os novos genes poderiam mergulhar no genoma desse animal, com potencial prejuízo ao novo hospedeiro? No final, decidiram que a pesquisa tinha um enorme potencial e deveria continuar. Mas insistiram em salvaguardas estritas e protocolos de contenção para potenciais riscos biológicos. Todos saíram da reunião com a sensação de que tinham aberto um caminho para que as pesquisas de DNA recombinante se tornassem seguras.

As conclusões da Conferência de Asilomar foram divulgadas na imprensa científica e também na popular. Os cientistas participantes ficaram satisfeitos com o consenso e acreditaram que o público também ficaria. Mas não. Como antes, os ativistas antibiotecnologia exploraram o resultado da reunião, que mitigava os riscos, para minar ainda mais a confiança pública. Espalharam-se rumores de que a tecnologia do DNA recombinante, em breve, geraria superbactérias ou seria usada para criar super-humanos. A divisão entre entusiastas e detratores se aprofundou.

Depois de Asilomar, as pesquisas com DNA recombinante recomeçaram sob intenso escrutínio. Em Cambridge, Massachusetts, os políticos locais insistiram que os pesquisadores usassem mecanismos de contenção projetados para doenças infecciosas transmitidas pelo ar, apesar de a *E. coli* não se espalhar pelo ar - e, mesmo que tivesse escapado do laboratório, a cepa usada nas pesquisas não conseguiria viver no intestino humano. Os cientistas só tiveram uma escolha: seguir as restrições, embora isso reforçasse a percepção pública de que se tratava de pesquisas de alto risco. Mas apesar desses desafios, o poder prático da tecnologia do DNA recombinante era indiscutível. As bactérias poderiam ser induzidas a desenvolver algo novo, a expressar genes que os humanos projetaram para que expressassem. Os cientistas também poderiam usar a tecnologia do DNA recombinante para compreender as funções dos genes, acelerando a decodificação do genoma. E ao transformar bactérias em fábricas de proteínas vivas, já não precisaríamos ser tão dependentes dos animais para produtos biológicos.

Três anos após a reunião de Asilomar, uma *startup* de biotecnologia chamada Genentech, fundada por Boyer, descobriu como criar bactérias para expressar a insulina humana, a proteína que regula a quantidade de glicose no sangue. Pessoas com diabetes tipo 1 não podem produzir insulina por conta própria e devem injetá-la para se manterem vivas. Antes que a insulina recombinante se tornasse disponível, a insulina tinha de ser coletada no pâncreas de suínos e bovinos. Para isso, mais de 50 milhões de animais eram abatidos todos os anos. Eli Lilly, a empresa farmacêutica que tinha a maior parcela de vendas de insulina no mercado, percebeu imediatamente o valor da insulina recombinante e comprou a tecnologia da Genentech, implementando e superando rapidamente a produção de insulina animal. Os ensaios clínicos de insulina recombinante começaram em 1980 e se tornaram um sucesso surpreendente. A insulina funcionou como se esperava, e alguns diabéticos que reagiam mal à insulina animal melhoraram quando mudaram para a versão humana produzida por organismos recombinantes. Enfim, a era da Biologia Sintética havia começado.

PLANTAS RECOMBINANTES

Embora a indústria médica tenha sido a primeira a adotar a tecnologia de DNA recombinante por causa do seu potencial de comercialização, a agroindústria não ficou para trás. Antes, porém, foi preciso que os cientistas descobrissem uma maneira de recombinar o DNA em plantas. Por sorte, uma família de bactérias evoluiu para fazer exatamente isso.

Agrobactérias são bactérias que habitam o solo e infectam as plantas através de feridas nas suas raízes, caules e folhas. Uma vez que elas entram em uma célula vegetal, inserem um pouco de seu próprio DNA - um plasmídeo - no genoma da planta, assim como os vírus lambda e os plasmídeos bacterianos se inserem nos genomas bacterianos. Então, a planta infectada expressa os genes no plasmídeo *Agrobacterium* recém-inserido, como se esses genes fossem da própria planta. Mas não são. Eles são genes invasores. Os genes da *Agrobacterium* fazem com que a planta produza uma galha semelhante a um tumor, na qual as bactérias viverão e se multiplicarão. Eles também fazem com que a planta produza hormônios que interrompem a capacidade da planta de combater a doença, e moléculas chamadas "opines", que as bactérias usam para produzir mais bactérias. Esse é um belo truque, desde que você não esteja torcendo pela planta. É exatamente o truque de manipular para criar plantas recombinantes.

Os cientistas agora sabem quais partes do DNA do plasmídeo *Agrobacterium* são necessárias para que ele se integre ao genoma da planta. Eles também sabem quais bits causam doenças e, graças à tecnologia do DNA recombinante, podem cortar esses bits (porque não querem deixar a planta doente) e inserir outro DNA em seu lugar. Então podem usar o mecanismo naturalmente evoluído da *Agrobacterium*, de infectar plantas feridas, para inserir o plasmídeo modificado no genoma da planta.

Em 1983, em uma única sessão de uma conferência de bioquímica conhecida como Miami Winter Symposium, três grupos de pesquisa distintos, e que competiam entre si há anos, anunciaram em apresentações consecutivas que haviam conseguido desenvolver genomas de plantas usando *Agrobacterium*. Todos os três haviam removido os bits causadores da doença de um plasmídeo de *Agrobacterium* e inserido um gene que tornaria as plantas resistentes a antibióticos. O gene de resistência a antibióticos atuou como um "marcador" e permitiu que eles descobrissem se havia células de plantas infectadas e alteradas e quais eram elas. No ano seguinte, cada um desses laboratórios publicou artigos descrevendo suas abordagens para a engenharia de células de plantas.

Os anos que se seguiram ao Simpósio de Inverno de Miami, em 1983, foram marcados por grandes investimentos no desenvolvimento de tecnologias de DNA recombinante para a agricultura. Laboratórios acadêmicos e privados trabalharam para descobrir quais genes de plantas são causas de quais características (que gene faz com que as batatas fiquem marrons, por exemplo?), para desenvolver ajustes genéticos visando alterar as funções dos genes (como podemos desligar o gene que faz com que as batatas fiquem marrons?), e para melhorar a eficiência da transferência de DNA mediada pela *Agrobacterium* (como podemos obter nosso gene ajustado no genoma da batata?). A chamada arma genética (*gene gun*), desenvolvida em 1987, foi fundamental para acelerar essas inovações. Antes da arma genética, os cientistas contavam com a infectividade natural e aleatória do *Agrobacterium* para obter o plasmídeo modificado nas células das plantas, mas poucas células de plantas estavam sendo infectadas. Porém, com a arma genética disparam-se partículas revestidas com DNA plasmidial diretamente nos tecidos das plantas, melhorando a taxa de integração plasmidial. Na realidade, ao usar a arma genética, o DNA modificado geralmente se integra diversas vezes ao genoma de cada planta.

Em pouco tempo, as lavouras projetadas usando o sistema *Agrobacterium* estavam sendo cultivadas em fazendas e não em estufas. A primeira delas foi projetada para características que beneficiavam os agricultores. Em 1986, por exemplo, plantas de tabaco projetadas para serem resistentes a herbicidas foram testadas simultaneamente em fazendas na França e nos Estados Unidos. Os agricultores que cultivavam essas plantas modificadas foram capazes de trocar herbicidas menos eficazes e ambientalmente persistentes por herbicidas mais potentes e mais biodegradáveis. Um ano depois, foram plantadas as primeiras lavouras *Bt*, com plantas projetadas para expressar um gene da bactéria *Bacillus thuringiensis. O Bt* produz uma proteína tóxica para os insetos, permitindo que os agricultores reduzam o uso de inseticidas. Logo depois, a China se tornou o primeiro país a comercializar uma cultura geneticamente modificada, com a aprovação para venda de tabaco modificado para ser imune ao vírus do mosaico do tabaco, que faz com que as folhas das plantas infectadas fiquem enrugadas e descoloridas, atrofiando o crescimento da planta e reduzindo o lucro.

Como os primeiros experimentos de engenharia de plantas visavam a melhorias na produção agrícola e não a qualidade, o público - eventuais consumidores desses produtos - foi deixado de fora das discussões sobre a ciência. As pessoas comuns não sabiam para que a engenharia genética era útil, nem o que poderiam ganhar pessoalmente com o desenvolvimento dessas tecnologias. E não houve uma boa comunicação para explicar, por exemplo, que anos de pesquisa confirmaram que o *Bt* era tóxico apenas para alguns insetos e não para humanos ou outros mamíferos. Poucas pessoas conheciam as regulações em vigor para limitar o impacto ecológico do plantio de sementes geneticamente modificadas. Mas, enquanto isso, intensificavam-se as campanhas de desinformação contra as tecnologias.

Espalhavam-se notícias e fatos falsos sobre as novas formas de lavoura, sem que houvesse um esforço correspondente para desmenti-los e corrigi-los.

Era extremamente necessário um produto geneticamente modificado que visasse o consumidor e não o produtor: uma justificativa de alto nível para envolver o público nos assuntos da ciência e da segurança das plantas geneticamente modificadas. O mercado precisava de uma história que pudesse superar a dos ativistas anti-OGM. E essa história seria sobre um tomate: um tomate muito delicioso, redondinho e firme, que podia ser encontrado nas prateleiras das mercearias, mesmo no inverno mais rigoroso.

UM TOMATE MAIS SABOROSO

Eu amo tomates. Particularmente os pequenos e doces. Também os grandes e os de formatos estranhos e, embora incomuns, também os verdes. Mas de vez em quando eu cortava um tomate que não era lá essas coisas. O decepcionante tomate parecia delicioso: vermelho vivo, com a pele firme e perfeita, e bem rechonchudo. Mas quando mordia, a fruta era mole e farinhenta, ou muito aguada, ou simplesmente sem gosto. Ainda bem que a decepção com o tomate é rara hoje em dia. No entanto, nas décadas de 1980 e 1990, quase todos os tomates nas prateleiras dos supermercados eram decepcionantes, principalmente na entressafra. Porém, todo mundo queria comprar tomates durante todo o ano sem se decepcionar, e é por isso que o tomate se tornou naturalmente o candidato ideal para melhorias geneticamente modificadas.

O problema a ser resolvido era a curta vida útil do tomate. A delícia de um tomate maduro recém-colhido dura apenas alguns dias antes de ele começar a ficar mole e depois apodrecer. Normalmente, a solução costuma ser cultivar grandes quantidades de tomates em partes mais quentes do mundo e colhê-los ainda verdes e duros como uma rocha, para que possam ser empilhados e transportados por longas distâncias. Então, pouco antes da transferência do armazenamento para a venda, expõem-se os frutos ao gás etileno, que imita os sinais naturais de amadurecimento e faz com que os frutos fiquem apetitosamente vermelhos e comecem a amolecer. Entretanto, as aparências enganam. O amadurecimento com gás, em vez de no pé, resulta em tomates com um sabor decepcionante.

Mas em agosto de 1988, a Calgene, pequena empresa de biotecnologia de Davis, Califórnia, anunciou que havia resolvido o problema do tomate sem sabor usando o poder da Engenharia Genética. Cientistas de Calgene e de outros lugares viram em suas estufas que uma proteína chamada poligalacturonase, ou PG, aumentava sua concentração à medida que os tomates amadureciam. Eles também observaram que os tomates mutantes que amadureceram sem amolecimento, tinham pouco PG em seus frutos. Essas observações levaram à hipótese de que era o PG que causava o amolecimento. Então, a Calgene decidiu inventar uma maneira de interromper a expressão do PG durante o amadurecimento. O objetivo era criar um tomate que ficasse vermelho, mas não apodrecesse.

Os cientistas da Calgene controlaram a expressão do PG inserindo uma cópia extra do gene PG no genoma do tomate. O genoma dessa cópia extra estava invertido em comparação com a cópia original. Chamada de "antissentido", essa cópia extra de trás para frente do gene PG bloqueou a cópia original impedindo-a de fazer PG. Os tomates resultantes não acumularam PG durante o amadurecimento e, mais importante, permaneceram firmes por mais semanas do que os tomates tradicionais após serem colhidos. Com esses resultados, a Calgene imaginou que seus tomates poderiam amadurecer no pé e serem transportados por longas distâncias. Adeus, tomates verdes gaseados!

Mesmo depois que a Calgene contou ao mundo sobre seu tomate de longa duração, que mais tarde chamaria de Flavr Savr, o caminho para colocar esse tomate em molhos e saladas foi longo. A Calgene era uma empresa pequena e ainda não havia precedentes a seguir para colocar um alimento geneticamente modificado no mercado. Existiam grupos rivais com os quais competir, e pelo menos um deles também tinha desenvolvido a tecnologia

PG antissentido. Além disso, tinham os membros do conselho para satisfazer com projeções financeiras positivas e advogados para convencer com anotações de laboratório cuidadosamente selecionadas. Eles também precisavam aprender algumas habilidades relacionadas ao cultivo e transporte de tomates, e, talvez o mais difícil, era preciso pavimentar o caminho para a comercialização do primeiro alimento geneticamente modificado do mundo, destinado explicitamente ao consumo humano.

É claro que a Calgene estava ciente do movimento anti-OGM e da desconfiança generalizada que ele semeou no público em relação à Engenharia Genética. Mesmo assim ela acreditava que seu tomate, por ser tão diferente dos outros OGM e ainda trazer vantagens tão surpreendentes, seria apreciado pelos consumidores. Afinal, o novo tomate não tinha sido projetado para expressar toxinas ou vírus bacterianos nem para ser resistente a herbicidas, mas para acabar com a experiência decepcionante com tomates verdes gaseados, que era, de fato, um problema com o qual as pessoas podiam se identificar. Talvez o tomate de Calgene fosse realmente o produto certo para romper a barreira anti-OGM.

A Calgene acreditava que o caminho para a aceitação pública do tomate Flavr Savr era a regulamentação, ou mais especificamente a desregulamentação. Pretendiam que as agências encarregadas de proteger o público declarassem que o produto não era apenas seguro, mas tão semelhante às variedades tradicionais que tornava a regulamentação desnecessária. Dada a agressividade do movimento anti-OGM, a empresa também sabia que as pessoas desconfiariam de seu produto e de suas intenções. Mas a Calgene decidiu enfrentar isso, tornando todas as suas interações com as agências – suas petições, seus dados e descrições de seus experimentos – abertas e acessíveis ao público. A Calgene quis fazer tudo com muita prudência porque sabia que não era apenas um tomate que estava em jogo, mas o futuro de toda uma indústria.

A Calgene começou sua longa caminhada pela desregulamentação, trabalhando para provar a segurança do que achava ser o aspecto mais controverso do tomate: genes de resistência a antibióticos. Assim como a maioria dos engenheiros genéticos da época, a Calgene incluiu genes marcadores de resistência a antibióticos em seu plasmídeo *Agrobacterium*, para ter uma prova rápida do sucesso de seu experimento, que, no caso, significava que o gene PG antissentido também estava inserido no genoma do tomate. Mas isso significava que os dois genes, o PG antissentido e o gene de resistência a antibióticos, seriam expressos em todas as células de tomate. Para convencer a FDA de que consumir tomates com genes de resistência a antibióticos em seu DNA não representava um risco maior em comparação com o consumo de tomates tradicionais, seria preciso imaginar todas as maneiras que comer alimentos com genes de resistência a antibióticos poderia prejudicar alguém e, em seguida, testar precisamente casa uma delas.

E quais os riscos associados à ingestão de genes de resistência a antibióticos? Uma primeira hipótese é que se uma pessoa ou animal ingerir genes de resistência a antibióticos, pode se tornar resistente a antibióticos. O caminho para esse resultado assustador não é através da integração em nosso próprio DNA (todos os alimentos que comemos contêm DNA, mas não nos preocupamos em nos tornar parte do gado ao comer um hambúrguer), mas se o DNA de algo que comemos consegue sobreviver à digestão e se integrar aos genomas das bactérias em nossos intestinos. Seria possível? Ou o DNA seria degradado, como parte do processo de digestão? Era o que a Calgene tinha que descobrir.

Para medir a rapidez com que o DNA que comemos se degrada, Belinda Martineau, membro da equipe científica de Calgene, o expôs a fluidos digestivos simulados. Depois de dez minutos em suco estomacal simulado, e mais dez em suco intestinal também simulado – um tempo de trânsito muito menor do que nossa comida normalmente leva ao passar pelo nosso sistema digestivo – ela mediu o DNA que restava. Alguns fragmentos de DNA ainda continham gene de resistência a antibióticos, mas como um gene precisa estar intacto para sua função, o resultado do experimento significa que a chance de um gene de resistência a antibióticos sobreviver à digestão e ser incorporado ao genoma de um micróbio que vive no intestino era muito, muito baixa. Mas quanto? Para chegar a um número, Martineau mediu as distribuições dos comprimentos dos fragmentos sobreviventes de DNA e deduziu, de forma bastante conservadora, que para cada 1.000 pessoas que comem um tomate Flavr Savr, um gene de resistência a antibióticos chegaria intacto ao intestino, o que tornaria possível para um micróbio incorporar esse gene em seus próprios genomas. Como todos nós temos bilhões de micróbios intestinais, muitos dos quais já são resistentes a antibióticos, Martineau estava convencida (e a FDA acabaria concordando) de que seu experimento provava que comer tomates Flavr Savr não aumentaria de forma significativa a resistência a antibióticos entre os micróbios do nosso intestino.

Depois de superar o obstáculo da resistência aos antibióticos, Calgene voltou-se para o próprio tomate Flavr Savr, que teria de ser aprovado tanto pela FDA (para declará-lo seguro para consumo) quanto pelo USDA (para declarar que não era uma praga para as plantas). Os cientistas da Calgene começaram descrevendo, de todas as formas, as diferenças intencionais do Flavr Savr para os outros tomates. Os Flavr Savr tinham, por exemplo, uma cópia antissentido adicional do gene PG e menor expressão de PG em comparação com tomates não modificados, diferenças fáceis de medir. Também diferiram de outros tomates em características como maior firmeza da fruta, vida útil mais longa e suscetibilidade reduzida a doenças pós-colheita, todas as consequências da supressão de PG e todas facilmente mensuráveis. Porém, o mais complicado foi ter de identificar, medir e relatar as consequências não intencionais da adição do gene PG antissentido ao genoma do tomate. Elas podem incluir conteúdo nutricional reduzido ou aumento da concentração de glicoalcaloides (o composto tóxico que se acumula na casca da batata verde). Os efeitos não intencionais podem se manifestar por causa de interações imprevistas entre o gene PG antissentido e outros genes, ou se a inserção do plasmídeo *Agrobacterium* (ou plasmídeos, porque com o uso da arma genética muitas cópias podem ter ido para o mesmo genoma) interrompeu a função de outro gene.

Como a chance de qualquer efeito não intencional é menor quando há menos alterações feitas no genoma, a Calgene buscava se concentrar na comercialização de plantas que tivessem apenas uma cópia do gene PG antissentido. Essa tarefa seria muito simples com as tecnologias atuais de sequenciamento do genoma, mas ainda não estavam disponíveis na época. Então, Martineau desenvolveu um ensaio molecular que lhe permitiu contar o número de inserções em cada linhagem de tomate Flavr Savr. Seus resultados revelaram que das 960 plantas originais que o gene PG antissentido havia se integrado com sucesso (menos de 5% das sementes tinham alguma inserção), apenas oito tinham uma só cópia do gene PG antissentido. Essas plantas se tornaram as linhagens de tomate em que a Calgene apostou seu futuro.

Cultivaram, literalmente, toneladas de tomates a partir dessas oito linhagens. Os cientistas da Calgene enviaram tomates para laboratórios independentes, que mediram seu conteúdo nutricional e as concentrações de glicoalcaloides. Um laboratório alimentou ratos com quantidades excessivas de purê de tomate Flavr Savr para ver se tudo estava bem. Também foram realizados testes de sabor – embora os testadores não pudessem engolir o tomate ou provar os lóculos (as cavidades onde ficam as sementes, açúcares, ácidos e a maioria dos sabores) por medo de que sementes não digeridas pudessem chegar ao meio ambiente; testes de firmeza, colocando pesos em cima dos tomates para medir o quanto as frutas comprimiam e cutucando-os com palitos afiados para ver quanta pressão era necessária para romper a pele. Ainda mediram a taxa e o tempo de amadurecimento no pé e as taxas de podridão pós-colheita. Os resultados foram claros: os tomates Flavr Savr não eram diferentes dos tomates cultivados na forma tradicional, exceto por apodrecerem de forma mais lenta após a colheita. Depois de tudo isso, a Calgene apresentou sua petição à FDA, que passou quatro anos considerando a segurança dos tomates Flavr Savr e dos genes de resistência a antibióticos. No decorrer deste tempo, a Calgene ainda atendeu a várias solicitações da FDA e do USDA para obter mais informações e experimentos adicionais. A cada dia que passava, a Calgene gastava dinheiro sem recuperar o investimento, cultivando, mas não vendendo os tomates.

Mas uma pergunta-chave ainda não tinha sido respondida: os tomates Flavr Savr maduros permaneceriam suficientemente firmes para serem empilhados e transportados? Os testes de firmeza de Calgene eram promissores, mas o momento decisivo seria realmente o teste de embarque. Para realizá-lo, a Calgene aumentou a produção de tomate Flavr Savr em fazendas no México. Quando maduros, os tomates foram colhidos e empilhados em caixas grandes. As caixas foram carregadas em caminhões e enviadas para uma jornada de 3.000 quilômetros até a sede da Calgene, perto de Chicago. Alguns dias depois, os caminhões pararam no estacionamento de Chicago com molho de tomate escorrendo pelas carrocerias. Os tomates Flavr Savr tinham a firmeza padrão de tomates maduros, que a maioria de nós embala com cuidado para que não se transformem em polpa de tomate. Eles não tinham a mesma solidez dos tomates verdes.

As coisas não melhoraram para Calgene depois do fiasco do transporte. No entanto, como ainda havia valor em tomates que demoravam para apodrecer, a Calgene continuou a pressionar pela desregulamentação. Conseguiram algumas vitórias, mas nem tudo saía como a Calgene queria. Sem poder colocar o produto no mercado, os agricultores começaram a desistir de seus contratos com a Calgene para produzir tomates para empresas que pudessem realmente vender seus frutos. E cada vez que a Calgene achava que estava perto da desregulamentação, as agências pediam mais dados, o que exigia mais frutas, mais experimentos e ainda mais tempo sem poder vender os tomates.

Em 18 de maio de 1994, a FDA divulgou sua aprovação oficial dos tomates Flavr Savr e dos genes de resistência a antibióticos, que ela decidiu regular como aditivo alimentar. A notícia foi comemorada em todo o país. A mídia (em sua maioria) elogiou o tomate maduro por semanas, e apenas um jornal relatou (incorretamente) que continha DNA de peixe. Os tomates Flavr Savr foram avaliados positivamente pelo Environmental Defense Fund, uma organização que de modo geral se opõe à Biotecnologia, mas entendeu que a postura da Calgene em se submeter voluntariamente à avaliação de seu tomate, gerou uma confiança na segurança do produto. Porém, a organização de Jeremy Rifkin continuou a se opor, sobretudo à inclusão do gene de resistência a antibióticos. Mas mesmo seus piquetes organizados, suas demonstrações e até mesmo suas acrobacias de esmagamento de tomates não conseguiram esmagar o entusiasmo do público pelo primeiro alimento geneticamente modificado do mundo. A demanda por tomates Flavr Savr acabou ultrapassando a oferta a ponto de as mercearias estabeleceram limites de tomates diários que cada cliente poderia comprar.

A resposta positiva ao tomate Flavr Savr foi o resultado de duas decisões acertadas que a Calgene tomou logo no início do processo. Primeiro, ofereceu os tomates para a avaliação da FDA e do USDA, ainda que não fosse necessária aprovação para ser levado ao mercado e mesmo sabendo que a análise regulatória custaria tempo e dinheiro à empresa. Mas essa decisão deu chance ao público de avaliar os riscos associados ao tomate modificado. Em segundo lugar, a Calgene não tentou esconder o fato de que o tomate é geneticamente modificado. Onde quer que os tomates Flavr Savr fossem vendidos, o cliente via placas declarando orgulhosamente que era, de fato, um alimento geneticamente modificado, junto com uma breve descrição do processo e um número para ligação gratuita por meio do qual o consumidor poderia obter mais informações. Não havia motivos para o cliente achar que tinha sido enganado. Os clientes, e não apenas o agricultor, dispunham de todos os meios e informações disponíveis para fazer uma escolha consciente sobre o tomate Flavr Savr.

Mesmo depois de aprovados como alimentos seguros e com as vendas intensas, a Calgene não conseguiu lucrar com os tomates Flavr Savr. Era um produto premium com o preço mais caro do mercado, em torno de 4 dólares o quilo – enquanto a Calgene, por conta das ineficiências no cultivo e no transporte, estava gastando aproximadamente 20 dólares por quilo para colocá-los nas prateleiras dos supermercados. Apesar de tudo, os tomates estavam melhorando. As novas linhagens eram mais saborosas e mais fáceis de transportar. Mas uma combinação de más estações de cultivo e má administração das plantações deixou a empresa em dificuldade para abastecer as lojas com os tomates. Em junho de 1995, apenas um ano depois de ter começado a comercializar os tomates Flavr Savr, a Calgene vendeu metade de sua empresa para a Monsanto, que não estava interessada especificamente no tomate Flavr Savr, mas nas patentes de engenharia do genoma de plantas da Calgene. A empresa tentou ainda se manter de pé com o investimento da Monsanto, mas não foi o bastante e também já era tarde demais. Em janeiro de 1997, a Monsanto comprou o restante das ações da Calgene, que deixou de existir.

O tomate Flavr Savr não deu errado porque foi geneticamente modificado, mas por causa de uma série de más decisões de negócios, pois a Calgene conhecia muito pouco sobre o mercado de vegetais frescos, e também porque era uma empresa muito pequena (em comparação com as gigantes do negócio de engenharia genética de plantas) para gastar grandes quantias de dinheiro preparando o caminho para o futuro dos alimentos biotecnológicos. Mas, em grande parte, foi graças aos experimentos cuidadosamente planejados, executados e documentados pela Calgene que as tecnologias do gene antissistema e do gene de resistência aos antibióticos usado como marcador foram consideradas seguras tanto nos Estados Unidos quanto pelo Ministério da Agricultura, Pesca e Alimentação do Reino Unido. Apesar de tudo, ao lançar as bases para uma nova indústria, a Calgene foi inegavelmente bem-sucedida.

EDIÇÃO GENÉTICA DE PRECISÃO

Como fica claro no exemplo do Flavr Savr, o problema principal da engenharia de genoma mediada pela *Agrobacterium* é não ser possível usar essa abordagem para inserir DNA em um local predeterminado no genoma. Em vez disso, o plasmídeo pode acabar em qualquer lugar: muito longe de um gene com o qual precisa interagir para ser eficaz, ou dentro de um gene e interferindo em algo importante. Atualmente, esse problema já foi resolvido, graças às tecnologias mais recentes que agora permitem a edição precisa e direcionada do genoma. Essas tecnologias são conhecidas como nucleases programáveis, que podem ser sintetizadas em laboratório e ser direcionadas para um local designado no genoma, onde podem se ligar e abrir a fita de DNA.

As nucleases programáveis funcionam de forma semelhante às enzimas de restrição, como a *Eco*RI, que reconhece uma sequência curta de DNA e, então, cortam esse DNA para abri-lo. Assim é possível, para os cientistas, unir dois organismos, inserir um novo DNA no genoma ou fazer algum outro tipo de edição no DNA. O problema com as enzimas de restrição é que a sequência de DNA que elas reconhecem é curta, geralmente com apenas algumas letras. Uma enzima de restrição entregue em uma célula cortará o genoma em milhares de pedaços, em todos os lugares em que puder reconhecer uma sequência de DNA. Isso não é bom. O cortador de DNA ideal para uma edição precisa do genoma, deve poder cortar em apenas um local específico. Felizmente, essa especificidade aumenta junto com o comprimento da sequência que o cortador de DNA está programado para reconhecer. Se o local de reconhecimento tiver cerca de 20 letras de DNA ou mais, isso geralmente é suficiente para corresponder a apenas um único local no genoma.

A primeira ferramenta de corte de DNA capaz de atingir essa especificidade de sequência foi desenvolvida em 1996. As nucleases dedo de zinco, ou ZFNs pelo nome em inglês, são compostas de proteínas dedo de zinco, cada uma reconhecendo uma sequência de três letras de DNA e uma enzima de restrição (um cortador de DNA) chamado Fok1, que não tem especificidade de sequência (irá cortar qualquer coisa). As proteínas dedo de zinco foram descobertas em sapos, mas são encontradas na maioria dos genomas eucarióticos, incluindo o nosso, onde seu trabalho é se ligar ao DNA de uma maneira que altere a expressão de um gene próximo. Quando os cientistas passaram a compreender os mecanismos de reconhecimento e ligação das proteínas dedo de zinco, começaram a fazer novos dedos de zinco em laboratório, ajustando-os para se ligarem à trinca (triplets) de DNA específicos. Em seguida, desenvolveram um alfabeto sintético das proteínas dedo de zinco que podiam ser unidas para reconhecer longas sequências de DNA. Emparelhadas com a enzima de restrição Fok1, as ZFNs poderiam encontrar, ligar e cortar o DNA, exatamente como projetado.

As ZFNs customizáveis se tornaram o "estado da arte" das ferramentas de edição de genoma dos últimos 15 anos, mas não são perfeitas. São caras e extremamente complicadas de se projetar, exigindo equipamentos especializados que a maioria dos laboratórios não possui. Sua especificidade é boa, mas não excelente. A maioria das ZFNs é programada para reconhecer sequências de 18 letras de DNA – 9 letras de cada lado onde o corte deve ser feito –, que pode ser suficiente para combinar apenas um ou alguns lugares no genoma, mas também deixa pouco espaço de manobra na sequência exata que cada dedo de zinco reconhecerá. Isso significa que é difícil prever se ocorrerão cortes secundários, e quantos podem ser. Além disso, como nem toda trinca de DNA tem uma proteína dedo de zinco, alguns lugares no genoma ficam de fora dos limites dessa abordagem. Mesmo assim, as ZFNs trouxeram um avanço enorme para a engenharia genética, além de terem preparado o terreno para a próxima geração de ferramentas.

Em 2010, as nucleases com efetores do tipo ativador transcricional (TALENs, na sigla em inglês) foram adicionadas à lista de cortadores de DNA programáveis. Como as ZFNs, as TALENs compreendem matrizes de moléculas que reconhecem letras de DNA específicas e Fok1 para cortar o DNA. Também como as ZFNs, seu papel nos organismos em que foram descobertos (bactérias *Xanthomonas*) é ligar-se ao DNA e regular a expressão de genes próximos. Mas ao contrário das ZFNs, os subcomponentes de uma TALEN reconhecem uma única letra de DNA em vez de uma trinca, o que torna as TALENS muito mais simples de se projetar. Porém, as TALENs são moléculas enormes e, portanto, têm dificuldade de penetrar no núcleo da célula. Enquanto os cientistas trabalhavam para encontrar uma solução para esse problema, uma terceira nuclease programável entrou em campo para mudar todo o jogo.

Em 2012, equipes lideradas por Jennifer Doudna, da Universidade da Califórnia, Berkeley, e Emmanuelle Charpentier, agora diretora do Instituto Max Planck, em Berlim, colocaram as últimas peças em um sistema de edição de genes que, muitos diriam, democratizou a engenharia do genoma. A história começou há mais de duas décadas, quando Yoshizumi Ishino e colegas da Universidade de Osaka, Japão, observaram conjuntos incomuns de sequências repetidas em genomas bacterianos. Essas sequências repetidas, agora conhecidas como repetições palindrômicas curtas agrupadas e regularmente espaçadas, ou CRISPR, na sigla em inglês, fazem parte de um sistema que evoluiu em bactérias para ajudá-las a evitar o ataque viral. Doudna e Charpentier descobriram como aproveitar esse sistema para editar genomas e, em 2020, ganharam o Prêmio Nobel de química por essa descoberta.

No sistema CRISPR, as repetições palindrômicas separam pequenos fragmentos de DNA que correspondem aos vírus que infectaram as bactérias no passado. Juntamente com outras moléculas codificadas pelo genoma bacteriano (proteínas associadas ao CRISPR, ou Cas – sigla em inglês para CRISPR-associated), esses fragmentos curtos de DNA formam um sistema imunológico bacteriano adaptável. Imagine um exército em que cada soldado, a postos, carrega uma bandeira que descreve o alvo exato que deve atingir. As proteínas Cas são os soldados e as bandeiras são as sequências entre as repetições – as sequências que correspondem aos vírus infecciosos. Se um novo vírus com uma sequência próxima de qualquer bandeira invadir a bactéria, a sequência (bandeira) se ligará a esse vírus invasor e a proteína Cas (soldado) o cortará, inativando-o.

Trabalhando com uma proteína Cas chamada Cas9, que evoluiu na bactéria *Streptococcus*, Doudna e Charpentier descreveram como *qualquer* sequência poderia ser usada como um sinalizador para guiar a proteína Cas até um alvo genômico de interesse. Se, por exemplo, eu quisesse quebrar o gene PG no genoma do tomate, poderia projetar uma sequência de sinalização a partir do que sei que é a sequência do gene PG. Depois que eu entregar a minha sequência e as proteínas Cas em uma célula, a Cas9 se encarregaria de levar a minha sequência para o gene PG. Então, a sequência de sinalização se ligaria à sequência do gene PG correspondente, e a Cas9 cortaria o DNA, assim como a Fok1 corta o DNA em ZFNs e em TALENs. No entanto, ao contrário das ZFNs e das TALENs, as sequências de sinalização CRISPR são baratas de fazer e fáceis de projetar, pois são feitas de letras de RNA em vez de complexos de proteínas projetadas. Elas também são menores e mais simples de penetrar na célula. E também mais flexíveis. Desde sua descrição original, foram descobertas outras proteínas Cas que fazem coisas diferentes, como cortar apenas uma fita de DNA ou apenas se ligar ao DNA e ficar lá sem cortar, suprimindo a expressão do gene. Enfim, com as ferramentas de edição de genes baseadas em CRISPR, todos podem ser engenheiros de genoma.

As tecnologias de corte de DNA programáveis mudaram o cenário da engenharia genética. Hoje, não apenas o DNA pode ser inserido em um local específico no genoma, como também as letras individuais de DNA podem ser trocadas e genes individuais direcionados, quebrados e desligados. A edição genética de precisão reduziu os efeitos não intencionais da engenharia genética, minimizando a chance de que os cortes ocorram em mais de um lugar em um genoma. Notavelmente, a única coisa que essas nucleases programáveis fazem é encontrar e, às vezes, cortar o DNA. Depois que o DNA é aberto, os engenheiros genéticos podem recorrer a diferentes tecnologias para garantir que as edições que desejam fazer realmente aconteçam. Mas nem sempre sai exatamente como planejado.

ACIDENTALMENTE TRANSGÊNICO

Quando a empresa de biotecnologia Recombinetics decidiu projetar um holstein sem chifres, sua intenção era fazer uma única mudança no genoma – substituir uma versão de um gene por uma versão diferente. A intenção não era criar algo novo. O alelo mocho, que causa o fenótipo sem chifres, evoluiu no gado séculos – talvez milênios – atrás. A empresa sabia que o alelo pesquisado poderia ser criado em holsteins usando abordagens tradicionais, mas que isso levaria a uma deterioração na qualidade da raça como produtora de leite, algo que seria preciso gerações para se recuperar. A engenharia genética de precisão usando nuclease programável foi a solução perfeita. E como o alelo e seu fenótipo foram bem descritos e já fazem parte da cadeia alimentar, a FDA provavelmente concordaria que os holsteins geneticamente modificados se qualificavam para o status GRAS – da sigla em inglês "Generally Recognized as Safe (Products)", geralmente considerado seguro, em tradução livre.

Mas isso era um pouco arriscado, afinal, quando o experimento começou em 2015, tanto a FDA quanto o USDA ainda estavam decidindo o que fazer com essa nova categoria de organismos modificados: os geneticamente editados cujas mudanças no genoma poderiam ter ocorrido por meio de reprodução tradicional. Por definição, essa categoria incluía apenas organismos cisgênicos, uma vez que qualquer movimento de DNA entre espécies (criando organismos transgênicos) não poderia ocorrer fora de um ambiente laboratorial. Então, se o experimento da Recombinetics saísse como planejado, os holsteins sem chifres cairiam diretamente nesta categoria, embora a decisão de que seriam aceitáveis para a agroindústria caberia à FDA e ao USDA.

Os cientistas da Recombinetics projetaram um TALEN que se ligaria à região do cromossomo 1, que continha o alelo que eles queriam substituir. Entregaram DNA, que codificariam o TALEN e a versão angus do alelo pesquisado em linhagens de células de gado, usando um plasmídeo bacteriano como vetor. O que eles esperavam que acontecesse em cada linha celular é o seguinte: (1) o mecanismo celular faria um monte de cópias do TALEN e do alelo pesquisado; (2) os TALENs encontrariam essas cópias do cromossomo 1 na célula e se ligariam às sequências correspondentes; e (3) a parte Fok1 do TALEN cortaria o DNA em ambas as cópias do cromossomo 1, criando uma quebra em cada uma. Então, o dano causado ao DNA ativaria as respostas de reparo da célula, que são duas: junção de extremidades não homólogas, em que as fitas são simplesmente costuradas novamente, muitas vezes faltando uma base ou algo do tipo; e recombinação homóloga, em que a outra cópia do cromossomo é usada como um molde para reparar o DNA. Os cientistas precisavam que a célula escolhesse a recombinação homóloga. Mas ao invés de usar como molde a cópia do cromossomo 1 (que eles esperavam que também fosse quebrado pelo TALEN), queriam que a célula usasse a versão angus do alelo que haviam entregado na célula junto com o TALEN. Se tudo corresse bem, ambas as cópias do cromossomo 1 seriam reparadas exatamente como tinha sido planejado, e nada mais ocorreria.

Quando o experimento foi concluído, examinaram 226 linhagens de células - número total que tentaram modificar - para a verificação dos resultados. Cinco tinham pelo menos um alelo mocho e três tinham o alelo mocho em ambas as cópias do cromossomo 1. Então, os cientistas clonaram as linhagens de células que tinham conseguido editar, e criaram embriões que acreditavam que poderiam se desenvolver em touros sem chifres. Meses depois, nasceram dois bezerros saudáveis, Buri e Spotigy, e os cientistas fizeram uma análise de todo o trabalho.

Será que ocorreu alguma mudança na sequência do alelo pesquisado durante o experimento? Os TALENs se ligaram e conseguiram inserir o alelo mocho em algum outro lugar do genoma, além daquele do cromossomo 1 para onde deveria ir? Os cientistas sequenciaram os genomas completos das linhagens celulares que foram usadas para criar Buri e Spotigy e descobriram que o alelo pesquisado havia de fato substituído o alelo não mocho em ambos os cromossomos e em ambas as linhagens celulares. Examinaram todos os locais do genoma onde a sequência de DNA está próxima daquela que o TALEN tinha sido programado para encontrar - 61.751 locais no total - e não acharam evidências de inserções adicionais do alelo mocho e nem partes dele.

Enfim, os chifres não cresceram nem em Buri nem em Spotigy, e por isso eles foram transferidos da fazenda da Recombinetics em Minnesota para a Universidade da Califórnia em Davis, onde Alison Van Eenennaam e sua equipe continuaram a monitorar seu desenvolvimento.

Em 2016, Spotigy foi sacrificado para analisar a qualidade de sua carne, e o sêmen de Buri foi coletado e criopreservado. Alison usou parte do sêmen de Buri para inseminar vacas com chifres e testar se o fenótipo mocho seria passado para a próxima geração sem efeitos inesperados. Em janeiro de 2017, seis gestações foram confirmadas. Então, veio o primeiro golpe: a FDA divulgou uma decisão em que todos os animais modificados geneticamente, mesmo que suas modificações pudessem ter sido alcançadas usando abordagens tradicionais, seriam considerados novos medicamentos para animais. Com essa decisão, Buri e qualquer um de seus descendentes não poderiam entrar na cadeia alimentar sem que o novo medicamento para animais fosse aprovado – um processo demorado e caro que nem a equipe de Alison nem a Recombinetics queriam bancar. Foi algo inesperado porque, meses antes, o USDA decidiu tratar essa categoria de edição como uma forma acelerada de reprodução normal, e, portanto, esperava-se que a FDA seguisse o exemplo. Alison ficou desapontada, mas manteve a esperança de que os dados que ela previa ser de bezerros perfeitamente saudáveis pudessem encorajar uma reconsideração por parte da FDA.

Em setembro, nasceram uma fêmea – a Princesa – e cinco bezerros machos. Todos saudáveis, sem chifres e, devido à sua classificação pela FDA como medicamentos, destinados a serem incinerados. A equipe de Alison realizou exames físicos, coletou e analisou sangue e sequenciou o DNA de cada bezerro. Quando os bezerros tinham pouco mais de um ano de idade, Alison enviou esses dados à FDA como parte de um pedido para permitir que esses animais entrassem na cadeia alimentar, apesar de serem classificados como novos medicamentos para animais. Tudo indicava que os bezerros eram totalmente – e nada surpreendente – normais. A equipe de Alison iniciou um relatório sobre os resultados, destacando os sucessos do experimento que se aproximava do fim.

Foi quando veio o segundo golpe. Em março de 2019, a FDA contatou Alison com más notícias. Ao analisarem os dados de sequenciamento do genoma de Buri, que estavam disponíveis ao público desde 2016, procuraram pelo alelo pesquisado (que foi encontrado exatamente onde deveria estar) e também por qualquer DNA que correspondesse ao plasmídeo bacteriano que a Recombinetics usou para entregar as ferramentas de edição genética nas células. Inesperadamente, o plasmídeo bacteriano foi encontrado ao lado do alelo pesquisado. Provavelmente o DNA bacteriano foi incorporado acidentalmente junto com o alelo mocho durante o processo de edição do gene. Nem a equipe da Recombinetics nem a equipe de Alison tinham visto esse pedaço de DNA bacteriano no genoma de Buri, afinal, não estavam procurando por isso. Mas a consequência era clara: o genoma de Buri continha tanto DNA de gado quanto DNA bacteriano. Ele era, de acordo com as regras, transgênico... e assim seria regulamentado.

Agora que Alison sabia que deveria procurar também o DNA bacteriano, ela examinou novamente os dados genômicos de seus seis bezerros para ver se eles também eram animais transgênicos. Ela descobriu que quatro dos bezerros tinham o DNA bacteriano ao lado de seus alelos mochos. Dois dos bezerros não tinham DNA bacteriano e, portanto, não eram transgênicos, embora seu pai fosse. Isso significava que o erro havia acontecido em apenas um dos cromossomos de Buri – o cromossomo que esses dois bezerros cisgênicos herdaram. Princesa, que eu viria a conhecer durante minha visita de Halloween a Davis, dois anos e meio depois, herdara o cromossomo que continha o plasmídeo. Princesa era acidentalmente transgênica.

Enquanto Alison revisava suas anotações onde, além de descrever os bezerros, discutia a saúde deles e a transmissão bem-sucedida do fenótipo sem chifres sem quaisquer consequências adversas para os animais, a FDA publicou suas descobertas de DNA bacteriano no genoma de Buri em um site on-line onde artigos científicos poderiam chegar ao público antes de serem revistos. A imprensa não perdeu a oportunidade de usar o caso para espalhar manchetes sensacionalistas que depreciaram o trabalho de Alison e da Recombinetics. "O gado geneticamente modificado tem uma grande falha no seu DNA", escreveu Antonio Regalado no *MIT Technology Review*. Em um artigo para o site *Big Thin*, Robby Berman apontou "sérios problemas em vacas-celebridades geneticamente editadas". Mas esses artigos tratavam de questões secundárias, pois a sequência bacteriana no genoma de Buri continha dois genes marcadores de resistência a antibióticos. Nenhum deles podia ser expresso no gado porque a parte do genoma bacteriano que tornaria isso possível não estava incluída. No entanto, esse importante detalhe não foi mencionado.

Os relatos da mídia que se seguiram à publicação da FDA foram assustadores, enganosos e prejudiciais. No Brasil, os órgãos reguladores estavam prontos para colaborar com a Recombinetics e criar seu próprio rebanho de gado leiteiro, tendo decidido, como o USDA, que essa categoria de edição de genes não requereria supervisão especial. O plano era avaliar a descendência de Buri e, se tudo corresse bem, como supunham, criar linhagens adicionais de vacas leiteiras mochas. Mas descartaram o plano assim que surgiram as notícias de DNA bacteriano no genoma de Buri. Pouco importava que a Recombinetics tivesse parado de usar plasmídeos bacterianos e adotado novas abordagens que entregam o mecanismo de edição nas células, usando formas de DNA que não podem ser acidentalmente incorporadas no genoma do hospedeiro. Também não importava que os resultados de Alison mostrassem que o DNA bacteriano não afetava a saúde dos animais, ou que o DNA bacteriano poderia ser eliminado após uma geração. Enfim, ninguém se importou com os dados.

MAIS DADOS, MELHORES EXPERIMENTOS

Ao avaliar novas tecnologias, é importante separar os fatos das opiniões. Afirmar genericamente que "OGMs são seguros" é uma opinião, assim como afirmar que "OGMs não são seguros". No entanto, afirmar que "os tomates Flavr Savr não tinham, estatisticamente, nem mais nem menos vitamina C do que a variedade tradicional com que foram comparados" é um fato. Os fatos emergem de experimentos planejados para distinguir hipóteses concorrentes. Se eu alimentar ratos de laboratório com alimentos geneticamente modificados, ou eles terão câncer com mais frequência do que ratos idênticos alimentados com alimentos não transgênicos, ou os dois grupos de ratos terão câncer em taxas iguais. Ou seja, se o experimento for realizado corretamente, o resultado fornece um novo fato que pode ser usado para formar opiniões.

Mas infelizmente, às vezes, os experimentos são falhos. Em 2012, o Dr. Gilles Éric Séralini, professor da Universidade de Caen, na Normandia, França, publicou os resultados de um estudo com ratos semelhante ao que descrevi anteriormente. Ele relatou que ratos alimentados com milho geneticamente modificado tolerante a herbicidas eram mais propensos a desenvolver câncer do que ratos alimentados com uma dieta de milho não modificada geneticamente. Alarmada com esses resultados, muita gente na mídia defendeu que era preciso paralisar imediatamente a produção e a venda de alimentos transgênicos. Normalmente, os jornalistas consultam cientistas independentes antes de relatar novos resultados científicos. Mas no caso dessa narrativa midiática, houve uma ruptura com essa norma, quando Séralini deu acesso antecipado aos seus estudos para os jornalistas que se comprometessem a não compartilhá-los com outros cientistas antes de sua entrevista coletiva. Quando a notícia foi divulgada, muitos reclamaram, incluindo alguns membros da comunidade científica que apoiavam a rotulagem de alimentos *geneticamente modificados*. Eles apontaram que Séralini havia usado ratos que quase sempre tiveram câncer ao longo de dois anos – que coincidia com o período do estudo – e também que o número de ratos usado no estudo era pequeno demais para que seus resultados pudessem ser estatisticamente significativos. Séralini recusou-se a divulgar seus dados a cientistas e organizações governamentais que o solicitaram, alegando que estava "sendo atacado de forma extremamente desonesta por lobistas que se faziam passar por comunidade científica".*

Recentemente, uma equipe de cientistas financiada pela União Europeia replicou o estudo de Séralini. Muitos dos ratos propensos ao câncer tiveram câncer, como no estudo de Séralini – e também como esperado. No entanto, esse novo estudo usou cinco vezes mais ratos em cada grupo experimental do que o estudo Séralini, e, dessa vez, os resultados estatísticos foram consistentes: os ratos tinham a mesma probabilidade de ter câncer, independentemente do que comiam. Até hoje, o estudo de Séralini é o único de muitos estudos de longo prazo e multigeracionais que encontrou alguma diferença entre os grupos de ratos experimentais e o de controle.

O estudo de Séralini foi condenado por cientistas e agências reguladoras de todo o mundo e acabou sendo retratado. No entanto, teve o efeito de estabelecer uma história assustadora anti-OGM que, apesar de ter sido claramente enganosa, persiste até hoje.

Às vezes, os experimentos são realizados apenas quando já é tarde demais. Em 1999, mais de uma década após os primeiros testes de campo com algodão *Bt*, uma equipe da Universidade Cornell, em Nova York, relatou em artigo publicado na revista *Nature* que o pólen do milho *Bt* levado pelo vento ameaçava a sobrevivência das amadas borboletas-monarca da América do Norte. O *Bt* evoluiu em bactérias para matar insetos que tinham traços comuns com as monarcas, então não seria surpreendente que suas lagartas sofressem algum mal depois de comer folhas cobertas com pólen *Bt*. É claro que essa descoberta foi sustentada por ativistas anti-OGM como prova tangível dos perigos ambientais das culturas geneticamente modificadas. Mas dois anos depois, seis grandes estudos de campo concluíram que, na verdade, o milho *Bt* representava pouco perigo para as borboletas

* Esta citação, assim como outros detalhes do estudo – já retratado – de Séralini, consta de um relatório de Declan Butler, publicado em 10 de outubro de 2012, na *Nature* (www.nature.com): "Hyped GM maize study faces growing scrutiny".

monarcas, não porque o *Bt* não seja tóxico para as borboletas (ele é), mas porque a expressão de *Bt* no pólen do milho é muito baixa para ser tóxico e, além disso, o milho *Bt* é pouco plantado.

No entanto, esses novos estudos descobriram que uma variedade de milho *Bt* aumentou a mortalidade de uma outra borboleta norte-americana, a black swallowtail (*Papilio polyxene*).

Essa variedade de milho já foi retirada do mercado. Mas se os testes de toxicidade tivessem sido realizados antes da aprovação dessas plantas *Bt*, esse erro e a mortes das black swallowtails poderiam ter sido evitados. Porém, antes de condenarmos as plantas geneticamente modificadas e defender os inseticidas tradicionais, devemos lembrar que a pulverização de *Bt*, usado em mais quantidade na agricultura do que nas culturas *Bt* geneticamente modificadas, também são tóxicos tanto para as monarcas quanto para as black swallowtails.

Como os experimentos às vezes são mal concebidos ou executados (ou sequer realizados), nem sempre temos todos os fatos que gostaríamos para orientar nossas decisões. Ainda assim, temos que tomar decisões e, ao tomá-las, acabamos aceitando correr alguns riscos. Quanto? Isso vai depender de uma decisão pessoal e da situação enfrentada.

Meu filho mais novo, por exemplo, está me implorando há anos para deixá-lo brincar em um balanço pendurado numa árvore gigante, junto a uma encosta perto da nossa casa. Para subir no balanço, ele teria que subir uma colina íngreme, escalar a prancha de madeira na altura do seu ombro e depois se lançar sobre a colina. É alto e muito assustador. Não tenho ideia de quem fez o balanço e de o quanto ele é resistente. Minha percepção inicial dizia que era algo muito arriscado. No entanto, meu filho se tornou um menino de 7 anos, atlético e relativamente avesso ao risco. Também vi algumas pessoas muito maiores e muito mais pesadas naquele balanço. Isso tudo me fez deixá-lo experimentar. Embora eu não me arrependa da minha decisão (ok, só um pouco, porque agora temos que visitar o balanço várias vezes por semana), reconheço que outra pessoa poderia ter tomado uma decisão diferente com base nos mesmos fatos. O mesmo acontece quando tomamos decisões sobre novas tecnologias: cada um decide o quanto de risco está disposto a aceitar, e somos capazes de mudar de ideia quando temos novas informações disponíveis. A quantidade de risco que um indivíduo está disposto a assumir é também situacional. Enquanto um diabético pode não ter aversão à insulina OGM, e um paciente com câncer estar disposto a experimentar um medicamento OGM experimental, ambos podem não estar dispostos a trocar uma variedade tradicional de maçã por uma geneticamente modificada.

A relação risco-recompensa é diferente. Para uma pessoa doente, a recompensa pessoal e potencial de um medicamento OGM pode superar em muito o risco percebido. Uma pessoa saudável que escolhe maçãs para uma salada de frutas pode não valorizar uma salada de boa aparência o suficiente para compensar quaisquer riscos associados à ingestão de alimentos geneticamente modificados. Para que os produtos alimentícios OGM sejam tão amplamente aceitos quanto os produtos para a saúde OGM, a indústria de alimentos biotecnológicos deve convencer os consumidores de que seus produtos são seguros e que fornecem valores reais e inovadores para o consumidor.

Quais seriam esses valores? Para alguns pode ser suficiente, para compensar qualquer risco associado aos alimentos, saber que os geneticamente modificados podem amenizar a escassez global de alimentos, aumentar o teor nutricional e permitir que os agricultores usem menos pesticidas químicos. Outros podem precisar de um ganho mais pessoal. Pode ser que o produto seja mais barato graças à redução da deterioração, aumento da produtividade e custos mais baixos para os agricultores. As características estéticas e de sabor melhoradas também podem ser importantes. Eu adoraria poder comprar tomates que ficassem firmes por semanas e servir uma salada de frutas com maçãs que tivessem aspecto e sabor frescos, mesmo sendo sobras do dia anterior. Eu adoraria ter esses produtos, desde que eu saiba que são tão seguros para consumir quanto seus equivalentes amolecidos e amarelados. Esses riscos podem ser avaliados e medidos, assim como a Calgene mediu os riscos associados à ingestão de genes de resistência a antibióticos.

É claro que, uma vez feitas essas medições, é preciso levar ao conhecimento do consumidor para que ele possa refletir sobre essa informação. E isso é difícil, ainda hoje em dia.

O arroz dourado é provavelmente o exemplo mais famoso de alimento geneticamente modificado com motivação humanitária. Ele contém dois transgenes, um da flor do narciso e outro de uma bactéria do solo, que fazem expressar nos grãos o betacaroteno, precursor da vitamina A. Se o arroz dourado fosse amplamente adotado, poderia ajudar mais de 250.000 crianças que ficam cegas a cada ano porque suas dietas são carentes de vitamina A – e metade delas morrem até um ano depois de ficarem cegas. Apesar desse potencial do arroz dourado para salvar vidas, muitos grupos anti-OGM não param de inventar motivos para colocar em dúvida a sua efetividade. O Greenpeace afirmou inicialmente que ele não produzia betacaroteno suficiente, e quando as linhagens melhoraram 20 vezes, o Institute for Science and Society (outro grupo anti-OGM) insistiu que ainda não era o suficiente para resolver o problema da desnutrição, e acrescentou que haveria risco de toxicidade. Outros grupos aderiram à ideia de que o betacaroteno era venenoso (não é verdade: nossos corpos expelem o excesso de betacaroteno depois de produzir a vitamina A de que precisamos), usando isso como um pretexto para rejeitar o arroz dourado, ao mesmo tempo em que insistiam para que as pessoas consumissem outras plantas ricas em betacaroteno. Os ativistas argumentaram que o arroz dourado não teria sucesso porque as pessoas não comeriam arroz amarelo (mas o mundo inteiro consome arroz de todas as cores), ou que não daria certo porque é um esquema das grandes empresas ocidentais visando apenas ao lucro (os idealizadores do projeto, que são acadêmicos, autoridades públicas e líderes de organizações sem fins lucrativos, pretendem doar as sementes), e também dizendo o contrário, que o arroz dourado teria sucesso, mas a ponto de ser falsificado, o que seria um perigo a quem pensasse estar obtendo o verdadeiro arroz dourado (e, portanto, vitamina A), mas seria enganado. A verdade é que não há argumento muito forçado ou fantasioso, nenhuma teoria da conspiração absurda demais, nem mesmo, por outro lado, um experimento suficientemente convincente que possa mudar determinadas ideias preestabelecidas, mesmo se a intenção seja salvar a vida de crianças.

Em 2008, cientistas na China alimentaram 24 crianças com pequenas porções de arroz dourado para comparar a sua absorção de vitamina com a de outros vegetais ricos em betacaroteno. Eles descobriram que a porção desse arroz fornecia 60% da quantidade diária recomendada de vitamina A para uma criança - mais do que elas recebiam de uma porção inteira de espinafre. Esses experimentos e dados foram revisados por vários comitês independentes, e todos consideraram os resultados confiáveis. Em 2013, depois de eles serem publicados, ativistas do Greenpeace destruíram um campo de arroz dourado nas Filipinas, onde 20% das crianças sofrem de deficiência de vitamina A.

Mas houve pequenos vislumbres de esperança para o arroz dourado. Em 2018, agências reguladoras do Canadá, Estados Unidos, Austrália e Nova Zelândia aprovaram-no para cultivo e consumo de pessoas e animais. Também foi aprovado para consumo nas Filipinas, em 2019.

Embora a maioria dos organismos produzidos com as ferramentas da Biologia Sintética não seja projetada para resolver crises humanitárias, muitos têm potencial para fornecer um impacto considerável neste campo. Em Uganda, por exemplo, em 2017, foi aprovado o cultivo de uma banana geneticamente modificada, enriquecida com vitamina A e resistente a uma murcha bacteriana que vinha devastando as plantações locais, prometendo uma solução para a crise alimentar daquele país. Na África do Sul, cientistas da Universidade da Cidade do Cabo estão trabalhando para projetar o traço de dormência induzida pela seca, que evoluiu na planta da ressurreição, *Myroflammus flabellifolius*, em um grão nativo local chamado teff, com o objetivo de torná-lo tolerante à seca. Já no Havaí, o mamão rainbow, geneticamente modificado, que expressa parte da proteína de revestimento do vírus da mancha anelar, obteve aprovação regulatória, salvou a indústria local de mamão e talvez ainda tenha convertido no processo alguns céticos em OGM.

Os OGMs cisgênicos, que são variedades geneticamente modificadas, mas que poderiam ter sido modificadas por meio de cultivo tradicional, estão se tornando disponíveis nos mercados dos Estados Unidos. Desde 2021, os consumidores nos Estados Unidos já podem comprar cogumelos e maçãs do Ártico, ambos projetados para suprimir a expressão do mesmo gene de escurecimento e ambos sem necessidade de passar pela regulação do USDA, que não considera essas variedades de cogumelos e maçãs mais arriscadas ao meio ambiente do que as cultivadas de forma tradicional. Embora essa característica de não escurecimento possa parecer uma mudança superficial, quase a metade dos alimentos cultivados nos Estados Unidos é descartado muitas vezes por não parecer muito apetitoso. E considerando que as Nações Unidas projetam que, até 2050, as fazendas do mundo terão que produzir 70% mais alimentos do que produzem hoje, parece uma grande vantagem desenvolver uma tecnologia que nos impeça de desperdiçar o que já produzimos.

Embora não se tenha dúvida de que a criação de produtos que beneficiem os consumidores acaba melhorando a reputação dos alimentos geneticamente modificados, os consumidores também devem ser capazes de avaliar os riscos. Isso significa diferenciar os fatos das mentiras e meias verdades disseminadas sobre os OGMs. Não há evidência de que alimentos geneticamente modificados possam desenvolver câncer, e nunca foi identificado um mecanismo pelo qual isso poderia acontecer. Não há, no mercado, vegetais geneticamente modificados que contenham genes de peixes. E o rótulo verde brilhante escrito "não transgênico" não significa que seu alimento esteja livre de mutações novas e não evidentes, causadas pelo processo de reprodução.

É verdade que a engenharia genética altera o código genético – esse é precisamente o seu objetivo. Mas é errado categorizar os produtos em "transgênicos" e "não transgênicos", alegando que essas são as duas escolhas possíveis para os consumidores. Existem esforços para explicar melhor as categorias de produtos geneticamente modificados, mas eles são amplamente abafados pela frenética propaganda antibiotecnologia.

Porém, aos poucos, essas atitudes estão mudando. As leis contrárias aos geneticamente modificados estão enfraquecendo e, às vezes, sendo derrubadas na África e no sul da Ásia. Nos Estados Unidos, estão surgindo processos mais claros para a aprovação regulatória, e algumas culturas favoráveis obtiveram aprovação na União Europeia. Essas mudanças indicam que o atual impasse pode não durar para sempre. Um caminho para uma aceitação pública mais ampla das ferramentas da Biologia Sintética também pode vir de fora do ambiente agrícola, uma vez que as tecnologias similares começam a restaurar a saúde do ecossistema e salvar espécies da extinção.

Se e quando isso acontecer, terá sido tarde demais para a Princesa e para seu bezerro, que, ao que parece, não herdou o alelo sem chifres de Buri. Princesa deu à luz no último dia de agosto de 2020. Alison e Josie avaliaram seu leite, procurando algum efeito do alelo mocho da Princesa, mas como esperado, nada encontraram, pois não há razão alguma para que o alelo mocho esteja expresso no leite. Elas adicionaram esse novo dado à sua longa lista de aspectos completamente normais e esperados de um holstein, mesmo que seja um holstein acidentalmente transgênico no qual nunca cresceu chifres.

CONSEQUÊNCIAS DESEJADAS

Certa vez, perguntei a uma plateia: "O que mudaria no mundo se trouxéssemos mamutes de volta à vida?"

Mãos se ergueram.

"Seria bizarro!"

"Poderíamos vê-los e acariciá-los; e eles seriam todos enormes e peludos!"

"Eu poderia ter um na minha casa, mas provavelmente faria muita bagunça! Talvez fosse melhor ficar no zoológico. E até poderíamos montá-los!"

"Eles poderiam viver na Sibéria e ser amigos das renas, e as pessoas que moram lá poderiam comê-los e fazer roupas com suas peles!"

Preciso dizer que o público era a classe de segundo ano do meu filho. A professora havia me convidado para falar sobre o meu trabalho e, naquele momento, era provável que ela estivesse se arrependendo porque os alunos estavam muito agitados.

Estava mostrando fotos e vídeos de minhas expedições de caça a fósseis de mamute na Sibéria, como uma tentativa de convencê-los de que um cientista nem sempre é um velho de jaleco branco. Levei até alguns pedaços de presas e ossos de mamute para que eles pudessem examinar. Enquanto circulavam pela sala cheia de crianças, passando de mesa em mesa, senti que o clima começou a mudar. Curiosas, elas começaram a erguer as mãos, mas desta vez com um pouco de hesitação, sem gritarias.

"Será que os elefantes ficariam bravos e com ciúmes de toda a atenção que os mamutes receberiam?"

Várias crianças concordaram com a cabeça.

"Os mamutes provavelmente gostariam de viver na natureza, mas não há pessoas suficientes para cuidar deles".

Ficou claro que o entusiasmo deles estava começando a diminuir.

"Haveria centenas e eles derrubariam *todas as árvores*!", disse um menino preocupado, enfatizando o poder destrutivo de centenas de mamutes de forma dramática, batendo na carteira com a mão fechada e derrubando tudo o que estava em cima dela.

A garota à sua frente ficou pasma ao ver um bastão de cola rolando em sua direção. Olhou para o menino de forma um tanto presunçosa e respondeu: "Não é verdade, nem *tem* árvores na Sibéria".

Fiquei impressionada. Ela não apenas se absteve de jogar o bastão de cola em seu colega de classe, mas também se lembrou de um detalhe sutil da minha apresentação: não havia árvores nas fotos do nosso acampamento na tundra ártica.

"Tá bom! Mas eles teriam o suficiente para comer?", refutou o socador de carteira.

Um aluno da mesa ao lado interrompeu, tentando acalmar a discussão. "Talvez eles ficassem entediados ou morressem de fome e acabassem novamente extintos."

Mais cabeças balançando.

Após um momento de silêncio desconfortável, outra aluna falou, desta vez sem levantar a mão: "talvez eles não tivessem uma vida boa e, por isso, não deveríamos trazê-los de volta".

Tanto eu quanto os alunos do segundo ano ficamos quietos, contemplando o destino a que condenamos essas feras icônicas em apenas alguns minutos de discussão: uma segunda vinda, desta vez produzida pelo homem, e uma eliminação logo em seguida. Uma desextinção e uma reextinção. Talvez porque não haja lugar para mamutes no mundo de hoje, por mais emocionante que a ideia de trazê-los de volta possa parecer à primeira vista.

A campainha tocou, sinalizando a hora do recreio. Fiquei na porta enquanto eles iam saindo para o pátio, agradecendo por terem me ouvido e terem ajudado a melhor maneira possível a recolher os pedaços de fósseis de mamute que eu havia distribuído pela sala. Eles passavam rapidamente, alguns me agradecendo e outros não. Tinham tarefas mais urgentes, como ser o primeiro a chegar aos brinquedos ou garantir a posição de "rei" no recreio.

Mas a última criança parou e olhou para mim. "Se os mamutes não existem mais porque nós os matamos, você acha que teríamos que dar outra chance a eles?"

Eu respirei lentamente, pensando numa resposta razoável. "Eu não sei", finalmente respondi. "Você acha que seria justo trazê-los de volta se o mundo em que eles viviam já não existe mais?"

Ela encolheu os ombros e olhou para os dedos dos pés. "É muito triste", disse sussurrando a seus pés, enquanto se dirigia para a porta.

"Sim", concordei, e gritei enquanto ela corria em direção ao parquinho: "mas ainda temos elefantes!"

A EXTINÇÃO É PARA SEMPRE

Nós, que trabalhamos no campo do DNA antigo, estamos acostumados a ter de responder perguntas sobre a desextinção – o termo atribuído à ideia de usar a biotecnologia para trazer espécies extintas de volta à vida.

Isso já aconteceu?

É realmente possível trazer uma espécie extinta de volta à vida?

Quão perto os cientistas estão de fazer algo assim?

Como a desextinção realmente funciona?

Minhas respostas são sempre as mesmas. Não, ainda não, e não estamos tão perto. Não é possível trazer de volta uma réplica idêntica de uma espécie extinta, e provavelmente nunca será. Mas há tecnologias que podem nos permitir, um dia, ressuscitar componentes de espécies extintas - algumas características extintas. Um cientista pode, por exemplo, modificar um elefante adicionando DNA que evoluiu em mamutes, para que cresça pelos no elefante e suas camadas de gordura sejam mais grossas para que ele possa sobreviver aos invernos do Ártico. Alguém pode modificar uma pomba-de-coleira para que as cores de suas penas e o formato de sua cauda a deixem parecida com um pombo-passageiro. Mas será que esses elefantes modificados e essas pombas-de-coleira serão realmente mamutes e pombos-passageiros? Eu não acredito nisso.

Mas por que não podemos trazer de volta espécies extintas? São inúmeras as razões que tornam as espécies extintas difíceis de ressuscitar, desde obstáculos técnicos que ainda precisam ser superados até preocupações éticas sobre a manipulação das espécies, com todos os desafios ecológicos associados à liberação de espécies extintas em um habitat em que elas já estão ausentes há milhares de anos. Embora alguns obstáculos técnicos possam ser superados - como editar a linha germinal em pássaros ou como transferir um embrião de elefante em desenvolvimento para uma mãe em cativeiro que irá gerá-lo -, outros dificilmente serão resolvidos - como reinventar o microbioma intestinal de um extinto rinoceronte-lanudo ou encontrar uma mãe substituta para uma vaca-marinha-de-steller.

Mas vamos considerar os mamutes. Conheço três grupos de pesquisa que atualmente trabalham para trazer mamutes de volta à vida. Dois deles (um liderado por Hwang Woo-suk, da Sooam Biotech Research Foundation na Coreia do Sul, e outro liderado por Akira Iritani, da Kindai University no Japão) querem ressuscitar mamutes por clonagem - o processo que ficou famoso com o nascimento da ovelha Dolly. Como a clonagem requer células vivas, Hwang espera encontrar células de mamute vivas preservadas nas múmias congeladas que estão (graças ao aquecimento global) derretendo do *permafrost* siberiano. Seu instituto está financiando todo esse trabalho, cobrando US$ 100.000 para clonar cães de estimação, e usando a renda para pagar a máfia russa pelo acesso a mamutes recém-descobertos. O problema com essa abordagem é que não há células vivas preservadas em múmias congeladas, pois a decomposição celular começa imediatamente após a morte. A equipe de Iritani reconhece que é improvável que células de mamute vivas sejam encontradas, então, está recorrendo à Biologia Molecular para trazer células mortas de mamute de volta à vida, ou pelo menos perto o suficiente da vida para que possam ser clonadas. O plano de Iritani é modificar proteínas de ovos evoluídos de ratos, para reparar o DNA quebrado nas células desses animais, e assim poder reconstituir o DNA quebrado em células de mamute. Em 2019, Iritani e sua equipe publicaram um artigo científico descrevendo uma tentativa com células de uma múmia de mamute chamada Yuka, particularmente bem preservada. Embora a imprensa anunciasse o artigo como um sinal da inevitabilidade da ressurreição dos mamutes, os dados pareciam indicar o contrário. Apesar de as células de Yuka estarem em excelente preservação, comparando com as células de outros mamutes mumificados, as proteínas de rato foram incapazes de fazer muito progresso na tentativa de reparar o DNA da célula. Enfim, os mamutes não podem ser clonados porque as células de mamute estão todas mortas.

A terceira equipe que pretende ressuscitar mamutes, liderada por George Church, do Instituto Wyss da Universidade de Harvard, sabe que as células vivas de mamute não serão encontradas, já que os últimos mamutes morreram há mais de 3.000 anos. Mas Church não acredita que isso possa impedir a ressurreição de mamutes. Ele argumenta que existe disponível um suprimento ilimitado de células vivas de espécies muito próximas ao mamute – as de elefantes asiáticos – que podem ser cultivadas em laboratório e transformadas, com as ferramentas da Biologia Sintética, de quase mamutes em inteiramente mamutes. Para isso, Church iniciou um programa para usar a técnica CRISPR para alterar o DNA em células de elefantes asiáticos um pouco de cada vez até que o genoma dentro da célula corresponda ao de um mamute.

Transformar um genoma de elefante em um genoma de mamute é uma tarefa assustadora. As linhagens que levam aos elefantes asiáticos e mamutes-lanudos divergiram há mais de 5 milhões de anos. Como os restos de mamutes estão bem preservados, os cientistas que trabalham com DNA antigo conseguiram reconstruir várias sequências completas do genoma de mamutes a partir de restos fósseis bem preservados. Quando esses genomas foram comparados com o genoma do elefante asiático, os dois genomas diferiram em cerca de 1 milhão de alterações genéticas. Atualmente, é impossível, usando qualquer abordagem de edição genética, fazer 1 milhão de edições de uma só vez no DNA de uma célula. Fazer muitas edições simultaneamente significa quebrar fisicamente o genoma em muitos lugares ao mesmo tempo, uma situação potencialmente desastrosa da qual a célula pode não se recuperar. Além disso, cada edição ou conjunto de edições requer seu próprio mecanismo de edição, e entregar tudo isso na célula de uma só vez não funcionará. Por enquanto, a equipe de Church está fazendo uma ou algumas edições de cada vez, verificando se essas edições estão corretas e, em seguida, usando células com as edições corretas para a próxima rodada de edições. A última vez que perguntei, ele me disse que sua equipe havia feito cerca de 50 edições no genoma do elefante, mudando na versão dos genes de mamute o que a pesquisa indica ser possível fazer para que esse mamute seja mais parecido com um mamute do que com um elefante. Hoje, a equipe de Church tem células vivas que, se clonadas, conteriam as instruções genéticas para ressuscitar alguns traços de mamute. Não seria, portanto, mamute, mas algo semelhante a um mamute.

Mas as células com traços de mamute de Church podem ser clonadas? As tecnologias de clonagem, e em particular para animais domésticos como ovelhas e gado, melhoraram consideravelmente desde o experimento com Dolly, em 2003. No entanto, levou mais tempo para descobrir os detalhes necessários para outras espécies – como e quando colher os óvulos, como criar o ambiente de cultura ideal para embriões iniciais, quando transferir embriões para uma mãe substituta. Porém, a maior barreira é a etapa de reprogramação, durante a qual a célula somática se esquece como ser qualquer tipo de célula, convertendo-se em um tipo de célula que pode se tornar um animal inteiro. Essa etapa é tão ineficiente que as taxas de sucesso da clonagem raramente excedem 20%, mesmo para as espécies que os cientistas clonam com regularidade.

Elefantes nunca foram clonados. A razão é que não há mercado para esse tipo de animal. Já o mercado de clones de animais domesticados está crescendo, tanto que a empresa de biotecnologia Boyalife Genomics está construindo uma fábrica de clonagem de gado em Tianjin que, segundo ela, produzirá anualmente 1 milhão de bovinos wagyu clonados para atender à demanda do crescente mercado chinês de carne bovina. A Hwang Sooam Biotech clonará seu cachorro de estimação,* e a ViaGen Pets, uma empresa sediada em Cedar Park, Texas, clonará seu cachorro, seu gato e até mesmo seu cavalo de estimação.** Mas são poucas as pessoas trabalhando para clonar seu elefante.

Talvez não seja possível clonar elefantes, pois são animais grandes com sistemas reprodutivos também enormes. Isso complica partes importantes do processo de clonagem, como a extração de óvulos para uso na transferência nuclear. E o fato de as elefantas regenerarem seus hímens entre as gestações (o hímen tem uma pequena abertura pela qual o esperma de elefante pode passar, mas apresenta uma barreira significativa e crucial para um embrião) complica a entrega de um embrião em desenvolvimento no útero da mãe de aluguel. Como os elefantes asiáticos também estão ameaçados, talvez o uso ideal dessa tecnologia

* Hwang também alegou ter clonado porcos, vacas e coiotes e, em 2004, publicou um artigo na revista *Science* no qual afirmava ter clonado um embrião humano. Esta última alegação provou ser falsa; o manuscrito foi retratado e Hwang indiciado pelo Tribunal Distrital Central de Seul por fabricar esses dados, desviar fundos de pesquisa e violar as leis de ética ao obrigar membros juniores de sua equipe a doar seus óvulos para pesquisa.

** De fato, em 6 de agosto de 2020, cientistas da ViaGen Equine anunciaram o nascimento de um potro de cavalo de Przewalski que havia sido clonado a partir de células congeladas de 40 anos. As células faziam parte da coleção do San Diego Frozen Zoo, e o projeto foi uma colaboração entre a ViaGen, o zoológico, e a Revive & Restore, uma organização sem fins lucrativos de conservação da vida selvagem que defende o uso da biotecnologia. Os cavalos de Przewalski são nativos da estepe asiática e estão seriamente ameaçados de extinção. Hoje, todos os cavalos sobreviventes de Przewalski vivem em cativeiro e são descendentes de apenas 12 fundadores. A adição desse potro à população cativa adicionará uma diversidade bem-vinda ao pool genético fundador.

seja produzir mais elefantes, quando isso se tornar algo que a ciência pode fazer.

Mesmo que a clonagem de elefantes se torne tecnicamente (e eticamente) viável, não está muito claro se uma mãe elefante poderia gestar um feto de mamute até o fim. Cinco milhões de anos é um longo tempo evolutivo, e 1 milhão de mudanças são muitas diferenças de DNA. De fato, a divergência evolutiva entre mamutes e elefantes asiáticos é quase o mesmo que entre humanos e chimpanzés. É difícil imaginar uma mãe chimpanzé capaz de gerar um bebê humano ou vice-versa.

Alguns cruzamentos entre espécies foram bem-sucedidos, então, a distância evolutiva pode não ser um impedimento. Cães domésticos já deram à luz filhotes de lobos cinzentos selvagens clonados, gatos domésticos a filhotes saudáveis de gatos selvagens africanos clonados e uma vaca doméstica deu à luz um saudável filhote de gauro clonado. Essa pesquisa revelou o que todos já pensavam: quanto mais distantes forem as duas espécies envolvidas na clonagem entre espécies, menor será a taxa de sucesso em cada estágio do processo de clonagem. Até o momento, o par de espécies relacionado mais distante envolvido em um experimento bem-sucedido de clonagem entre espécies é o dromedário e os camelos-bactrianos, que divergiram cerca de 4 milhões de anos atrás. Apesar desse longo tempo evolutivo, um dromedário doméstico deu à luz um filhote de camelo-bactriano clonado em 2017. Essa é uma boa notícia para os camelos-bactrianos, uma das espécies de mamíferos de grande porte mais ameaçadas hoje em dia, e também para a conservação em geral, pois destaca como os avanços nas tecnologias de clonagem podem expandir a variedade de espécies ameaçadas para as quais a clonagem é uma ferramenta viável para a sua recuperação.

A única desextinção bem-sucedida até hoje também usou a clonagem entre espécies. Em 2003, uma íbex-dos-pirenéus, também conhecida como bucardo, nasceu três anos depois que sua espécie foi extinta. Quatro anos antes, uma equipe liderada por Alberto Fernández-Arias, que era o chefe do Departamento de Caça, Pesca e Pantanais de Aragão, Espanha, coletou células de Celia, o último bucardo vivo, e as congelou para não para danificar seu DNA. Fernández-Arias e sua equipe trabalharam nos anos seguintes para desenvolver uma estratégia para ressuscitar o bucardo. Eles tentaram colher ovos para clonar as células de Celia a partir de outro íbex selvagem, mas os animais selvagens não estavam acostumados com humanos e eram bons em escapar, por isso o experimento falhou. Felizmente, eles tiveram mais sorte na extração de óvulos de cabras domésticas. Depois de substituir o DNA de cabra doméstica nos ovos pelo DNA de Celia, a partir de suas células somáticas congeladas, eles implantaram 57 óvulos transformados em fêmeas substitutas que eram híbridos de cabras domésticas e íbex espanhol. Sete gestações estabelecidas e um único bucardo nasceu vivo. Infelizmente, o bucardo clonado teve uma deformidade pulmonar, possivelmente causada pelas complexidades do processo de clonagem, e sobreviveu por apenas alguns minutos. Os esforços para ressuscitar o bucardo usando as células de Celia foram suspensos por enquanto, mas algumas das células de Celia permanecem congeladas.

Embora os cientistas possam um dia conseguir recodificar o genoma do elefante para um genoma de mamute, e clonar essa célula usando uma mãe elefante, o próprio processo de desenvolvimento também pode ser uma barreira técnica para ressuscitar um mamute. Um mamute clonado, nascido de uma mãe elefante (ou de um útero artificial, que é a solução preferida de George Church para o problema da clonagem de elefantes), provavelmente se pareceria com um mamute. Todo mundo conhece gêmeos idênticos e, portanto, todos podemos observar a influência do DNA na determinação da aparência. Mas os gêmeos não são intercambiáveis. Suas diferentes experiências, estresses, dietas e ambientes moldam duas pessoas totalmente distintas. Será que o bebê mamute, exposto ao ambiente de desenvolvimento pré-natal de um elefante, criado por elefantes, alimentado com comida de elefante e tendo o microbioma intestinal de um elefante, agiria como um mamute ou como um elefante?

Claro, nada disso importa se o objetivo final é criar um elefante com algumas características de mamute, que talvez seja o que queremos fazer. Porém, se o objetivo é criar um mamute, precisamos recriar todo o ambiente do mamute desde a concepção até a morte. Infelizmente, esse ambiente está extinto.

MESMA TÉCNICA, OBJETIVO DIFERENTE

Mas por que queremos os mamutes de volta? Alguns de nós, como meu filho e seus colegas do segundo ano, só querem vê-los. Outros querem estudá-los, alguns domesticá-los, e tem também quem queira caçá-los e comê-los. Sergey Zimov, que dirige o Parque do Pleistoceno do nordeste da Sibéria com seu filho Nikita, quer mamutes para transformar o ecossistema siberiano e retardar o aquecimento global.

A pesquisa de Zimov mostrou que quando grandes mamíferos estão presentes – o Parque Pleistoceno é o lar de bisões, bois-almiscarados, cavalos e renas, todos importados –, as pastagens que costumavam prosperar na região retornam e o *permafrost* aquece de forma mais lenta. Se isso pode parecer contraintuitivo, considere o que esses animais fazem: comem, passeiam e fazem cocô. Isso remexe o solo, enriquece-o com nutrientes do esterco e espalha sementes. Durante o inverno, os animais procuram comida limpando a neve em alguns lugares, expondo o solo descoberto ao ar gelado do Ártico, e compactando a neve em outros, criando uma camada de gelo denso na superfície do solo. Sergey Zimov relata que as temperaturas do solo no inverno são 15-20 °C mais frias nas regiões do parque que têm animais, se comparadas com regiões com ausência de animais. Isso significa que são os animais que reduzem a taxa de derretimento do *permafrost*. Como mais de 1.400 gigatoneladas de carbono estão atualmente retidas no solo congelado do Ártico (isso é quase o dobro da quantidade de carbono na atmosfera da Terra hoje), menos derretimento do *permafrost* significa menor liberação de gases de efeito estufa.

Os elefantes são os construtores de seus ecossistemas. Eles produzem 100 quilos de esterco todos os dias e transformam a paisagem derrubando arbustos e (como o nosso estudante derrubador de cola sugeriu) árvores todas as vezes que seus rebanhos passam. Os mamutes, segundo os Zimovs, eram construtores de ecossistema semelhantes. Como esse papel está atualmente vago no Parque do Pleistoceno, o jovem Zimov tornou-se o construtor, dirigindo um velho tanque do exército soviético para achatar a neve e derrubar pequenas árvores. Os Zimovs estão esperançosos de que um dia a equipe de George Church terá sucesso, e o Parque do Pleistoceno poderá se tornar o lar de manadas de mamutes selvagens que farão sua parte para manter os gases de efeito estufa presos no solo congelado.

Embora eu não possa confirmar que os mamutes retardariam o degelo do *permafrost*, a lógica dos Zimovs para a desextinção dos mamutes - criar uma população sustentável e diversificada de animais selvagens para preencher um papel ecológico e, assim, preservar um ecossistema - é para mim a razão mais convincente para trazer de volta os mamutes. Mas eu ainda me pergunto se isso requer mamutes reais ou se podemos obter o mesmo benefício de elefantes asiáticos projetados para prosperar na Sibéria. Ou seja, será que não poderíamos usar a tecnologia de desextinção com o objetivo explícito de preservar habitats em vez de ressuscitar espécies extintas?

BIOTECNOLOGIA PARA O RESGATE (GENÉTICO)

No início da manhã de 26 de setembro de 1981, o cachorro de John e Lucille Hogg, Shep, entrou em uma briga. Por ter sido uma briga breve e Shep ter fama de brigão, os Hoggs sequer saíram da cama. Quando finalmente se levantou, John Hogg descobriu o resultado da briga: um pequeno animal morto em sua varanda. Ele nunca tinha visto um animal daqueles antes. Seu corpo era extraordinariamente longo, com pelo claro acentuado por quatro patas pretas, uma ponta de cauda preta e tufos de pelo preto em suas orelhas grandes e pontudas. Ele também tinha um pequeno nariz preto brilhante e uma faixa de pelo preto nos olhos que fazia parecer que estava usando uma máscara. Hogg o pegou para observá-lo melhor. Depois o jogou nos arbustos e voltou para dentro de casa.

No café da manhã, Hogg descreveu o animal para sua esposa e filhos, ainda tinha aquela máscara e os pés pretos na memória. Ele achou que pudesse ser algum tipo de vison, mas talvez não fosse. Lucille Hogg ficou intrigada e eles decidiram que deveriam recolher o animal para levá-lo a um taxidermista nas proximidades de Meeteetse, Wyoming. Achavam que, provavelmente, o taxidermista seria capaz de dizer o que era.

E estavam certos. Bastou Larry LaFrenchie, o taxidermista local, passar os olhos naqueles pés pretos para ter uma boa ideia do que poderia ser. Com um olhar preocupado no rosto e com o troféu de Shep nas mãos, LaFrenchie foi até a sala dos fundos de sua loja e fez um telefonema. Hogg se lembra de que, quando LaFrenchie voltou alguns momentos depois, estava visivelmente emocionado: "Meu Deus!, vocês encontraram um furão-de-patas-negras".* Hogg nunca tinha ouvido falar de um furão-de-patas-negras, mas adivinhou, pelo comportamento de LaFrenchie, que ele não o teria de volta. Estava certo novamente. LaFrenchie foi instruído a confiscar o espécime e, assim que pudesse, entregá-lo aos funcionários do Serviço de Pesca e Vida Selvagem dos Estados Unidos.

Furões-de-patas-negras faziam parte da Classe de 1967, a primeira lista de espécies protegidas pela Lei de Espécies Ameaçadas (ESA). Através da ESA, alguns programas para salvar o furão-de-patas-negras foram iniciados tanto na natureza quanto em cativeiro, mas com pouco sucesso. Quando Shep capturou um, fazia mais de sete anos que um furão-de-patas-negras não era visto na natureza.

---

* O Departamento de Caça e Pesca de Wyoming produziu uma série de vídeos gratuitos sobre a redescoberta e posterior recuperação do furão-de-patas-negras, que inclui entrevistas com John Hogg e sua filha mais nova, Julie Sax, que tinha 10 anos na época, e muitos dos cientistas conservacionistas que estiveram envolvidos com seu projeto. Esses vídeos, juntamente com informações adicionais sobre a história do furão-de-patas-negras, e vários de seus programas de recuperação, podem ser encontrados em blackfootedferret.org.

Furões-de-patas-negras também são conhecidos como caçadores de cães-da-pradaria (apesar do nome, um outro tipo de roedor). E caçar cães-da-pradaria é a atividade principal dos furões-de-patas-negras, que se espalharam do Canadá ao México, prosperando em qualquer lugar onde encontrassem cães-da-pradaria. E à medida que os cães-da-pradaria diminuíram, o mesmo foi ocorrendo com os furão-de-patas-negras.

Somos culpados por essas diminuições. Os cães-da-pradaria vivem em "cidades de cães-da-pradaria", um complexo sistema de túneis por baixo da terra que pode se expandir por mais espaço do que o ocupado por muitas cidades pequenas. À medida que os colonos europeus e seus descendentes se expandiram para o oeste durante o início do século XX, as cidades subterrâneas de cães-da-pradaria passaram a atrapalhar a agricultura e ainda criavam obstáculos para a construção e manutenção das estradas e cidades que davam suporte aos fazendeiros. Também havia um grande número de cães-da-pradaria – talvez bilhões na virada do século XX –, o que significava uma competição com o gado por comida. Para vencer essa competição, os colonos iniciaram programas de envenenamento generalizados de roedores justo no momento em que uma nova doença europeia – a praga selvática – estava se espalhando pelas cidades de cães-da-pradaria. Hoje, os programas de erradicação de roedores terminaram, mas a peste continua a infectar e matar os cães-da-pradaria. A população é agora algo em torno de 2% do que era na virada do século XX, embora os cães-da-pradaria permaneçam difundidos e geneticamente diversos. Algumas populações de cães-da-pradaria começaram a mostrar sinais de resistência à peste, o que é uma boa notícia para sua eventual recuperação e sobrevivência a longo prazo.

A perspectiva já não é tão boa para furões-de-patas-negras, que foram muito prejudicados durante a erradicação dos cães-da-pradaria, além de também serem suscetíveis à peste, por consumirem a carne dos cães-da-pradaria infectados. No final da década de 1950, os biólogos presumiram que os furões-de-patas-negras estavam extintos. Então, em 1964, uma pequena população foi descoberta em Dakota do Sul, perto da pequena cidade de White River. Os biólogos estudaram essa população de perto, na esperança de saber quais abordagens de recuperação poderiam funcionar. Mas enquanto acompanhavam os furões, notaram que muitos pareciam doentes. Percebendo que tinham pouco tempo, capturaram nove furões e os levaram para cativeiro. Infelizmente, ainda que várias fêmeas tenham sido fecundadas e dado à luz, nenhum filhote sobreviveu. O último indivíduo selvagem da população de Dakota do Sul foi visto em 1974, e o último vivendo em cativeiro morreu em 1979.

Portanto, a descoberta de Shep, o cão de John Hogg, em 1981, de um furão-de-patas-negras perto de Meeteetse, Wyoming, trouxe uma oportunidade para tentar compreender o que poderia estar faltando no ambiente cativo, e uma nova possibilidade de salvá-los. Após meses de rastreamento e armadilhas, biólogos do Departamento de Caça e Pesca de Wyoming e do Serviço de Peixes e Vida Selvagem dos EUA estimaram que a população de Meeteetse tinha cerca de 120 indivíduos, incluindo muitos furões jovens, o que foi interpretado como um bom sinal. Mas as coisas logo começaram a mudar. Em vez de encontrar furões saudáveis, os biólogos estavam encontrando furões doentes ou mortos. Em 1985, estava claro que essa população estava em vias de extinção. Foi quando os biólogos tomaram uma decisão de emergência: capturar tantos furões quanto pudessem e trazê-los para cativeiro.

Apesar do esforço considerável, os biólogos conseguiram capturar apenas 18 furões da população de Wyoming. Na esperança de transformar esses 18 em uma população estável, especialistas da Associação Zoológica Americana, grupos estaduais e federais de manejo da vida selvagem e o grupo de especialistas em reprodução em cativeiro da União Internacional para a Conservação da Natureza, uniram-se para traçar um plano. Infelizmente, eles ainda tinham pouco conhecimento das condições que poderiam ajudar os furões-de-patas-negras a se reproduzirem em cativeiro. Após meses de esforço e muito pouco resultado, os biólogos de campo capturaram um animal que chamaram de Scarface. Seria o último furão-de-patas-negras a se juntar à colônia cativa. Para surpresa e alívio de todos, Scarface cruzou com várias fêmeas imediatamente, o que resultou nas primeiras ninhadas sobreviventes.

Depois de Scarface, o futuro começou a clarear para os furões-de-patas-negras. Os criadores agora sabiam o que funcionava e o que não funcionava, como lidar com os filhotes recém-nascidos e como prepará-los para a vida selvagem após a soltura. Hoje, os programas de reprodução de furões-de-patas-negras estão espalhados pelos Estados Unidos, com o maior número de animais reprodutores em cinco zoológicos parceiros. Para minimizar a consanguinidade, as decisões de reprodução são tomadas usando informações de *pedigree* mantidas no cadastro genealógico do furão-de-patas-negras. Para garantir que se perca o mínimo possível da diversidade genética da população, algumas fêmeas são inseminadas com esperma de membros fundadores da colônia, congelado há décadas. Todos os anos, cerca de 200 furões-de-patas-negras são libertados como parte de uma colaboração de agências federais e estaduais, tribos nativas e proprietários privados. Acredita-se que a população de furões-de-patas-negras selvagens tenha agora cerca de 500 indivíduos, e que pelo menos 3 dos 18 locais de reintrodução são autossustentáveis.

A história do furão-de-patas-negras é, em grande parte, um caso de sucesso. Ela destaca o que é possível conquistar quando especialistas se reúnem para resolver um problema difícil. Demonstra que esforços conjuntos para encontrar, estudar e facilitar a recuperação de uma espécie ameaçada podem trazê-la de volta do precipício da extinção. Ressalta a utilidade de abordagens de conservação, como reprodução em cativeiro, inseminação artificial e translocação. O problema é que, apesar de todos esses sucessos, os furões-de-patas-negras ainda estão em apuros. Embora a estratégia de reprodução tenha mantido a maior parte da diversidade genética fundadora, todos os furões-de-patas-negras vivos se originaram de sete indivíduos de uma mesma população, então a diversidade inicial foi baixa. Uma vez liberadas, a natureza isolada de suas pequenas populações leva a maior consanguinidade, reduzindo ainda mais a diversidade genética. Os furões-de-patas-negras na natureza também continuam expostos à praga selvática e à cinomose. Embora eles possam ser vacinados, um programa de conservação que requer captura e vacinação não é sustentável. Furões-de-patas-negras foram resgatados de uma extinção quase certa, mas precisamos de novas tecnologias para que sejam removidos da lista de espécies ameaçadas.

Felizmente, essas tecnologias podem estar ao nosso alcance.

A partir das ideias em que se baseia a desextinção, pode ser possível introduzir nova diversidade genética na população de furões-de-patas-negras. O Frozen Zoo, do Instituto de Pesquisa de Conservação do Zoológico de San Diego, coleta e preserva tecidos de espécies ameaçadas de extinção desde a década de 1970. A coleção, que é mantida a 200ºC abaixo de zero, inclui óvulos, espermatozoides e embriões, bem como culturas de células congeladas que podem ser descongeladas, trazidas de volta à vida e regeneradas. Essas células vivas preservam a diversidade do passado e são materiais apropriados para clonagem. Também se encontra na coleção dois furões-de-patas-negras: um macho e uma fêmea que foram coletados e preservados pelos biólogos conservacionistas do Frozen Zoo durante a década de 1980. Nenhum deles tem descendentes vivos entre os furões-de-patas-negras de hoje.

No entanto, a clonagem de uma nova diversidade na população pode não ser suficiente para salvar os furões-de-patas-negras da extinção, enquanto a praga selvática continuar a infectá-los na natureza. Felizmente, existe outra solução e, novamente, uma ideia emprestada da desextinção.

Assim como os cientistas podem adicionar traços de mamute aos elefantes asiáticos para ajudá-los a sobreviver em lugares frios, a resistência à peste pode ser adicionada aos furões-de-patas-negras para ajudá-los a sobreviver em lugares onde a peste está disseminada. Nesse caso, não precisamos procurar os genes de resistência à praga em espécies extintas. Em vez disso, podemos olhar para seu primo evolutivo, o furão doméstico, que é totalmente resistente à peste. Ou podemos olhar para os camundongos, uma espécie mais distante, mas que também desenvolveu resistência à peste. Uma vez que identificamos os fundamentos genéticos da resistência, podemos editar o genoma do furão-de-patas-negras para que ele também possa ser resistente à peste.

As tecnologias para editar o genoma do furão-de-patas-negras já existem: são as mesmas que os cientistas têm usado para editar os genomas de plantas cultivadas e animais domesticados, a fim de criar resistência a doenças, mais tolerância a herbicidas e até mesmo a ausência de chifres. O desafio agora é descobrir qual parte do genoma editar. Não é algo simples, mas já sabemos o caminho. Os genomas de furões domesticados, camundongos e furões-de-patas-negras serão sequenciados e comparados para identificar onde eles diferem. Os genes envolvidos com o sistema imunológico serão de particular interesse, pois provavelmente estão envolvidos na resistência a doenças. Ao mesmo tempo, os cientistas estudarão, usando sistemas de cultura de células em laboratório (em vez de animais vivos), o processo pelo qual a praga interage com as células do sistema imunológico após a infecção. As análises genéticas e os estudos em laboratório ajudarão a diminuir a lista de genes candidatos - genes que podem causar a imunidade à praga. Em seguida, os cientistas percorrerão essa lista, usando as ferramentas da Biologia Sintética para alterar o genoma, um gene candidato por vez, testando a eficácia de cada edição até que algo funcione. Em última análise, esse processo criará um furão-de-patas-negras geneticamente modificado, idêntico em todos os aspectos aos furões-de-patas-negras criados em cativeiro, a única diferença é que será imune à praga.

Esse trabalho já começou. Em 2018, a Revive & Restore, organização sem fins lucrativos cujo objetivo é apoiar soluções biotecnológicas em conservação, recebeu autorização do Serviço de Pesca e Vida Selvagem dos EUA para uma pesquisa com a Biologia Sintética que visa salvar os furões-de-patas-negras da extinção. Em colaboração com o Zoológico de San Diego, a empresa de clonagem ViaGen e vários parceiros acadêmicos, a

Revive & Restore avaliou se as linhagens celulares no Zoológico de San Diego eram viáveis para clonagem e iniciou experimentos para determinar quais mudanças genéticas poderiam fornecer resistência hereditária à praga. Em dezembro de 2020, nasceu um filhote de furão-de-patas-negras – um clone de Willa, fêmea cujas células foram preservadas em 1983. O clone de Willa, ao qual deram o nome de Elizabeth Ann, aumentou para oito o número de fundadores na população cativa, proporcionando uma bem-vinda e significativa injeção de diversidade genética. Embora seja apenas o primeiro passo no que será, sem dúvida, um longo processo de exploração, experimentação e aprovação científicas, é uma grande vitória para os furões-de-patas-negras e para o resgate genético. É também o primeiro passo em direção a uma população sustentável de furões-de-patas-negras resistentes a doenças, rondando a área central do continente americano em busca de cães-da-pradaria.

As consequências pretendidas com a modificação genética dos furões-de-patas-negras são claras: salvá-los da extinção, tornando-os imunes à doença que os vêm matando. Mas e as consequências inesperadas? E se, por exemplo, o processo de edição ou as próprias edições causarem problemas com a expressão ou o desenvolvimento do gene? É verdade que se ocorrerem erros durante a edição de genes que quebra um gene ou algum outro efeito negativo nos furões-de-patas-negras, esses indivíduos acabarão eliminados da população por seleção natural. Mas como estão sendo eliminados pela praga, não seria pior do que já está acontecendo agora.

E se os genes modificados escaparem para o meio ambiente? Essa é uma questão importante a ser considerada em qualquer projeto de liberação de organismos geneticamente modificados na natureza, pois o risco de genes escaparem dependerá da estratégia reprodutiva do organismo. Algumas linhagens coexistem com linhagens intimamente relacionadas com as quais podem cruzar, e isso poderia fornecer uma rota para o DNA modificado entrar em uma linhagem diferente daquela para que foi destinado. A espécie mais próxima dos furões-de-patas-negras é a doninha siberiana. Essas espécies poderiam cruzar, mas não o fazem porque estão separadas pelo mar de Bering. Os furões domésticos também estão intimamente relacionados aos de patas negras. Até onde sabemos, essas espécies não cruzaram, mas isso não significa que não possam. Se um furão doméstico escapasse do conforto de sua casa e chegasse em segurança a um local povoado por de cães-da-pradaria, poderia ter a oportunidade de cruzar com um furão-de-patas-negras. Ainda que isso pudesse acontecer, não seria um caminho provável para os genes escaparem. Furões domésticos provavelmente têm em seus genomas um conjunto de genes relacionados à docilidade que fariam com que eles ou seus híbridos tivessem dificuldades na natureza. Na verdade, é exatamente por isso que a edição de genes é preferível à reprodução normal: a edição de genes transfere apenas alelos de resistência, enquanto a reprodução transfere tudo, incluindo um gosto evoluído por carinhos na barriga e na cabeça.

Mas e se a resolução de um problema causar um outro diferente? Se, por exemplo, os furões-de-patas-negras, de repente salvos de sua sentença de morte, tornarem-se tão numerosos a ponto de comer todos os cães-da-pradaria, perturbando, assim, a estabilidade de seu ecossistema? Duvido que isso se torne um problema, pois os furões-de-patas-negras já existem nesse ecossistema e preenchem um nicho ecológico bastante estrito. Como os furões-de-patas-negras atacam quase exclusivamente cães-da-pradaria, a expansão natural da população de furões-de-patas-negras será limitada pelo tamanho da população de cães-da-pradaria. E ambas as populações serão mantidas sob controle por falcões, águias, corujas, texugos, coiotes, linces e cascavéis, que comem prazerosamente tanto um furão-de-pata-negra quanto um cão-da-pradaria.

A meu ver, não me parece tão perigoso liberar na natureza furões-de-patas-negras geneticamente modificados e resistentes a doenças em seus habitats, assim que esse animal existir. Então, o que está nos impedindo de progredir? A falta de informação genética básica! Os recursos genômicos estão muito menos disponíveis para espécies ameaçadas do que para as nossas espécies domésticas. Isso inclui sequências genômicas de referência que podem ser usadas para detectar consanguinidade e mapas que ligam genes particulares ou conjuntos de genes a fenótipos. É o que torna difícil identificar alelos putativos de resistência, ou mesmo o DNA subjacente que codifica qualquer característica particular em uma espécie ameaçada.

Prevejo que, à medida que os recursos genômicos para espécies ameaçadas se tornarem mais amplamente disponíveis, a Biologia Sintética se tornará cada vez mais importante na conservação. Não faltam problemas para resolver. Será que, por exemplo, a Biologia Sintética poderá transferir resistência à síndrome do nariz branco de morcegos europeus para americanos? Ou ajudar os recifes de coral do mundo inteiro a se adaptarem ao aquecimento dos oceanos? Ou ainda curar o que quer que esteja matando as árvores Ohi'a do Havaí? Atualmente, a resposta é "ainda não", mas as tecnologias que tornarão essas soluções possíveis já existem. E, unidos pelo mesmo propósito, biólogos moleculares e conservacionistas, em colaboração com agentes públicos, já estão literalmente plantando as sementes da próxima - e, na minha opinião, muito bem-vinda - revolução tecnológica na conservação ambiental.

A ÁRVORE QUE SE RECUSOU A MORRER

Apesar de a Biologia Sintética estar sendo adotada de forma mais lenta no mundo da conservação do que no mundo agrícola, os conservacionistas podem reivindicar uma notável história de sucesso. E essa história não inclui apenas a liberação de um organismo transgênico em partes de seu habitat nativo, mas é também uma história de desextinção. Na verdade, mais ou menos, já que a espécie só tinha sido extinta funcionalmente, tendo se mantido viva por quase um século na forma de zumbi: com raízes subterrâneas e brotos raros, muitas vezes pequenos e passageiros. E essas árvores zumbis parecem ser os materiais perfeitos para começar uma revolução tecnológica.

Na virada do século XX, as florestas dos Apalaches do leste dos Estados Unidos eram dominadas pelos castanheiros americanos

(*Castanea dentata*), árvores altas, largas, de crescimento rápido e prolífico. Elas faziam parte da paisagem há centenas de milhares de anos, seus corpos maciços e colheitas sazonais de sementes dando espaço para alguns e alojamento para outros esquilos, gaios, perus selvagens, veados-de-cauda-branca, ursos pretos, pombos-passageiros, e dezenas de outras espécies, incluindo pessoas. Mas, de repente, as árvores começaram a morrer. Apareceram pequenas manchas alaranjadas ao longo do tronco, que foram se transformando em cancros, inchados, rachados ou afundados, abrindo buracos como se o miolo da árvore estivesse apodrecendo por dentro. Os cancros cresceram, agarrando a circunferência da árvore como um cinto apertado e cortando o fluxo de água e nutrientes. As folhas foram murchando e ficaram marrons, os ramos e os galhos secaram e caíram. Alguns meses após o primeiro sinal aparecer, a árvore inteira estava morta.

Logo depois que as árvores começaram a morrer, William Murrill, curador do Jardim Botânico de Nova York, identificou a causa: um fungo conhecido como *Cryphonectria parasitica*. Os castanheiros americanos do parque de Murrill começaram a mostrar sinais da doença por volta de 1904, mas atualmente os cientistas acreditam que o fungo tenha entrado anos antes nos Estados Unidos, pegando carona em carregamentos das populares castanhas japonesas ornamentais, que são resistentes ao fungo. Quando a praga chegou em Nova York, espalhou-se rapidamente. A cada chuva, minúsculos tentáculos amarelos emergiam de árvores infectadas e liberavam milhões de esporos de fungos capazes de infectar as árvores vizinhas. No intervalo de cinquenta anos, desde a primeira morte de árvore, todos os 4 bilhões de castanheiros americanos em sua área nativa sucumbiram ao fungo.

Embora os grandes castanheiros americanos tenham desaparecido das florestas do leste em meados do século XX, algumas árvores, mesmo depois de 70 anos, ainda não estão totalmente mortas. Abaixo do solo, e fora do alcance do fungo, as raízes se mantêm vivas, às vezes brotando mudas de árvores que sobrevivem por um breve período de tempo, às vezes o suficiente para florescer, antes de sucumbir à praga. Pequenos povoamentos de castanheiros americanos também sobrevivem em bolsões do meio-oeste americano e do noroeste, onde foram plantados por colonos no século XIX e início do século XX. Infelizmente, mesmo esses povoados isolados estão agora ameaçados. A maior plantação sobrevivente – um aglomerado de castanheiros americanos de quase 100 anos, que fica perto de West Salem, Wisconsin – começou a mostrar sinais de infecção fúngica em 1987. O castanheiro americano está extinto, no sentido de preenchimento de seu nicho ecológico, mas os brotos zumbis e as árvores secas fornecem o que todo cientista de desextinção precisa desesperadamente: células vivas.

Os esforços para preencher o nicho vago das castanhas americanas nas florestas do leste começaram na década de 1920. Quando castanheiros chineses resistentes a fungos foram importados, mas não conseguiram prosperar no habitat americano, os agricultores tentaram hibridizar árvores chinesas com árvores americanas sobreviventes – uma abordagem padrão em biotecnologia de plantas. Eles acreditavam que o cruzamento de castanheiros americanos com chineses geraria uma prole com resistência à praga e competitividade nas florestas americanas. Infelizmente, embora os híbridos resultantes tenham herdado resistência à doença fúngica, eles não prosperaram bem, provavelmente porque a maior parte de seus genomas evoluiu em um outro lugar.

Em 1983, foi criada a American Chestnut Foundation (Fundação Americana da Castanha, TACF na sigla em inglês), dando início a décadas de pesquisas para encontrar a cura para a praga do castanheiro. Surgiu como uma colaboração de leigos e cientistas preocupados com a conservação, muitos da Faculdade de Ciências Ambientais e Florestais da Universidade de Nova York. Seu primeiro projeto foi melhorar as árvores híbridas, aumentando a quantidade de DNA da castanha americana em seus genomas. Os cientistas embarcaram em um programa de retrocruzamento de mais de 30 anos, em que criaram híbridos resistentes com castanhas americanas puras. A cada geração, a proporção de DNA da castanha americana no genoma de cada árvore aumentava. Hoje, depois de três gerações, essas árvores são 85% de castanheiro americano e 15% de castanheiro chinês. No entanto, a resistência delas à praga fúngica é menor em comparação com árvores com mais DNA de castanheiro chinês, o que sugere que a resistência é alcançada quando um grupo de genes trabalha em conjunto, em vez de apenas um único gene. Embora imperfeitas, essas árvores estão ajudando o castanheiro americano a retornar ao meio ambiente. Hoje, a American Chestnut Foundation apoia 40 povoamentos de restauração de árvores híbridas em toda a antiga área nativa do castanheiro americano.

As árvores híbridas da American Chestnut Foundation são boas, mas não como réplicas de castanhas americanas de raça pura. O problema é que a hibridização é imprecisa e lenta. Não é fácil controlar quais partes do genoma serão herdadas, e o sucesso de cada geração não pode ser medido até que a planta esteja suficientemente madura para mostrar sinais de infecção fúngica. A genômica pode orientar a seleção de cruzamentos, mas isso requer que os criadores saibam exatamente qual parte do genoma causa o traço de resistência, o que não é o caso dos castanheiros americanos. É claro que, se os genes subjacentes à resistência fossem conhecidos, nem seria necessário recorrer à confusão genômica da hibridização e seleção de reprodução, bastava recorrer à engenharia do genoma. É precisamente o que William Powell e Charles Maynard vêm fazendo desde 1990.

Juntamente com a TACF e uma equipe cada vez mais diversificada de especialistas e leigos, Bill Powell e Chuck Maynard, ambos professores da SUNY College of Environmental Science and Forestry (SUNY-ESF), primeira faculdade focada em Meio Ambiente dos EUA, desenvolveram o *know-how* tecnológico e biológico para criar um castanheiro americano transgênico resistente à praga fúngica. E colocaram em prática: o castanheiro americano transgênico está atualmente sendo avaliado pela Agência de Proteção Ambiental dos Estados Unidos para liberação na natureza. Se aprovado, será a primeira planta geneticamente modificada desenvolvida e utilizada para fins de restauração florestal.

Para refrear a praga do castanheiro, Powell e Maynard precisavam impedir que o fungo se espalhasse dentro da árvore. À medida que a ulceração aumenta, leques de infecção fúngica se espalham pelo tecido da planta, produzindo um composto tóxico chamado ácido oxálico. O ácido queima seu caminho através das células vegetais para criar buracos pelos quais o fungo se move. Powell e Maynard acreditavam que era preciso neutralizar o ácido de alguma forma, pois assim o fungo não se espalharia e a árvore não morreria.

O castanheiro não é a única planta a sofrer com fungos produtores de ácido. Eles também atacam o amendoim, a banana, o morango e até musgos, gramas e outros fungos. Por isso, Powell e Maynard começaram estudando como outras plantas lidavam com fungos produtores de ácido. Eles transferiram alguns genes neutralizadores de fungos para o genoma do castanheiro americano e viram que um gene específico – do trigo, que produz uma enzima chamada oxalato oxidase – é muito eficiente no desenvolvimento da resistência à praga em castanheiros. A oxalato oxidase degrada o ácido oxálico e devolve o pH do tecido vegetal a níveis não tóxicos. Isso não mata o fungo, mas reduz a pressão evolutiva para que ele escape do controle. A consequência é que o fungo pode coexistir com castanheiros americanos, do mesmo modo como faz com os chineses e japoneses. Há outras boas notícias relacionadas a esse transgene em particular. Por se tratar de um gene de uma planta alimentícia comum (o trigo), e a enzima que ele produz (oxalato oxidase) também ser produzida por muitas plantas importantes para a agricultura, estamos o tempo todo consumindo essa enzima. Portanto, caso alguém decida saborear uma castanha americana transgênica assada (o que pretendo fazer em breve), a proporção de oxalato oxidase em sua dieta seria praticamente a mesma.

As avaliações iniciais dos castanheiros americanos transgênicos revelaram outras boas notícias: árvores que herdaram apenas uma única cópia do gene do acetato oxálico do trigo são resistentes à praga. Isso quer dizer que, como as árvores precisam apenas de uma cópia do transgene, se as árvores transgênicas forem cruzadas com árvores do tipo selvagem, tecnicamente no laboratório ou naturalmente na natureza, metade de suas descendentes herdará a resistência. Toda a diversidade genética e adaptações locais que sobrevivem nas árvores zumbis e também nas importadas podem ser facilmente reproduzidas na população transgênica. A diversidade total da população de castanheiros americanos funcionalmente extinta pode ser recriada sem diluir seus genomas - além da adição de um pequeno gene que evoluiu no trigo.

Mas o processo de aprovação regulatória para o castanheiro americano tolerante à praga tem sido complicado. Como é o primeiro organismo transgênico que busca aprovação para liberação na natureza, não para uso como droga ou em uma fazenda, ainda não há precedentes de normas a seguir. Como as árvores são transgênicas, o Serviço de Inspeção Sanitária Animal e Vegetal do USDA tem a opção de regulá-las como potenciais pragas de plantas. De fato, todo o trabalho feito até agora, que inclui plantios experimentais em ambientes controlados (galhos com frutos ou flores são embrulhados em sacos plásticos para manter as células transgênicas nos limites dos campos experimentais), foi realizado com licenças concedidas pelo USDA. A FDA também pode optar por regular as árvores, pois as castanhas quase certamente serão comidas por pessoas e animais domésticos, e a função da FDA é garantir a segurança de nossos alimentos. Embora a FDA não tenha assumido a liderança na aprovação regulatória dos castanheiros resistentes à praga, ela se comprometeu a revisar os documentos e dados experimentais apresentados pela equipe de pesquisa. A Agência de Proteção ao Meio Ambiente (EPA) também tem autoridade regulatória sobre castanheiros americanos tolerantes à praga, através da Lei Federal de Inseticidas, Fungicidas e Raticidas, porque o acetato oxálico adicionado é qualificado como um "Protetor Incorporado em Plantas" (PIP). E, como a área nativa do castanheiro americano abrange grande parte do leste do continente, os castanheiros transgênicos também precisarão ser aprovados pelas agências reguladoras canadenses, que Powell acredita que será mais simples, devido a sua experiência com o processo de aprovação nos Estados Unidos.

Enquanto isso, a busca pela restauração do castanheiro americano continua. Em 2019, castanheiros americanos transgênicos e tolerantes à praga foram plantados em vários estados, marcando o início de um projeto de pesquisa ecológica multiestadual e de longo prazo, que analisará como as florestas do leste respondem quando os castanheiros americanos são restaurados. As equipes do TACF e da SUNY estão enchendo seus viveiros com árvores transgênicas, tolerantes à praga, descendentes das primeiras experiências de cruzamento preparadas para a aprovação regulatória, para distribuí-las a propriedades privadas, parques e jardins botânicos. E o cruzamento com árvores do tipo selvagem continua a aumentar a diversidade genética da população ressuscitada, que um dia poderá ser usada para restaurar ecossistemas florestais inteiros.

No entanto, as pessoas que se opõem ao projeto americano de restauração de castanhas estão preocupadas com as consequências não intencionais de um experimento que pode ser difícil - se não impossível - de desfazer. Afinal, os castanheiros americanos desapareceram funcionalmente dessas florestas por quase um século, e as florestas podem ter se adaptado à sua ausência. Nesse caso, o retorno deles pode desestabilizar o ecossistema atual de maneira imprevisível. Na minha opinião, os riscos ecológicos nesse caso específico são poucos e superados pelas recompensas pretendidas - um retorno ao ecossistema dos benefícios nutricionais e estruturais de uma árvore que nunca desapareceu completamente.

O sucesso do castanheiro americano comprova o poder da Biologia Sintética para ajudar as espécies a se adaptarem e sobreviverem, mesmo que isso signifique extrair inovações evolutivas de toda a árvore da vida. Mas e se o problema de conservação a ser resolvido não for o de uma espécie ameaçada de extinção, mas, ao contrário, for o de uma espécie cuja população tenha se expandido além do nosso controle? Será que poderíamos usar as nossas novas ferramentas para projetar espécies na direção oposta?

BLITZKRIEG REDUX

Ninguém gosta de mosquitos. Eles são pequenos, rápidos e, literalmente, nos sugam. A primeira vez que fiquei exposta aos mosquitos, para valer, foi na minha primeira expedição de campo ao Ártico. Já tinham me avisado que a parte ruim seriam os insetos. Acreditei. Cresci no sudeste dos Estados Unidos e passei por noites ruins cheias de insetos. Levei repelente, calças compridas e um blusão. Estava me sentindo preparada. Mas não estava!

Os primeiros dias até que foram bons. Estávamos no rio Ikpikpuk, na encosta norte do Alasca. Era início de julho, a fúria das águas que se seguiram ao derretimento da primavera já havia baixado para um fluxo suave.

Nossas canoas desceram flutuando tranquilas rio abaixo, enquanto recolhíamos os ossos e dentes de animais da era do gelo que, tendo sido libertados da lama congelada pela água que então corria, agora se espalhavam nas margens do rio e bancos de areia rasos. Estava gelado, mas não frio, o céu estava claro e o sol brilhava 24 horas por dia. Também tinha uma brisa agradável.

Mas a brisa se foi e os mosquitos chegaram. Foi terrível. Eram aquelas coisinhas pequenas, "os bombardeiros de fim de estação", me disseram (já que os mosquitos do início da temporada são maiores, mais lentos e mais fáceis de matar), e eram tão rápidos que pareciam começar a sugar meu sangue antes mesmo de pousar na minha pele. Nenhum repelente era capaz de contê-los. Eles surgiam como nuvens. Às vezes, eu conseguia esmagar dezenas batendo palmas na frente do rosto. Se eu não estivesse usando uma rede na cabeça (aquisição de última hora em uma loja em Fairbanks), tenho certeza de que teriam mordido meu nariz e até meus globos oculares.

Nós não éramos os únicos animais infelizes naquele dia. Com poucas criaturas de sangue quente no Ártico, aqueles que pudessem contribuir com o aumento do tamanho da ninhada de mosquito acabaram sofrendo. A certa altura, vi um alce andando diante de nós, na beira do rio, que parava a cada poucos metros para submergir o corpo inteiro na água gelada, procurando um momento de alívio. Os alces também não gostam de mosquitos.

Aquela experiência com mosquitos no Ártico foi realmente terrível. Mas, ao menos por enquanto, os mosquitos do Ártico têm algo a seu favor: eles não transmitem doenças. Seus enxames nos atormentavam, mas não colocavam nossas vidas em risco, diferente dos enxames de mosquitos em muitas outras partes do mundo, onde uma só picada pode significar uma sentença de morte.

As doenças transmitidas por mosquitos representam uma das principais ameaças à saúde humana e animal em todo o mundo. Picadas de mosquito transmitem vírus, incluindo dengue, febre do Nilo e febre amarela; parasitas, incluindo os que causam malária e filariose linfática, e ainda bactérias causadoras de várias doenças. A Organização Mundial da Saúde (OMS) estima que, a cada ano, mais de 1 bilhão de pessoas sejam infectadas e mais de 1 milhão de pessoas morram de doenças transmitidas por mosquitos e outros vetores. São doenças que também impactam nosso suprimento de alimentos ao infectar e matar o gado, sendo responsáveis pelo declínio e até mesmo pela extinção de espécies em todo o mundo, principalmente aves.

Portanto, é preciso resolver o problema das doenças transmitidas por mosquitos. Uma opção é atingir os patógenos, mas isso não é algo tão fácil. As vacinas podem prevenir a infecção por algumas doenças transmitidas por mosquitos, mas não todas, além disso, nem sempre a vacinação está disponível para as comunidades mais afetadas. A modernização e a globalização de nossa infraestrutura médica melhoraram nossa capacidade de detectar, rastrear e tratar patógenos transmitidos por mosquitos, mas doenças emergentes como chikungunya e zika desafiam nossa capacidade de acompanhá-las. O ideal seria encontrar uma forma de atingir todas as doenças de uma só vez. Em vez de trabalhar para eliminar cada doença separadamente, talvez os cientistas devessem se concentrar em descobrir uma maneira de eliminar os vetores – ou seja, matar os mosquitos.

O controle de mosquitos não é uma ideia nova. Drenamos pântanos para remover seus criadouros, encharcamos nossa pele com repelentes químicos tóxicos e instalamos dispositivos de eletrocussão em miniatura (repelentes elétricos) ao redor de nossas mesas de piquenique. Essas medidas até funcionam, mas não são lá muito eficientes (repelentes eletrônicos) ou apresentam um custo que não estamos dispostos a pagar (você lembra quando o DDT estava matando todos os pássaros?).

A Biologia oferece várias opções ambientalmente amigáveis para controlar as populações de mosquitos. Produtos químicos naturais provenientes de plantas, por exemplo, podem matar ovos e larvas de mosquitos. Predadores de larvas de mosquitos, como peixes, copépodes e sapos, podem ser adicionados aos criadouros de mosquitos. Alguns países têm feito experiências com a liberação de bactérias e fungos que são patogênicos aos mosquitos. Mas essas abordagens também têm suas desvantagens. As espécies introduzidas podem competir com as espécies aquáticas nativas, perturbando ainda mais o ecossistema. Além disso, as populações de mosquitos são tão grandes (e a seleção natural uma força evolutiva tão poderosa), que aumenta a chance de se espalhar uma nova mutação que os torne resistentes a algum impedimento introduzido.

Existe outra abordagem biológica para controlar os mosquitos que é ecologicamente correta e à prova de resistência: liberar mais mosquitos. Sim, parece contraditório, mas não estamos falando de mosquitos normais, mas "cavalos de Troia" armados com superpoderes invisíveis capazes de destruir a população de mosquitos por dentro.

Um superpoder do mosquito-cavalo-de-troia chama-se *Wolbachia*, uma bactéria endossimbiótica – que vive dentro das células de algumas espécies de insetos – passada de mãe para filho por meio de ovos infectados. Cerca de 40% das espécies de insetos, incluindo várias espécies de mosquitos, são infectadas pela *Wolbachia*. Ela não mata os insetos que infecta, mas causa neles problemas de fertilidade. Quando um mosquito fêmea não infectado cruza com um macho infectado, sua prole não sobrevive. No final da década de 1960, os cientistas liberaram, em Mianmar (então Birmânia), um grande número de mosquitos machos criados em laboratório e infectados com *Wolbachia*. Eles cruzaram com fêmeas não infectadas e nenhuma prole foi produzida. A população local de mosquitos foi erradicada, provando que essa abordagem funciona. Desde então, mosquitos infectados com *Wolbachia* foram introduzidos para controle biológico em populações de mosquitos na Austrália, Vietnã, Indonésia, Brasil e Colômbia.

Embora seja algo promissor, algumas barreiras impedem o uso generalizado de *Wolbachia* para o controle de mosquitos. Primeiro, porque é difícil produzir apenas machos em um ambiente de laboratório. Como os descendentes de fêmeas infectadas com *Wolbachia* sobrevivem, a liberação acidental de fêmeas infectadas com *Wolbachia* junto com os machos permitiria que a *Wolbachia* se espalhasse por toda a população, arruinando seu potencial como esterilizador de mosquitos. Em segundo lugar, qualquer redução da população de mosquitos pode não durar muito se, por exemplo, os mosquitos tiverem condições de recolonizar os arredores. Finalmente, a *Wolbachia* já está presente em algumas das espécies mais importantes de vetores de doenças, o que significa que essa abordagem simplesmente não funcionará para controlá-las.

No entanto, os experimentos de *Wolbachia* cresceram a partir de uma teoria que foi desenvolvida inicialmente na década de 1930. Raymond Bushland e Edward Knipling, ambos cientistas do USDA, foram incumbidos de encontrar uma solução para a epidemia de berne que estava devastando o gado do país. Eles acreditavam que poderiam combater a doença quebrando o ciclo reprodutivo da praga, sobrecarregando a população com indivíduos inférteis. Usando a mesma pesquisa que motivou a reprodução de mutações na agricultura, eles perceberam que expor os insetos ao raio X poderia causar mutações em seu DNA e que altas doses de irradiação os deixariam estéreis. Após o fim da Segunda Guerra Mundial, esse método de esterilizar e liberar foi testado em campo com enorme sucesso. Desde então, essa abordagem tem sido usada para reduzir doenças do gado e de outros animais, das culturas agrícolas e também das pessoas. Em 1992, Bushland e Knipling receberam o Prêmio Mundial de Alimentação por seu papel no desenvolvimento da técnica.

Assim como o método da *Wolbachia*, a esterilização por irradiação de raios X não deixa vestígios químicos no ambiente e tem efeitos diretos bastante limitados em outras espécies. Ao contrário da *Wolbachia*, a esterilização por irradiação de raios X teoricamente poderia funcionar em qualquer espécie, e o único risco de liberar fêmeas estéreis ao mesmo tempo que machos estéreis é o de desperdiçar dinheiro. A principal desvantagem é a mesma do melhoramento por mutação: a irradiação induz mudanças genéticas aleatórias em todo o genoma, cujas consequências são imprevisíveis. Altas doses de raios X podem garantir a infertilidade (e, portanto, garantir que outras mutações induzidas não se espalhem), mas podem causar tantas mutações que os indivíduos acabam ficando fracos ou doentes demais para se reproduzirem. Por outro lado, se a dose de raios X for muito baixa, os indivíduos irradiados podem permanecer suficientemente férteis para espalhar suas mutações induzidas por raios X na população da praga.

Felizmente, a esterilidade também pode ser induzida em insetos por meio de edição genética direcionada. Em 2013, no Brasil, uma empresa britânica de biotecnologia chamada Oxitec começou a liberar milhões de mosquitos *Aedes aegypti* machos geneticamente modificados e estéreis em um subúrbio de Juazeiro, no estado da Bahia. Para criar mosquitos estéreis, a Oxitec inseriu um gene no genoma do mosquito que faz com que seu mecanismo celular entre em uma drenagem de recursos desenfreada. O gene produz uma proteína transativadora repressível de tetraciclina, ou tTAV. Durante o desenvolvimento embrionário, o tTAV se liga ao elemento genômico responsável por sua própria produção, o que faz com que mais tTAV seja produzida. Então, esse outro tTAV se liga ao mesmo elemento genômico e vai produzindo mais e mais tTAV, usando recursos que normalmente produziriam as proteínas necessárias para o desenvolvimento normal. Assim, os embriões editados em ovos de mosquito não se tornam mosquitos picadores adultos por causa desse mecanismo celular quebrado.

Mas o leitor mais experiente pode estar perguntando: se as larvas do mosquito morrem durante o desenvolvimento, como podem ser produzidos adultos capazes de se reproduzirem e transmitirem seu DNA matador de larvas? Aqui, os cientistas da Oxitec aproveitaram um truque do sistema tTAV: a expressão da tTAV é suprimida na presença da tetraciclina, um antibiótico comum. Para produzir adultos, a Oxitec cria seus mosquitos geneticamente modificados em laboratório com tetraciclina, depois, separa os machos bem pequenos (e não picadores) das fêmeas maiores, e então libera os machos no ambiente. Quando os mosquitos liberados se reproduzem com fêmeas selvagens, seus ovos contêm embriões com tTAV herdados do pai, e sem acesso à tetraciclina, esses embriões morrem durante o desenvolvimento.

A liberação de mosquitos produzidos da Oxitec, batizados de OX153A, em 2013 em Juazeiro, foi a segunda tentativa feita em campo. Houve um primeiro experimento alguns anos antes na comunidade de West Bay, nas Ilhas Cayman. Com apenas quatro meses após a liberação dos machos OX153A, a população local de *Aedes aegypti* foi reduzida para 20% do que era antes. Ao expandir o experimento para o Brasil, a Oxitec queria saber se o OX153A poderia ter sucesso semelhante em um habitat continental mais conectado. Os cientistas também queriam estabelecer colaborações locais que seriam importantíssimas para otimizar o programa para o meio ambiente brasileiro, além de ganhar o apoio das comunidades e, sobretudo, dos agentes reguladores.

A experiência de Juazeiro foi um sucesso. Após um ano, a população de *Aedes aegypti* foi reduzida em 95%, sem resíduos químicos ou toxinas no meio ambiente e sem efeito direto sobre qualquer espécie, a não ser o mosquito invasor e mortal.

Após dois anos de liberação no Brasil, surgiram preocupações quando um esforço de sequenciamento de genoma em toda a população encontrou evidências de pequenas quantidades de DNA semelhante a OX153A nos genomas do *Aedes aegypti* de

Juazeiro. Isso significava que alguns mosquitos férteis OX153A estavam se infiltrando no processo de triagem da Oxitec e misturando seu DNA na população selvagem. Mas isso era esperado. A separação de machos de fêmeas por tamanho é inexata, e a Oxitec reconheceu, logo no início, que algumas fêmeas picadoras provavelmente seriam incluídas em cada liberação. É importante ressaltar que nenhum transgene (o tTAV ou componentes associados) foi encontrado na população nativa, o que indicou que o experimento estava funcionando corretamente: mosquitos OX153A que continham o transgene não estavam se reproduzindo, e os mosquitos liberados que conseguiram se reproduzir não continham o transgene.

Outra preocupação era saber se iria prevalecer a queda da população de mosquitos através da soltura de OX153A, pois, como outras abordagens de insetos estéreis, a supressão populacional bem-sucedida a longo prazo requer liberação contínua. Nas Ilhas Cayman, o acordo entre o conselho local de controle de mosquitos e a Oxitec terminou em dezembro de 2018. Em poucos meses, as pessoas que moravam onde o teste estava ocorrendo relataram que a população de mosquitos já era significativamente maior do que nos anos anteriores. Isso também era esperado. Os machos estéreis geneticamente modificados não sobrevivem por mais do que alguns dias e precisam acasalar durante esse período para ter algum efeito sobre a população nativa. Uma vez mortos, não há mais nenhum impacto possível de sua liberação, e quaisquer ganhos na redução da população podem ser perdidos à medida que os mosquitos passam a colonizar as proximidades.

Mas a Oxitec já possui uma nova linhagem de mosquitos transgênicos que atendem a essas preocupações. A segunda geração, OX5034, foi anunciada em 2018, quando a empresa retirou uma solicitação que havia feito à Agência de Proteção Ambiental dos EUA para liberar o OX153A nas ilhas da Florida Keys, dizendo que já estava preparando um mosquito mais novo e mais eficiente. O mosquito de segunda geração da Oxitec é semelhante ao OX153A, pois também possui o tTAV, o gene mortal que consome recursos. Porém, no OX5034 a construção de DNA com tTAV é inserida em um local no genoma onde as proteínas são codificadas de forma diferente, dependendo se o mosquito se desenvolve como macho ou fêmea. Nas fêmeas, o tTAV é transcrito e o mosquito morre durante o desenvolvimento, a menos que seja alimentado com tetraciclina. Nos machos, o tTAV faz parte do genoma, mas não é transcrito, e o mosquito se desenvolve normalmente. Esse novo sistema, no qual as fêmeas geneticamente modificadas morrem, mas os machos geneticamente modificados continuam vivendo, tem vários benefícios. Primeiro, não é preciso separar os machos das fêmeas no laboratório antes da liberação. Em vez disso, os ovos podem ser colocados diretamente na natureza para eclodir, sendo que os ovos femininos simplesmente não se desenvolvem. Em segundo lugar, o gene da esterilidade é hereditário. Como os machos com o transgene sobrevivem, o transgene continuará a ser transmitido pela linhagem masculina. No entanto, o gene da esterilidade é autolimitado e acabará desaparecendo da população.

O aspecto autolimitante do gene da esterilidade funciona assim: machos que se desenvolvem a partir de óvulos OX5034 têm uma cópia do tTAV em ambos os cromossomos. Quando eles acasalam com fêmeas selvagens, todos os seus descendentes herdam um cromossomo com tTAV. A prole feminina expressará tTAV e morrerá, e os machos se desenvolverão normalmente. Quando esses machos, que possuem um cromossomo normal e outro com tTAV, cruzam com fêmeas selvagens, metade de seus descendentes herda o tTAV. Dessa metade, as fêmeas morrem e os machos se desenvolvem normalmente. Depois de mais ou menos dez gerações, durante as quais a proporção de homens na população com tTAV é reduzida pela metade, o tTAV desaparecerá. Como o número de indivíduos portadores de tTAV diminui a cada geração, o efeito de redução populacional da esterilidade autolimitada vai diminuindo com o tempo. De qualquer forma, essa estratégia tem um impacto de longo prazo muito maior do que o anterior, que requer liberações constantes de machos estéreis.

Em maio de 2019, a Oxitec anunciou que sua primeira liberação experimental de um ano dos mosquitos OX5034 reduziu as populações de *Aedes aegypti* em 96% em vários bairros densamente povoados da cidade de Indaiatuba, no Brasil. Na esteira desse sucesso, a Oxitec começou a trabalhar com outras comunidades no Brasil para desenvolver planos para liberações adicionais de mosquitos OX5034. A Oxitec também está desenvolvendo planos para testar o mosquito em localidades fora do Brasil. Em setembro de 2019, ela solicitou à Agência de Proteção Ambiental dos EUA a liberação dos mosquitos OX5034 em alguns locais na Flórida e no Texas, onde as comunidades locais estão demonstrando maior apoio a uma solução biotecnológica para o problema de doenças transmitidas por mosquitos. Em agosto de 2020, após o aumento da incidência de infecções pelo vírus da dengue no sul da Flórida, as autoridades da Florida Keys votaram para permitir a primeira liberação de mosquitos OX5034 nos Estados Unidos.

Os cientistas da Oxitec não são o único grupo de biólogos sintéticos com o objetivo de livrar o mundo das doenças transmitidas por mosquitos. A Target Malaria é uma colaboração sem fins lucrativos entre cientistas universitários, grupos de interesse, bioeticistas e agências reguladoras, com o objetivo de eliminar completamente a malária. A Target Malaria está se concentrando em estratégias para combater os mosquitos *Anopheles gambiae*, que são os vetores principais da malária na África Subsaariana. Ela tem equipes em vários países onde os mosquitos *Anopheles* são comuns e, em julho de 2019, concluiu a primeira liberação de um mosquito geneticamente modificado na África. Isso aconteceu na aldeia de Bana, em Burkina Faso, onde liberaram machos estéreis, num primeiro passo simbólico que revelou tanto um entusiasmo entre os grupos de interesse locais por estarem envolvidos na ciência, quanto o potencial da abordagem para reduzir a população local de mosquitos.

Os insetos geneticamente modificados também podem reduzir o impacto de pragas agrícolas. Em 2019, em colaboração com cientistas da Cornell University, a Oxitec lançou uma mariposa diamondback autolimitada em um campo experimental no interior de Nova York. As mariposas diamondbacks são as principais pragas agrícolas de culturas de brássicas, como o repolho, o brócolis, e a canola, e são conhecidas por desenvolver rapidamente uma resistência a quaisquer pesticidas usados para detê-las. A mariposa geneticamente modificada concorreu com sucesso com mariposas diamondback do tipo selvagem, e muito menos lagartas foram produzidas em comparação com os campos de controle. A Oxitec também desenvolveu cepas autolimitantes da lagarta-do-cartucho, da lagarta-da-soja e de várias outras pragas agrícolas. A abordagem de esterilidade autolimitada para reduzir as populações de pragas agrícolas pode economizar bilhões de dólares por ano em perdas para os agricultores em todo o mundo, ao mesmo tempo em que reduz a dependência de pesticidas químicos. Curiosamente, também pode ajudar a mudar a conversa em torno de alimentos geneticamente modificados, uma vez que pragas de culturas geneticamente modificadas (que as pessoas não comem) podem ser usadas no lugar de culturas geneticamente modificadas resistentes a insetos com ganhos semelhantes no rendimento das culturas.

Para fins de controle de pragas, a esterilidade hereditária é uma melhoria em relação às estratégias de controle de pragas que depende da liberação contínua de machos estéreis. E, como as mutações indutoras da esterilidade desaparecem da população ao longo do tempo, o sistema ecológico natural permanece intacto. Nós nos intrometemos, mas os impactos de nossa intromissão são pequenos a longo prazo.

Por enquanto.

MELHOR DO QUE POR ACASO

Nossos genomas contêm elementos nefastos que subvertem a Lei de Segregação de Mendel – a regra de que cada alelo tem a mesma chance de passar para a próxima geração. Por causa de seu poder subversivo, esses elementos infiltram-se na próxima geração com mais frequência do que deveriam. Alguns distorcem a forma como os cromossomos se separam durante a meiose (quando as células se dividem para produzir espermatozoides ou óvulos), para aumentar sua chance de estar na célula que se torna o óvulo. Outros, uma vez que fazem parte de um genoma de espermatozoide ou óvulo, destroem outros espermatozoides ou óvulos. Esses elementos são vilões evolucionários, por isso ganharam nomes como "distorcedores", "assassinos" ou "ultra-egoístas", mas também são chamados de genes condutores (*gene drive*). Eles podem ser tanto naturais como gerados sinteticamente através das ferramentas de engenharia genômica. Até agora, nenhum gene sintético foi liberado na natureza, mas estão sendo desenvolvidos por empresas de biotecnologia, agências governamentais e biólogos conservacionistas. Os genes condutores estão sendo cogitados para controle de pragas, manejo de espécies invasoras e até mesmo para ajudar as espécies a se adaptarem a habitats em mudança. O apelo dos genes sintéticos é que eles podem espalhar uma característica por toda uma população de forma mais rápida do que ocorreria pela seleção natural. Mas isso também é um motivo de preocupação.

O plano da Target Malaria para acabar com a malária na África Subsaariana incluiu três fases. A primeira foi a liberação de machos estéreis geneticamente modificados, iniciada em Burkina Faso, em 2019. A segunda está liberando uma versão autolimitada de *Anopheles gambiae* que, como o *Aedes* autolimitado da Oxitec, pode persistir na população por várias gerações antes de desaparecer. Na terceira fase, planeja-se liberar um mosquito que reduzirá o número de fêmeas a zero. Para isso, a equipe precisará projetar um gene condutor.

Os genes condutores por trás da terceira fase do audacioso plano da Target Malaria são Austin Burt e Andrea Crisanti, do Imperial College de Londres. Desde 2003, Burt e Crisanti vêm trabalhando em como construir um gene condutor que poderia erradicar uma população inteira de mosquitos. Com a invenção da edição de genes baseada em CRISPR em 2012, surgiu uma solução. Se os componentes CRISPR – o mecanismo molecular que encontra e corta o DNA em preparação para a edição genética – pudessem ser incluídos como parte do DNA editado no genoma, então, o genoma poderia essencialmente editar a si mesmo. Seria uma edição autopropagável.

Como comparação, vamos retornar ao que normalmente acontece com o DNA editado. Em um cenário normal de engenharia genética, o genoma de um indivíduo, digamos um macho, é modificado para que ambos os seus cromossomos contenham uma edição. Quando ele cruza com uma fêmea do tipo selvagem, sua prole será heterozigota, e isso significa que eles herdarão um alelo editado de seu pai e um alelo de tipo selvagem de sua mãe. Quando esses indivíduos heterozigotos cruzam com indivíduos do tipo selvagem, metade de sua prole herdará o alelo editado e a outra metade herdará o alelo do tipo selvagem.

Esse padrão de herdabilidade segue a Lei de Segregação de Mendel.

Em um cenário de transmissão genética, todos herdam o alelo editado. Quando um macho editado cruza com uma fêmea de tipo selvagem, seus descendentes serão inicialmente heterozigotos; herdarão o alelo editado de seu pai e o alelo de tipo selvagem de sua mãe. Mas durante os estágios iniciais de desenvolvimento, os componentes CRISPR no alelo editado serão transcritos – pela célula – junto com todas as outras proteínas que a célula precisa para funcionar. Esses componentes CRISPR encontrarão, cortarão e editarão o alelo do tipo selvagem herdado da mãe, transformando-o no alelo editado. Todos os descendentes tornam-se homozigotos para o alelo editado. E como ambos os cromossomos agora têm o alelo editado (e CRISPR), a mesma coisa acontecerá quando esses indivíduos se acasalarem com indivíduos do tipo selvagem. E isso também acontecerá na próxima geração. E também na próxima. E assim por diante. Enfim, cada indivíduo na população terá duas cópias do alelo editado.

Nesse cenário, é fácil imaginar como uma unidade genética autopropagadora pode se espalhar rapidamente. Mas a manutenção dessa unidade requer que o alelo da unidade permaneça intacto. Quaisquer mutações que alterem os componentes do CRISPR ou a sequência de DNA que o CRISPR foi projetado para reconhecer, quebrarão o gene condutor. E se o traço que está sendo conduzido através da população reduz a aptidão de um indivíduo – tornando-o estéril, por exemplo –, haverá uma forte pressão evolutiva para separar o condutor. Afinal, a esterilidade é, para dizer o mínimo, evolutivamente desvantajosa.

Para matar todos os mosquitos, Burt e Crisanti precisavam de um condutor inquebrável. Para criá-lo, optaram por editar um gene chamado duplo-sexo (*doublesex*). Nos *Anopheles gambiae*, as proteínas de duplo-sexo são agrupadas de forma diferente, levando em conta se o mosquito é macho ou fêmea. O duplo-sexo também tem uma forte conservação evolutiva - quaisquer mudanças que ocorram na sequência provavelmente matarão o mosquito em desenvolvimento. Por causa dessa conservação evolutiva, o duplo-sexo é essencialmente inquebrável.

Vendo o duplo-sexo como uma forma ideal para um gene condutor inseparável, a equipe de Crisanti decidiu fazer a quebra do gene de uma maneira muito cuidadosa. Ela usou o CRISPR para fazer uma edição que interrompe a produção da versão feminina da proteína duplo-sexo. A edição não tem impacto nos machos, que se desenvolvem normalmente. Mas as fêmeas que herdam duas cópias do alelo editado são estéreis. Se introduzida em uma população de mosquitos como parte de um gene condutor, a mutação de duplo-sexo deve reduzir a zero o número de fêmeas não estéreis.

Em 2018, a equipe de Crisanti liberou combinações de mosquitos editados e não editados em pequenas estufas, e esperou para descobrir se seu gene condutor funcionaria. Todas as populações que ficaram nas estufas foram extintas em onze gerações.

A equipe de Crisanti e a Target Malaria ainda têm muito trabalho a fazer antes que os mosquitos da fase três estejam prontos para serem liberados na natureza. Experimentos em estufas de campo maiores (e em habitats ainda fechados, embora mais naturais) irão revelar como a competição, a predação e outros fatores ambientais afetam o sucesso do gene condutor. Mais importante, talvez, será o desenvolvimento de estruturas éticas e legais em torno da liberação de um gene condutor responsável pela matança de espécies (ou pelo menos da sua redução maciça). A Target Malaria está compartilhando suas novas tecnologias abertamente, e incluindo as comunidades afetadas e outras partes interessadas na elaboração dos planos para os próximos estágios de seu trabalho. Essa abordagem permite que eles construam tanto a infraestrutura comunitária quanto a confiança na biotecnologia em geral (e genes em particular) que podem permitir que o projeto um dia tenha sucesso.

MAS TUDO PODE DAR MUITO ERRADO

Kevin Esvelt é professor do Instituto de Tecnologia de Massachusetts e sem sombra de dúvidas dirá a você que os genes condutores são perigosos. Esvelt foi o primeiro a descobrir como os genes condutores baseados em CRISPR podem funcionar para espalhar uma característica a uma população, e tem certeza de que o gene condutor é a única solução para erradicar doenças como a malária a curto prazo. Ele também tem sido uma voz importante pela regulamentação da tecnologia de genes condutores, ao mesmo tempo em que desenvolve novos genes condutores em seu próprio laboratório, embora sempre projetados para desaparecerem com o tempo. Basicamente, Esvelt está ao mesmo tempo entusiasmado e apreensivo. Além disso, pelo que me disseram, nunca para de trabalhar.

A pesquisa de Esvelt se concentra na edição de genes de pequenos mamíferos. Com o auxílio das comunidades locais, ele está desenvolvendo sistemas para espalhar a resistência à doença de Lyme através de populações de camundongos de patas brancas em Aotearoa/Nova Zelândia, e também para suprimir suas populações de roedores invasores. Ele tem grande entusiasmo pela tecnologia de gene condutores, mas está ciente de seus riscos. Também está convencido de que os genes condutores só devem ser usados se duas coisas acontecerem. Primeiro, a comunidade na qual o gene condutor será usado deve entender e estar de acordo com a tecnologia e as possíveis consequências de seu uso. Em segundo lugar, é preciso haver uma maneira de desligar o condutor. Ah, tem uma terceira coisa: Esvelt insiste que qualquer cientista que desenvolva um gene condutor deve informar ao mundo sobre seus planos antes de começar. Ele argumenta que qualquer passo no desenvolvimento de um gene condutor pode colocar em risco o futuro dessa família de tecnologias e, mais importante, a confiança do público na ciência. Embora Esvelt esteja confiante de que qualquer gene condutor possa ser interrompido usando ferramentas moleculares, ele reconhece que os danos causados pela exclusão das pessoas afetadas do processo de tomada de decisão podem não ser reversíveis.

Esvelt leva a sério esses critérios. E insiste que não permitir que as pessoas tenham voz sobre o que ocorre em seu ambiente é, além de uma insensatez no sentido prático, uma vez que as pessoas têm muitas informações importantes sobre seus ambientes locais, é também uma imoralidade, pois são elas que devem decidir o que acontece em seus ambientes.

Seu projeto contra a doença de Lyme, "Camundongos contra Carrapatos", é anunciado como um "esforço comunitário para prevenir doenças transmitidas por carrapatos, alterando o meio ambiente compartilhado". A equipe de "Camundongos contra Carrapatos" está trabalhando com comitês diretores compostos por membros da comunidade de Martha's Vineyard e das ilhas Nantucket para decidir o que significa exatamente "alterar o meio ambiente compartilhado". O problema a ser resolvido é claro: as taxas de doença de Lyme são altas nas ilhas – quase 40% das pessoas em Nantucket já contraíram a doença que tem como vetor os carrapatos de veado infectados, que é transmitida ao picar os humanos. Camundongos-de-patas-brancas também adquirem Lyme através das picadas de carrapatos infectados e são as principais fontes de reinfecção dos carrapatos. Então, o "Camundongos contra Carrapatos" está procurando desenvolver uma estratégia para, como o nome indica, usar os camundongos para atacar os carrapatos. No entanto, a comunidade continua dividida sobre a liberação de camundongos geneticamente modificados.

O "Camundongos contra Carrapatos" tem à disposição várias soluções potenciais, cabendo às comunidades decidir como proceder. Os cientistas poderiam, por exemplo, inserir anticorpos anti-Lyme no genoma do camundongo-de-patas-brancas para torná-los imunes à doença, e liberar esses camundongos modificados no habitat para que superassem os camundongos infectados com Lyme. Também poderiam projetar um gene condutor que, de forma mais rápida, espalhasse os anticorpos anti-Lyme pelas populações de camundongos da ilha. Por enquanto, os moradores são mais favoráveis às soluções cisgênicas do que às transgênicas. Isso significa que eles preferem que qualquer DNA inserido no genoma do camundongo-de-patas-brancas seja proveniente de camundongos-de-patas-brancas que, de preferência, sejam locais.

As populações de camundongos-de-patas-brancas nas ilhas Martha's Vineyard e Nantucket são relativamente isoladas de outros camundongos. Dado esse isolamento, uma abordagem cisgênica pode ser suficiente para espalhar a imunidade de Lyme em todas as populações, particularmente se camundongos geneticamente modificados fossem mais aptos do que camundongos não modificados. No entanto, a disseminação da imunidade para as populações de camundongos no continente exigirá um número grande de camundongos, ou introduções mais frequentes deles, ou ambas, e talvez um impulso adicional de um gene condutor (necessariamente transgênico, uma vez que inclui CRISPR).

Isso levanta um problema. E se uma comunidade no continente decidir que quer liberar camundongos transgênicos de patas brancas com condutores projetados em seus genomas, mas as comunidades nas ilhas não? Pode parecer possível impedir que camundongos geneticamente modificados peguem carona em uma balsa, mas os humanos têm uma história de milhares de anos transportando roedores pelo mundo de forma involuntária. Na verdade, isso é precisamente o que causou muitos dos problemas atuais de roedores invasores, e que os genes condutores poderiam ajudar a resolver. Se um camundongo com um gene condutor escapasse do continente e acabasse em Martha's Vineyard, não haveria barreiras para que ele se reproduzisse com os camundongos locais, e é razoável esperar que o gene de imunidade e o transgene CRISPR associado se espalhassem por todo a população de Martha's Vineyard.

Embora o cenário acima seja ruim porque se sobrepõe à escolha da comunidade, alguns conservacionistas temem que os genes condutores possam ter uma consequência desastrosa. Durante as fases iniciais de escolha de como livrar Aotearoa/ Nova Zelândia de seus predadores até 2050, surgiu uma ideia de usar um gene condutor para suprimir espécies invasoras, tornando-as incapazes de se reproduzirem. Mas em última análise, a comunidade decidiu que não queria usar os genes condutores. Uma questão levantada foi a fuga potencial. Por exemplo, o gambá comum nativo da Austrália tornou-se uma grande praga agrícola e ameaça à conservação em Aotearoa, e hoje está na lista de espécies invasoras programadas para remoção. Se os cientistas projetassem um gambá comum com um gene de esterilidade, poderiam ter sucesso em eliminá-los em toda a sua área de distribuição, com enormes benefícios para a fauna nativa de Aotearoa. Mas se apenas um escapasse para a Austrália, o condutor da esterilidade poderia afetar a espécie e até levá-la à extinção.

Embora eu entenda essas preocupações, acho que o problema da fuga poderia ser combatido com um monitoramento eficaz. Se um programa de monitoramento descobrir que um condutor de esterilidade invadiu a Austrália, poderiam ser introduzidos gambás-de-rabo-de-escova projetados para terem alelos de resistência ao gene condutor. Como seriam mais aptos (capazes de se reproduzir), combateriam, de forma rápida e eficaz, o gene condutor que escapasse.

No entanto, para garantir essa verificação de segurança, os cientistas australianos precisariam desenvolver estratégias de monitoramento e projetar um contra-ataque eficaz, apenas por precaução. Embora isso seja totalmente possível, o exemplo destaca que as equipes que pensam em usar os sistemas de genes condutores devem discutir suas ideias desde o início e abertamente com todas as comunidades potencialmente afetadas.

Conforme avançamos como uma sociedade que domina as tecnologias de genes condutores, devemos presumir que as comunidades ou governos vizinhos muitas vezes farão escolhas diferentes sobre a liberação de organismos geneticamente modificados. Devemos presumir que será difícil conter as espécies dentro das fronteiras, sobretudo quando elas não possuem barreiras físicas. Devemos presumir que cometeremos erros, que iremos falhar em prever um impacto ecológico ou mudar nossas ideias. Também devemos reconhecer que, em algumas situações, poderá haver populações invasoras suficientemente isoladas para que um gene condutor de ação rápida seja a abordagem mais eficiente e econômica no sentido de eliminálas. Ilhas isoladas com programas de monitoramento robustos podem atender a esses critérios, mas haverá outras situações em que a possibilidade de conectividade não pode ser excluída. Nessas situações, devemos projetar nossos genes de forma a sermos capazes de combatê-los.

Mas como um gene condutor poderia ser suprimido? Esta é, atualmente, uma questão em aberto. Mas muitos cientistas estão procurando respostas. Em 2017, a Agência de Projetos de Pesquisa Avançada de Defesa dos Estados Unidos (DARPA) anunciou que investiria US$ 56 milhões em projetos de segurança genética, com o objetivo de desenvolver estratégias para detectar, reverter ou controlar os genes. Kevin Esvelt, um dos primeiros a receber financiamento por meio dessa iniciativa, tem algumas ideias. Uma é dividir o sistema de acionamento gênico em várias unidades que estão espalhadas pelo genoma. Esses acionamentos funcionariam como um tipo de encadeamento, onde o elemento de base contém as instruções para acionar o próximo elemento, que também tem as instruções para acionar o próximo e assim por diante. Enquanto apenas o último elemento da cadeia é necessário para expressar o traço geneticamente modificado, os outros elementos são os que conduzem esse traço para que se expresse com mais frequência do que num processo ocorrido ao acaso, sem nenhuma intervenção. É crucial que o elemento na base da cadeia não seja conduzido, significando que é autolimitado, assim como o tTAV nos mosquitos de segunda geração da Oxitec. Como apenas metade da prole nascida terá esse elemento fundamental e autolimitante, ele será gradualmente perdido da população, impedindo a condução para o próximo elemento. No final, todos os elementos condutores serão perdidos e a população retornará ao que era antes da introdução do condutor. Os cientistas podem controlar por quanto tempo um traço produzido pode persistir na população, adicionando elos ao encadeamento ou alterando o número de indivíduos editados incluídos na liberação.

Os encadeamentos são apenas uma das várias ideias propostas para limitar os genes condutores, tanto espacial quanto temporalmente. Novas ideias continuarão a surgir à medida que o campo vai se expandindo, sobretudo quando cientistas, agentes reguladores e partes interessadas enfatizam a necessidade de cautela.

Embora os genes condutores tenham sido desenvolvidos até agora para apenas um punhado de espécies, este é um campo de rápido crescimento. Em 2018, Kim Cooper, bióloga do desenvolvimento da Universidade da Califórnia, em San Diego, forneceu a primeira evidência de que um gene condutor poderia funcionar em mamíferos. Ela inseriu um gene extra no genoma do camundongo, que ativou o CRISPR (também projetado no genoma do camundongo) no momento certo durante o desenvolvimento das células germinativas, para fazer com que o genoma do camundongo modificado se editasse – criando um gene condutor. Nesse caso, a mudança pretendida por Cooper era fazer com que os camundongos tivessem pelos inteiramente brancos. Os resultados não foram perfeitos. O condutor funcionou apenas em fêmeas, e apenas 73% dos descendentes eram brancos. Mas o sucesso desse experimento aponta para um futuro com a possibilidade de um número muito maior de organismos para transformar em ferramentas para a conservação da biodiversidade.

Genes condutores também podem ser desenvolvidos para plantas. Esses condutores poderiam espalhar genes que eliminassem a resistência aos herbicidas causada pela evolução. Também poderiam tornar uma população resiliente a uma praga invasora ou uma linhagem de cultivo mais capaz de sobreviver em um clima alterado. Como Kevin Esvelt argumentaria, todos esses condutores devem ter mecanismos embutidos para limitar sua vida útil, ou abordagens estabelecidas e testadas para combater o condutor caso ele escape ou tenha algum impacto diferente do previsto. Esses controles fazem com que os genes sejam soluções locais em vez de globais para agricultura e conservação. Eles nos permitem concentrar na busca dos resultados pretendidos.

MAIS OU MENOS NOVO

Quando editamos o genoma de uma espécie, estamos antecipando a evolução. Criamos um organismo que nunca existiu antes. Isso também acontece quando os organismos se reproduzem e seus genomas se combinam: um filho é um organismo que nunca existiu antes, mas quando a evolução cria algo novo, há um elemento de acaso em como esses genomas se recombinarão. Quando criamos algo novo, ignoramos o acaso. Ajustamos um pouco algo que já existia e o fazemos de maneira definida e específica. Criamos algo novo - ou mais ou menos novo - que é novo de uma maneira totalmente controlada por nós.

Esse nosso ajuste também tem um propósito. Quando usamos um gene condutor para propagar um traço em uma população, estamos usando o organismo que criamos - que nunca existiu - como uma ferramenta. Essa ferramenta pode reduzir nossa carga de doenças, limpar um ecossistema ou salvar uma espécie da extinção.

Seria algo ruim manipular espécies para transformá-las em algo novo para nosso próprio benefício? É justificável manipular espécies se nossa intenção é beneficiar essa espécie ou beneficiar o meio ambiente? É ético mover genes entre espécies à medida que os transformamos em novas ferramentas? É moral buscar soluções para nossos problemas através da árvore da vida, mesmo extraindo genomas de espécies que não estão mais vivas?

São perguntas difíceis de responder, mas talvez as respostas nem sejam necessárias. Estamos mexendo com as espécies ao nosso redor por dezenas de milhares de anos. Durante a maior parte do tempo, nossas ferramentas têm sido monótonas, mas as usamos para criar um mundo cheio de beleza, oportunidades e perigos. Temos hoje uma crise climática, uma crise de extinção, uma crise de fome, uma crise de confiança. Precisamos de todas as ferramentas à nossa disposição se quisermos sobreviver a essas crises - e precisamos aprender a falar aberta e honestamente sobre essas ferramentas. Na verdade, as ferramentas que temos agora provavelmente não são suficientes para salvar a nós ou outras espécies ou nossos habitats. Para tudo isso, precisamos de ferramentas diferentes de todas que existem hoje, ferramentas que ainda temos que imaginar, porque o caminho à frente ainda precisa ser pavimentado.

Mas, por enquanto, ainda temos elefantes.

MANJAR TURCO

Começamos essa jornada cerca de 40 milhões de anos atrás, quando nossos primeiros ancestrais, semelhantes a macacos, colonizaram a África a partir da Ásia. Muita coisa mudou desde então. Os continentes se moviam, deslocando as correntes oceânicas ao seu redor. As temperaturas globais oscilaram de muito quente para congelante e vice-versa. Os habitats ficaram mais úmidos e secos e se transformaram em algo totalmente diferente, criando novas oportunidades para que plantas, animais, fungos e outros micróbios evoluíssem e se diversificassem. E então, durante o 1% final dos últimos 40 milhões de anos, surgiu nossa própria espécie. Nossos ancestrais se espalharam pelo planeta e se tornaram parte – e parte fundamental – da paisagem na qual as espécies lutavam por espaço e recursos. Algumas plantas, animais e micróbios viviam bem em um mundo em que existiam pessoas, por isso prosperaram. Outros, aliás, muitos outros, foram extintos. Nossa espécie assumiu o controle dos habitats do planeta e os alterou para atender às nossas necessidades. Então, durante os mais recentes - aproximadamente 0,0005% - dos últimos 40 milhões de anos, a sociedade humana industrializou e remodelou a Terra quase da mesma forma que o asteroide Chicxulub fez quando colidiu com nosso planeta, cerca de 66 milhões de anos antes, e encerrou o reinado dos dinossauros.

Isso ocorreu nos últimos 40 milhões de anos. Mas e se avançarmos 40 milhões de anos, conseguiríamos imaginar como será a nossa Terra? Diferente de hoje, suponho, e não apenas por nossa causa. Não importa o que fizermos, os continentes continuarão a se mover e os vulcões continuarão a entrar em erupção. Nos próximos 40 milhões de anos, a África colidirá com a Europa, a Austrália se fundirá com o Sudeste Asiático e a Califórnia deslizará pela costa oeste da América do Norte até o Alasca. O clima será mais quente daqui a 40 milhões de anos, e, novamente, não apenas por nossa causa. Nosso Sol, que já é uma estrela de meia-idade, está ficando mais brilhante. Em cerca de 1 bilhão de anos, ele será tão brilhante e quente que nossos oceanos irão ferver. Em um futuro mais próximo, daqui a 40 milhões de anos, nosso Sol estará mais quente do que agora, mas o planeta ainda será habitável. Mas por quem? Por seres como nós ou linhagens que descendem de nós? Ou seremos os últimos de nossa linhagem, destinados a desaparecer como os dinossauros, abrindo caminho para o próximo Grande Acontecimento?

Se presumirmos que nossa espécie terá uma duração de vida semelhante à de outros mamíferos, então já estamos na metade do tempo previsto, com aproximadamente meio milhão de anos ainda pela frente. Mas somos diferentes das outras espécies. Enquanto elas se extinguem porque são superadas e não se adaptam a um clima em mudança ou sucumbem numa catástrofe, nós superamos todas as outras espécies matando-as ou domesticando-as. Nós nos adaptamos às mudanças climáticas por meio de soluções de Engenharia, fora da Biologia, mas, agora, pela Engenharia Biológica. Somos suscetíveis a catástrofes, mas também astutos a ponto de podermos projetar uma saída da nossa própria extinção.

À medida que crescem nossos poderes para superar a evolução, crescem também nossas preocupações com o abuso desses poderes. Qual é o limite? Tudo bem editar plantas, mas deve ser proibido editar animais? A edição de genes pode ser aceitável se melhorar o bem-estar animal ou diminuir a poluição, mas é moralmente condenável se o objetivo for estético? E quanto a modificar genomas humanos? Se decidirmos editar a nós mesmos, devemos nos limitar a fazer alterações que afetem apenas uma pessoa ou permitir alterações que podem ser transmitidas para a próxima geração e alterar de forma permanente a trajetória de nossa evolução? E se pudéssemos curar uma doença genética? Ou proteger nossos filhos durante uma pandemia? À medida que nos preocupamos, habitats continuam a se deteriorar, espécies continuam a desaparecer, novas doenças continuam a surgir e muitas pessoas continuam passando fome e sofrendo.

Quando Edmund Pevensie, personagem de C. S. Lewis, mordeu o manjar turco da Feiticeira Branca, não suspeitou que o doce fosse enfeitiçado. Ele sabia apenas que era mais delicioso do que qualquer doce que já havia provado, e que faria qualquer coisa, até mesmo vender seus irmãos, para ter direito a outra mordida. A capacidade de editar nossos próprios genomas será nosso manjar turco? Qual será o gatilho que nos fará dar a primeira mordida?

IMPOSSIBILIDADES

Encontrei Pat Brown pela primeira vez quando fomos convidados pelo Google para a "desconferência" anual de ciência chamada Sci Foo. Eu o vi palestrando na cozinha, sentado em cima de um balcão alto, cheio de comida vegetariana, e cercado por uma plateia de participantes da conferência. Ele estava vestindo uma camiseta branca com uma estampa do rosto de uma vaca com um símbolo de proibido vermelho, gesticulando loucamente enquanto – imagino – refletia sobre um futuro sem gado. Conhecia Pat Brown não apenas pela reputação, mas também porque nosso laboratório havia recebido um pesquisador da sua equipe, quando ele decidiu deixar seu emprego em Stanford e começar o que acabaria se tornando a Impossible Foods.

Não me contive: caminhei até a multidão para discutir com ele sobre vacas.

Não entenda mal. Eu amo o Impossible Burger, o primeiro produto lançado pela Impossible Foods. É um hambúrguer saboroso e, na minha opinião, muito mais parecido com os hambúrgueres de carne, em textura e sabor, do que outras opções à base de vegetais que estão disponíveis atualmente. É claro que é exatamente isso que Pat Brown pretende: fazer um substituto da carne para pessoas que comem carne. Enfim, não é o Impossible Burger que me incomoda. O que me incomoda é o desejo de Brown de se livrar de todo o gado, algo que não me parece necessário. Na minha opinião, mesmo quem abomina a indústria de carne e de laticínios deveria enxergar um lugar para o gado em nosso mundo. Como são descendentes de auroques, o gado poderia pelo menos viver onde os auroques viveram, preenchendo o papel de um grande herbívoro de pasto em um ecossistema natural recriado.

Pat Brown passou 25 anos como professor de Bioquímica na Universidade de Stanford, antes de decidir mudar de carreira. Em 2009, decidiu tirar um sabático de 18 meses para descobrir o que fazer da vida. Ele já tinha inventado o microarranjo de DNA, que mudou a maneira como os cientistas catalogam as diferenças entre as sequências de DNA e as quantidades de proteínas que os genes produzem. Ele também foi cofundador da Public Library of Science, que mudou a forma como os cientistas publicam suas pesquisas, tornando seu trabalho de acesso livre para qualquer pessoa em qualquer lugar do mundo. Para seu próximo projeto, ele queria provocar mudanças em uma escala maior. Após algumas pesquisas e muita reflexão, ele decidiu mudar a forma como as pessoas comem, removendo todos os produtos de origem animal do sistema alimentar do planeta.

Pat Brown pode ser um pouco louco, mas é muito perspicaz. Ele sabia que não daria certo simplesmente pedir para as pessoas pararem de comer carne. Os alimentos de origem animal, além de fornecerem a nutrição e a satisfação que falta nos alimentos à base de vegetais, estão firmemente enraizados em muitas culturas. Para remover completamente os animais de nossas dietas, Brown teria que inventar um produto à base de plantas que imitasse exatamente os produtos animais que as pessoas querem comer. Ele se voltou para seu conhecimento bioquímico e de desenvolvimento de tecnologia e fundou duas empresas: a Impossible Foods, que se concentra em substitutos de carne à base de plantas, e a Lyrical Foods, que desenvolve produtos substitutos lácteos à base de plantas, como queijos cremosos, iogurtes e massas recheadas, e os vende sob a marca Kite Hill.

O sucesso da carne Impossible era impossível de compreender quando o produto foi introduzido pela primeira vez. Em 2009, a maioria das pessoas achava que Brown teria algum sucesso em um nicho de mercado. Em 2016, o Impossible Burger estreou com alarde inesperado no Momo-fuku, em Nova York, um premiado bistrô de carnes, dirigido pelo chef David Chang. Em 2019, o Burger King apresentou o Impossible Whopper e, em 2020, o Impossible Croissan'wich, feito com carne de porco Impossible. Hoje, várias cadeias de restaurantes nacionais e restaurantes locais em diversos países estão servindo a Impossible Bolognese, os Impossible tacos e também pizzas cobertas com Impossible salsichas. Suas Impossible carnes já podem ser encontradas nas prateleiras dos supermercados. O segredo do sucesso da Impossible Foods era seu ingrediente-chave, que, além de deixar a carne impossível tão apetitosa quanto a carne bovina, ainda podia ser produzida em tanques.

A equipe de Brown descobriu que é uma molécula chamada heme que dá à carne seu sabor, sua textura e até mesmo cor. A heme é um componente da hemoglobina, a molécula do sangue que transporta oxigênio dos pulmões para todas as outras células. Ela se liga ao ferro, é por isso que nosso sangue (e um bife malpassado) tem um leve sabor metálico. Todos os seres vivos têm heme, mas alguns organismos têm mais heme do que outros, e quanto maior a quantidade, mais complexo é o seu perfil de sabor. Então, Pat e sua equipe tinham descoberto o truque para fazer um delicioso e suculento hambúrguer: prepará-lo cheio de heme.

Heme de planta, é claro.

A heme vegetal é idêntica em estrutura molecular à heme animal, mas presente em quantidades muito menores por unidade de massa vegetal. Entre as partes das plantas mais ricas em heme estão as raízes de leguminosas como o feijão, onde a heme (que também é vermelha nas plantas) participa do processo de fixação do nitrogênio. As raízes de soja são particularmente ricas em heme, e uma boa opção para uma fonte de heme para as Impossible carnes. Porém, cultivar milhares de hectares de soja para colher seu sangue (heme) não é a vitória ambiental que Brown imaginou. Por sorte, a solução já havia sido inventada, o modelo vindo, aliás, do primeiro produto da Biologia Sintética: a insulina humana.

As leveduras são pequenas fábricas de proteínas, são organismos unicelulares de crescimento rápido e fáceis de se manterem vivos e, ao contrário das bactérias, podem produzir proteínas prontas para uso, e com pouco processamento adicional. As leveduras também são fáceis de projetar usando tecnologias de DNA recombinante. Desde a década de 1980, quando foi usada pela primeira vez para produzir insulina recombinante, a produção de proteínas usando levedura cresceu para um mercado de bilhões de dólares. O processo é simples: o cientista insere o gene que codifica a proteína desejada no genoma da levedura e, em seguida, coloca a levedura geneticamente modificada em uma câmara de fermentação (um tanque gigante, semelhante aos usados para fazer cerveja). A levedura alimenta-se de água e açúcar e se multiplica, produzindo mais levedura e, ao mesmo tempo, muita proteína que o genoma da levedura foi projetado para expressar. Na etapa final, o cientista purifica a proteína da mistura de levedura e faz o que quiser com a proteína purificada.

A Impossible Foods percebeu que, se conseguisse projetar leveduras para expressar as proteínas da hemoglobina que evoluíram na soja, poderia produzir heme de soja em grandes quantidades. E é exatamente assim que a Impossible Foods fabrica seu ingrediente nada secreto: sangue vegetal, biossintetizado por levedura geneticamente modificada, produzido em tanques. A empresa combina a heme purificada com outros ingredientes, como óleos de soja, de girassol e de coco, além de temperos e aglutinantes que, juntos, fazem com que as Impossible carnes pareçam, cozinhem, sangrem e tenham textura e gosto de carne moída. Os produtos têm aproximadamente a mesma quantidade de proteína que a carne animal, com menos calorias, muito mais sódio e um pouco menos de gordura.

O segredo do sucesso do Impossible Burger é que, graças à heme, o hambúrguer é uma boa - e melhorada - aproximação de um hambúrguer de carne bovina. Não está tentando ser um saboroso hambúrguer vegetariano ou um substituto extremamente saudável de carne; está tentando ser carne bovina, mas sem o gado.

Carne e laticínios não são os únicos produtos de origem animal que as empresas de biotecnologia estão produzindo utilizando levedura. A Bolt Threads, por exemplo, está projetando leveduras para produzir proteínas de seda de aranha que podem ser transformadas em tecidos. A Modern Meadow desenvolveu levedura para produzir colágeno, a proteína que torna a pele elástica e mais resistente. O colágeno purificado produzido pela levedura é prensado em chapas que são curtidas, tingidas e costuradas em quaisquer produtos que o couro tradicional possa ser usado para produzir, como bolsas ou pastas ou até mesmo móveis. O Joint BioEnergy Institute do Departamento de Energia dos EUA criou micróbios que produzem indigoidina, uma molécula sintética usada para tingir jeans. A Lonza, empresa de biotecnologia que cria produtos para a indústria farmacêutica, desenvolveu levedura para produzir uma proteína usada para confirmar que os medicamentos estão livres de micróbios tóxicos. Essa proteína, o Fator C recombinante, funciona de forma idêntica - e, portanto, pode substituir - uma proteína que a maioria da indústria obtém do sangue azul dos caranguejos-ferradura, tendo que matar milhares desses animais todos os anos. E a Ginkgo Bioworks projetou uma levedura para produzir compostos de aromas e fragrâncias normalmente isolados de campos de ervas ou flores.

Todos esses compostos de bioengenharia permitem que as empresas evitem as armadilhas comerciais, como mau tempo ou colheitas fracassadas, e liberem terras agrícolas para outros fins.

A levedura também não é o único organismo que pode funcionar como uma fábrica molecular. As plantas também podem ser projetadas para expressar genes e produzir proteínas de maneira que nos beneficiem. Por exemplo, a Surinder Singh, da Commonwealth Scientific and Industrial Research Organization (CSIRO) da Austrália, lidera uma equipe de cientistas que usa a engenharia genética para alterar as composições e rendimentos de óleos extraídos de sementes, caules e folhas de plantas. Um dos objetivos da Singh é projetar plantas para produzir óleos suficientemente estáveis em altas temperaturas, para substituir óleos à base de petróleo como lubrificantes industriais. Também existe a engenharia de canola, uma planta oleaginosa comum, para expressar um gene de algas que produz ácidos graxos ômega-3 de cadeia longa. A demanda por esses ácidos graxos para aquacultura e suplementos nutricionais esgotou os oceanos de peixes que se alimentam de algas, como sardinhas e anchovas, dos quais os ácidos graxos ômega-3 normalmente são extraídos, com efeitos em cascata na cadeia alimentar oceânica. Assim, a colheita de ácidos graxos de plantas fornece uma fonte ambientalmente sustentável desse importante e saudável óleo.

A capacidade de produzir proteínas com apenas uma sequência de DNA e uma fábrica de engenharia biológica também permite a experimentação. Alguns anos atrás, meu laboratório trabalhou com a Ginkgo Bioworks e a artista e pesquisadora de cheiros Sissel Tolaas, para criarmos uma fragrância de flores extintas. Meu laboratório extraiu e sequenciou DNA de flores secas do maui hau kuahiwi (*Hibiscadelphus wilderianus*), que era nativo do Havaí e foi visto pela última vez em 1912; do falls-of-the-Ohio scurfpea (*Orbexilum stipulatum*), que foi visto pela última vez perto de Louisville, Kentucky, na década de 1920;

e do wynberg conebush (*Leucadendron grandiflorum*), nativo da Cidade do Cabo, África do Sul, e visto pela última vez nos anos 1800. Em seguida, isolamos genes produtores de fragrâncias de nossos antigos extratos de DNA e enviamos essas sequências para a Ginkgo, que as transformou em levedura. Após a fermentação e purificação dos compostos da fragrância, Tolaas compôs um cheiro que se tornou parte de uma instalação de arte itinerante e imersiva, na qual os visitantes eram convidados a entrar e sentir um aroma que jamais poderiam experimentar de outra forma: uma fragrância geneticamente projetada feita de três flores extintas há mais de um século.

O que é mais emocionante para mim no projeto de flores extintas não é o fato de termos ressuscitado fragrâncias extintas, o que, em si, é muito legal, mas que nosso objetivo era muito mais do que um mero mimetismo. Não estávamos tentando recriar uma cópia de algo da melhor forma possível, mas, em vez disso, estávamos usando a biologia, a evolução e a engenharia para fazer algo novo, talvez ainda melhor do que o que a natureza projetou. Sim, claro, os compostos que Tolaas usou para compor a nova fragrância foram projetados pela natureza e reprojetados por nós, mas o produto final foi inteiramente projetado por humanos. E quando as pessoas caminhavam pela exposição, experimentavam o passado e o futuro simultaneamente: um pequeno gostinho, nesse caso o cheiro, do que nossas biotecnologias podem fazer.

Será que na próxima fase de alimentos e outros produtos geneticamente modificados, iremos criar em vez de replicar? Posso imaginar os biólogos sintéticos do futuro concorrendo não para criar o hambúrguer de planta mais suculento, a melhor salsicha vegetariana ou um perfume que melhor se aproxime do cheiro de uma flor que já não existe, mas para criar algo mais delicioso e mais maravilhoso do que qualquer coisa que já pudemos imaginar. No nosso experimento com a Gingko, pegamos emprestado o design de nossos compostos de fragrância da natureza, ao invés de fazê-lo. Mas poderíamos ter criado nossos próprios genes de fragrâncias, unindo aminoácidos que nossa pesquisa ou instinto pudessem sugerir, e que poderia resultar num aroma interessante. Poderíamos ter expressado nossas proteínas sintéticas em levedura e, a partir do aroma que surgisse, decidir se estava bom ou se, com alguns ajustes, ficaria ainda melhor. Livres da maioria das restrições evolucionárias, poderíamos ter misturado e combinado moléculas de fragrâncias sintéticas modificadas para criar um aroma que satisfizesse qualquer desejo.

Com a Biologia Sintética, não precisamos mais permanecer dentro dos limites do que podemos imaginar. E isso torna difícil prever quais novas ferramentas, soluções ou produtos podemos criar à medida que esse campo do conhecimento avança.

PEIXE VERMELHO, PEIXE AZUL, PEIXE VERDE, PEIXE NOVO

Em 2002, a Comissão de Caça e Pesca da Califórnia proibiu os criadores de peixes de aquário de vender os dânios – peixinhos tropicais de água doce, normalmente com listras azuis e brancas, que os *pet shops* rotulam como "fáceis" para os criadores de peixes iniciantes. Normalmente, tal proibição surgiria da preocupação de que o animal em questão tivesse potencial para se tornar invasor. Não é o caso. Os dânios são peixes tropicais, sem nenhum preparo para sobreviver nas águas geladas da Califórnia. E, embora tenham sido mantidos em tanques por décadas, nenhuma população de vida livre foi descoberta na Califórnia. Portanto, era praticamente impossível que esse tipo de peixe pudesse estabelecer populações locais, até porque eles praticamente se anunciavam aos predadores. Esse, aliás, era o traço que mais preocupava os comissários da Califórnia: os dânios brilhavam.

Os párias dos animais de estimação em questão eram os GloFish, uma linhagem de dânio geneticamente modificado que, na época, estava à venda nos Estados Unidos. O GloFish havia sido desenvolvido alguns anos antes no laboratório de pesquisa de Zhiyuan Gong, da Universidade Nacional de Cingapura, como parte de um projeto para criar um peixe capaz de alertar os observadores sobre água contaminada. Gong escolheu os dânios porque eram relativamente fáceis de desenvolver em comparação com outros peixes. Os ovos de dânio têm uma membrana externa clara que torna os embriões em desenvolvimento visíveis desde o estágio de célula única. Se as edições puderem ser feitas no genoma neste estágio inicial de desenvolvimento, não apenas todos os tecidos do peixe serão projetados de maneira idêntica, mas as edições também serão passadas para a próxima geração.

O objetivo de Gong era projetar um dânio que pudesse ser um sensor vivo, enviando um sinal de alerta visível se nadasse em águas poluídas. Para conseguir isso, primeiro ele precisava identificar genes que são expressos apenas na presença de poluentes. Ele descobriu esses genes expondo dânios a toxinas como estrogênio e metais pesados e medindo quais genes se expressaram. Ele também precisava projetar um sinal visível, que seria expresso ao mesmo tempo que esses genes sensores de poluentes, para alertar os observadores de que o poluente estava presente. Para isso, ele recorreu a um gene que evoluiu em medusas, chamado proteína verde fluorescente, ou GFP. Quando expressa, ela produz uma proteína que absorve a luz UV do sol e a emite como luz verde de baixa energia. O plano de Gong era inserir GFP perto dos genes sensores de poluentes de tal forma que sua expressão ficasse pareada. Quando um dânio geneticamente modificado nadava em água poluída, ele expressava os dois genes e se iluminava como uma lâmpada verde fluorescente.

Para provar que eles poderiam projetar dânios para brilhar na cor verde, a equipe de Gong inseriu GFP no genoma dânio sem vinculá-lo a qualquer expressão de outro gene. Os dânios modificados brilharam! E Gong não foi o único a notar. Dois anos depois, Alan Blake e Richard Crockett, dois empresários de Austin, Texas, obtiveram uma licença da Universidade Nacional de Cingapura para usar a tecnologia de Gong para uma aplicação totalmente diferente: vender os peixes brilhantes como animais de estimação.

Blake e Crockett abriram uma empresa chamada Yorktown Technologies, que levou ao mercado dois dânios brilhantes produzidos por Gong. Um era um dânio "verde elétrico", com a cor induzida pela GFP, e o outro um dânio "vermelho estelar" projetado para expressar um gene de proteína fluorescente vermelha que evoluiu em corais. Eles também desenvolveram peixes em cores novas e mais brilhantes e adaptando a tecnologia a outras espécies comuns de peixes de aquário. Hoje, os aquariofilistas que vivem onde o GloFish não foi banido podem estocar em seus tanques cinco espécies diferentes de peixes brilhantes - dânios, bettas, barbos, tetras e tubarões arco-íris - que vêm em cores como "laranja ensolarado", "roxo galáctico", "azul cósmico" e "rosa lunar". O brilho cintilante geneticamente codificado de cada peixe é derivado de genes que evoluíram, sobretudo, em corais e anêmonas do mar. Em 2017, a Yorktown Technologies vendeu a marca GloFish para a Spectrum Brands Holdings por US$ 50 milhões. No momento da venda, estimaram que a GloFish representava cerca de 15% da participação de mercado dos Estados Unidos nas vendas de peixes de aquário.

Embora o peixe brilhante seja, hoje, o único animal de estimação geneticamente modificado (relativamente) disponível para compra, também existem gatos, cães, coelhos, pássaros e leitões brilhantes, embora tenham sido desenvolvidos como ferramentas científicas e não como animais de estimação. Desde sua descoberta, a GFP tornou-se um gene marcador popular, substituindo a resistência a antibióticos como meio de confirmar o sucesso experimental - de que a edição primária foi feita com sucesso no genoma. Cientistas do The Roslin Institute, na Escócia, por exemplo, criaram galinhas transgênicas cujos genomas contêm GFP e também uma edição que torna as galinhas resistentes à gripe aviária. Usando GFP como um marcador, puderam rastrear simultaneamente quais galinhas foram editadas com sucesso (elas brilhavam sob luz ultravioleta) e a incidência e propagação da gripe aviária (elas tinham sido infectadas), permitindo-lhes testar se a edição tinha protegido as galinhas de contrair a gripe aviária.

A tecnologia brilhante também foi usada para rastrear o sucesso durante a engenharia do primeiro cão transgênico, Ruppy, abreviação de Ruby Puppy, que nasceu na Coreia do Sul em

2009, de uma ninhada de quatro beagles projetados e clonados por cientistas da Universidade Nacional de Seul, para expressar um gene de proteína fluorescente vermelha. O experimento foi uma prova de conceito; a equipe pretendia apenas mostrar que cães transgênicos podiam ser clonados. Ruppy e seus companheiros de ninhada geneticamente idênticos pareciam beagles perfeitamente normais sob luz natural. Mas sob a luz ultravioleta, todos brilhavam em um encantador e cintilante vermelho rubi. Quando Ruppy foi acasalado com uma fêmea não transgênica, metade de seus filhotes herdou o gene da proteína vermelha, indicando que o transgene foi incorporado com sucesso na sua linhagem germinativa.

Embora ainda não estejam disponíveis para adoção nos abrigos de cães da sua cidade, ainda veremos muitos animais de estimação geneticamente modificados como Ruppy. Alguns poderão brilhar sob luz ultravioleta, mas a maioria será manipulada para expressar características que melhoram nossos animais de estimação de alguma forma substantiva. À medida que mais pessoas se mudam para ambientes urbanos, por exemplo, podemos querer versões miniaturizadas de animais de estimação que sejam mais bem adaptadas para viver em apartamentos. Na verdade, o Instituto de Genômica de Pequim (BGI) tinha exatamente isso em mente quando anunciou em 2014 que logo começaria a vender um microporco geneticamente modificado: um porco Bama geneticamente modificado para não crescer mais do que um tamanho adequado para viver em apartamentos, com cerca de 14 quilos e com 25% a 35% do tamanho de um porco Bama comum. O BGI vetou seu plano de produção em massa de microporcos alguns anos depois, e sem explicação, mas rumores se espalharam de supostos microporcos que, embora crescessem lentamente, acabaram atingindo um tamanho normal, que não era tão adequado para apartamentos.

As futuras raças projetadas de animais de estimação provavelmente serão versões melhores de si mesmas. A Biologia Sintética nos permitirá maximizar os traços pelos quais cada uma das raças foi inicialmente selecionada –

hipoalergenicidade, destreza na caça, olfato excepcional –, mas sem os descuidos da criação. E parte desse trabalho já começou. Cientistas dos Institutos de Biomedicina e Saúde de Guangzhou anunciaram, em 2015, que criaram um beagle supermusculoso, eliminando o gene da miostatina do beagle, repetindo o fenômeno que ocorre no gado belga azul (como explicado na página 141). Embora a equipe de Guangzhou afirme que o beagle robusto será muito útil em contextos policiais e militares, esse argumento não me convenceu muito. Se eles puderem melhorar os labradores e os spaniels para farejarem câncer, então estarei 100% de acordo.

As ferramentas da Biologia Sintética também serão usadas para tornar nossos animais de estimação mais saudáveis e melhorar nosso relacionamento com eles. Assim que os cientistas descobrirem quais mutações causam a suscetibilidade dos dálmatas a cálculos renais, e a predisposição dos boxers a doenças cardíacas, a edição genética removerá completamente essas variantes mal-adaptativas das raças. À medida que cresce a compreensão de quais genes mapeiam quais traços, os biólogos sintéticos podem usar esses dados para criar, por exemplo, gatos que não expressam alérgenos na saliva e golden retrievers que não soltam pelos.

No entanto, com a Biologia Sintética, não precisamos nos limitar a traços que já existem. Que tipo de animal de estimação poderemos criar quando superarmos as ferramentas tradicionais de reprodução seletiva? Sem restrições evolutivas, os traços poderiam ser combinados para além das barreiras de espécies e até mesmo além do tempo. Poderíamos fazer cães que gorjeiam e pássaros que miam, gatos dentes-de-sabre e porquinhos-da-índia lanosos. Poderíamos fazer beagles com asas ou terriers que põem ovos, e peixes brilhantes que podem sair do tanque e atravessar a sala para um abraço. Obviamente que são todas criaturas imaginárias, algumas até absurdas, nada que a ciência esteja perto de fazer hoje. Sabemos muito pouco sobre como os genes interagem e quais combinações e tempos de expressões gênicas são responsáveis pela maioria dessas características, e não há um caminho para combinar traços complexos que evoluíram ao longo de trajetórias evolutivas longas e separadas. Ainda assim, aconselho a não descartar nem mesmo as ideias mais malucas. Imagine como nossos ancestrais caçadores-coletores teriam rido se lhe dissessem que um dia as pessoas transformariam lobos em chihuahuas. Ou, então, que teríamos a pretensão de transformar restos apodrecidos de plantas mortas em algo que pode ser armazenado em recipientes que jamais se degradariam.

A GRANDE MANCHA DE LIXO GALÁCTICA

Não existe, de fato, uma ilha de lixo, com o dobro do tamanho do estado do Texas, flutuando no leste do Oceano Pacífico. Essa ideia, frequentemente citada, teve origem quando Charles Moore, um capitão de barco de corrida e oceanógrafo, durante uma viagem de volta à Califórnia após uma regata entre Los Angeles e o Havaí, viu seu barco cercado por uma mancha de detritos plásticos flutuantes. Confuso e preocupado, ele começou a percorrer a área para ver se conseguia descobrir a origem do plástico. Depois de algum tempo, percebeu que os destroços estavam espalhados por uma área com o dobro do tamanho do Texas. A história conquistou a mídia e tem sido usada desde então para descrever o que logo seria conhecido como a "Grande Mancha de Lixo do Pacífico". Ela é realmente enorme. Algumas estimativas sugerem que se estende por mais de 1,6 milhão de quilômetros quadrados, cerca de duas vezes o tamanho do Texas ou três vezes o tamanho da França; outras sugerem que pode ser muito maior. Mas não se trata, no entanto, de uma ilha de lixo pela qual se possa caminhar. Alguns exploradores de lixo oceânico encontraram alguns conglomerados de pedaços maiores de plástico – cestos, baldes, redes de pesca, embalagens de doces, escovas de dentes, garrafas –, mas a mancha de lixo é composta principalmente por pequenos pedaços quebrados de microplástico que parecem grandes grãos de pimenta flutuando na gigante tigela de sopa do oceano.

A Grande Mancha de Lixo do Pacífico também não é a única mancha de lixo oceânica, é apenas a mais famosa. Cinco manchas de lixo oceânicas – duas no Oceano Pacífico, uma no Oceano Índico e duas no Oceano Atlântico – se acumulam onde correntes oceânicas rotativas, chamadas giros, vão sugando e agregando o lixo que flutua pelo oceano.

As manchas de lixo oceânico também não são, de fato, manchas. Em vez de se acumularem como jangadas flutuantes de lixo na superfície do oceano, elas se transformam de maneira grotesca. Os pedaços se quebram e flutuam com a corrente ou afundam na coluna de água para se estabelecer lá no fundo do oceano. As próprias manchas se movem com os ventos e correntes, invadindo comunidades marinhas à medida que se aproximam e se afastam das costas continentais.

Além de nojentas, elas são prejudiciais. Mamíferos marinhos, peixes grandes e tartarugas ficam presos no emaranhado de redes de pesca descartadas e outros pedaços de lixo, em um fenômeno apelidado de "pesca fantasma". As aves também se prejudicam ao confundirem pequenas bolas de plástico e isopor com ovas de peixe, e acabam alimentando com essas coisas seus filhotes, que morrem de fome ou de ferimentos internos. Os produtos químicos absorvidos pelo plástico – a maioria dos outros materiais são biodegradáveis, de modo que o lixo nas manchas é principalmente plástico – são consumidos pela vida oceânica e transmitidos pela cadeia alimentar até nós, com efeitos desconhecidos na saúde deles e também na nossa. As indústrias humanas que vão do turismo à pesca e ao transporte marítimo são impactadas à medida que a saúde do ecossistema marinho diminui, sufocando em plástico descartado.

A poluição plástica não desaparece sozinha. Ao contrário de restos de comida, madeira ou algodão, as bactérias não comem plásticos e, portanto, os plásticos não são biodegradáveis. Não é algo surpreendente, já que o plástico não existia até que as pessoas os fabricassem e, portanto, não houve pressão evolutiva de longo prazo para que as bactérias evoluíssem para decompor o plástico. Em vez disso, os plásticos fotodegradam – a luz UV quebra as ligações que mantêm unidas as longas cadeias de moléculas inorgânicas. O tempo que isso leva, depende de onde o plástico é descartado. Em um aterro sanitário (ou numa coluna d'água), o plástico enterrado com outro lixo por cima (ou água) terá pouca exposição à luz UV e a sua degradação se dará lentamente, talvez levando mais de 400 anos para se decompor. Embora os plásticos flutuando na superfície do oceano - ou próximo a ela - se desfaçam mais rapidamente, eles se desintegram em vez de se dissolverem ou desaparecerem, tornando-se sopas de microplástico que formam as manchas de lixo do oceano. Enquanto isso, as pessoas continuam despejando cerca de 8 milhões de toneladas de plástico nos oceanos todos os anos. E nossa dependência de plásticos para armazenamento, embalagem, roupas e outros produtos continua crescendo.

Recentemente, engenheiros químicos começaram a ajustar polímeros sintéticos para criar plásticos parcialmente, e até totalmente, biodegradáveis. A adição de amido durante a síntese de polímeros, por exemplo, produz um plástico suscetível à decomposição. Embora o amido possa estimular a degradação microbiana, ele também altera as propriedades do produto final e pode acelerar a desintegração em microplásticos. Plásticos à base de plantas feitos de compostos como amido de milho estão começando a ser usados em alguns contextos, por exemplo, como garfos e copos descartáveis (que comportam apenas bebidas frias, porque derretem em temperaturas relativamente altas) e materiais de embalagem também descartáveis. Os plásticos à base de plantas costumam ser chamados de compostáveis, até mesmo de comestíveis. No entanto, sua composição química é semelhante à dos plásticos à base de petróleo, o que torna essa afirmação um exagero e, muitas vezes, uma mentira descarada. Alguns plásticos à base de plantas acabarão se biodegradando em instalações de compostagem industrial, mas ainda persistirão em caixas de compostagem de quintal e em aterros sanitários, tal como os plásticos à base de petróleo. Ainda pior: os plásticos à base de plantas não podem ser reciclados junto com os plásticos à base de petróleo. Se misturados acidentalmente, todo o lote fica contaminado e impossível de reciclar.

Uma classe recém-descoberta de materiais plásticos chamados polihidroxialcanoatos, ou PHAs, é uma alternativa promissora, tanto para plásticos à base de petróleo quanto à base de plantas. Os PHAs são produzidos, naturalmente, por algumas bactérias, como uma estratégia para armazenar energia quando os recursos são escassos. Em uma fábrica, essas bactérias podem ser induzidas a produzir grandes quantidades de PHAs, restringindo alguns nutrientes e fornecendo uma superabundância de outros. Ao contrário dos plásticos à base de petróleo ou à base de plantas, os PHAs são biodegradáveis em caixas de compostagem de quintal, em aterros terrestres e até no oceano. Os PHAs também podem ter uma ampla utilidade: até agora os cientistas descobriram mais de 150 PHAs diferentes que os micróbios produzem a partir de alimentos básicos como açúcares, amidos e óleos. Esses PHAs podem ser usados isoladamente ou misturados com outros materiais para produzir plásticos biodegradáveis com ampla durabilidade, e também com maleabilidade e propriedades de tolerância ao calor e à água.

Embora a produção industrial de PHAs ainda seja pequena em todo o mundo, as empresas de biotecnologia estão desenvolvendo polímeros de PHA que podem substituir muitos dos produtos plásticos não biodegradáveis que sempre acabam no meio ambiente. Os produtos à base de PHA incluem cápsulas para fertilizantes agrícolas de liberação lenta, microesferas para esfoliantes faciais, microplásticos que melhoram as propriedades de bloqueio de UV de protetores solares, embalagens de supermercado para frutas e legumes e copos e talheres descartáveis para redes de *fast food*. O maior mercado para os PHAs hoje é a película de cobertura morta – a barreira plástica que os agricultores colocam sobre as terras cultiváveis para evitar que as ervas daninhas penetrem nas plantações. Normalmente, essa película é removida e arada junto com o solo, no final de cada estação de crescimento, onde se desintegra em microplásticos que permanecem por centenas de anos. Mas se for uma película feito de PHAs, será biodegradável.

A produção microbiana de PHAs também apresenta novas oportunidades para a Biologia Sintética. Hoje, as bactérias produzem PHAs em escala industrial metabolizando açúcares e óleos vegetais. Mas à medida que os cientistas vão aprendendo mais sobre o que regula e restringe essas vias microbianas, vão sendo mais capazes de projetar micróbios para produzir PHAs a partir de diferentes materiais iniciais. Seria possível, por exemplo, projetar micróbios para produzir bioplásticos a partir de resíduos como o mosto que sobra após a produção de cerveja, a borra de café ou os resíduos de jardim. Ou até mesmo limpar derramamentos de petróleo ou tornar biodegradáveis os plásticos à base dele.

Ao olharmos para o futuro, não tenho dúvidas de que algum dia existirão micróbios artificiais que não apenas fabricarão os produtos que sustentam nosso modo de vida, mas também ajudarão a limpar nosso lixo planetário. Mais cedo ou mais tarde essa solução vai chegar. Recentemente, cientistas descobriram micróbios capazes decompor alguns plásticos à base de petróleo. A taxa natural em que esses micróbios consomem plásticos é muito lenta para enfrentar o problema da poluição atual. Mas com os ajustes genéticos, esses processos poderão ser otimizados. E talvez os engenheiros microbianos consigam até descobrir uma forma de aproveitar a energia liberada no momento em que esses micróbios quebram as ligações que mantêm os polímeros sintéticos juntos. A Biologia Sintética poderia, literalmente, transformar o lixo de uma era, no tesouro de outra.

PROTEJA NOSSOS SOLOS

O problema de poluição atual pode ter sido uma consequência inevitável do sucesso evolutivo de nossa espécie. Nos últimos 200 anos, o número de humanos que vivem neste planeta cresceu de 1 para quase 8 bilhões. Todos nós comemos, precisamos de um lugar para dormir e criamos resíduos, orgânicos ou inorgânicos, que precisam ir para algum lugar. A poluição plástica é parte do problema, mas certamente não é o único desafio ambiental que a Biologia Sintética poderia contribuir para resolver. A industrialização global da produção de bens e a agricultura poluíram o ar e a água do nosso planeta e degradaram terras aráveis. As consequências são terríveis: as Nações Unidas estimam que a produção agrícola precisará aumentar em 50% para alimentar as possíveis 9 bilhões de pessoas que estarão habitando o planeta em 2050. Porém, o Grantham Center for Sustainable Futures da Universidade de Sheffield estima que a atual capacidade global de aumentar as colheitas é um terço menor do que era há 50 anos. A degradação da terra arável vem, em parte, da aragem sazonal para remover as ervas daninhas, que libera carbono do solo na atmosfera, contribuindo para o acúmulo de gases de efeito estufa. Também reduz os componentes minerais do solo, tornando-os vulneráveis à seca e à erosão, contribuindo para a eutrofização dos rios e oceanos. Como os agricultores trabalham para produzir culturas de solos que são naturalmente menos férteis, o uso indevido ou excessivo de herbicidas e pesticidas agrava o problema, alterando a composição mineral e o pH do solo, além de desestabilizar a comunidade de microrganismos que mantêm os ecossistemas do solo saudáveis.

A Biologia Sintética já melhorou a produção agrícola e retardou a deterioração das terras cultivadas. Plantas tolerantes a herbicidas geneticamente modificados reduzem a necessidade de aragem, permitindo que os agricultores controlem ervas daninhas usando herbicidas como glifosato e glufosinato.* Plantas geneticamente modificadas e resistentes a insetos reduzem o im-

---

* O glifosato, herbicida mais popular usado em todo o mundo, tem recebido considerável fiscalização desde 2015, quando a Agência Internacional de Pesquisa sobre o Câncer (IARC) divulgou um comunicado que categorizou o glifosato como um "provável carcinógeno". A IARC avalia a carcinogenicidade de forma diferente de outras agências, pois a atribui com base na possibilidade de uma substância causar câncer sob quaisquer condições, independentemente da probabilidade de essas condições ocorrerem no mundo real. Outras grandes organizações de saúde consideram o risco de carcinogenicidade com base em cenários de exposição realistas, incluindo a medição da duração e concentração da exposição. Em décadas de testes antes e depois do relatório da IARC, nenhuma organização importante de saúde ou agência reguladora, incluindo a EPA dos EUA, a Organização Mundial da Saúde, a Agência Europeia de Produtos Químicos, a Health Canada e muitas outras, descobriu que a exposição ao glifosato aumenta o risco de câncer nas pessoas. A IARC, no entanto, inclui o glifosato no grupo 2A "prováveis carcinógenos", que também inclui trabalhar em turnos noturnos, beber bebidas quentes, inalar fumaça de madeira, trabalhar como cabeleireiro e contrair malária. Essa classificação da IARC é o estudo em que se basearam os recentes casos de direito civil.

pacto de pesticidas químicos na biodiversidade e na qualidade do solo. A engenharia genética criou variedades de plantas cultivadas que são resistentes a doenças (p. ex., mamão Rainbow), mais nutritivas (p. ex., arroz dourado), mais atraentes (p. ex. maçãs do Ártico) e mais capazes de prosperar em condições de cultivo menos que ideais (p. ex. arroz resistente a inundações). Os tomates também se diversificaram e melhoraram graças às tecnologias de edição de genes. Zach Lippman, geneticista do Cold Spring Harbor Laboratory de Nova York, ajustou três genes de tomate usando CRISPR, para criar uma variedade de tomate cereja que cresce em cachos, como uvas em uma videira, e amadurece de forma mais rápida. O cultivo desse tomate cereja mais compacto e produtivo destina-se a pequenos espaços, como hortas urbanas em terraços ou, talvez, hortas cultivadas em uma futura colônia humana em Marte.

Nossos animais domesticados também irão se beneficiar cada vez mais das ferramentas da Biologia Sintética, e não apenas em relação às melhorias no conteúdo nutricional de seus alimentos. Tenho esperança de que a Engenharia Genética possa melhorar o bem-estar animal nas fazendas, aumentando a produção de produtos alimentícios. E sinais de aceitação da Engenharia Genética animal estão surgindo.

O salmão AquAdvantage, por exemplo, cresce duas vezes mais rápido que o salmão normal e, assim, reduz pela metade o tempo necessário para o peixe estar disponível no mercado. Esse peixe foi aprovado para venda (mas não para ser cultivado) pela Food and Drug Administration dos EUA, em 2015. Em 2019, a nova liderança da FDA removeu a proibição de importação de salmão AquAdvantage do Canadá, onde havia sido aprovado para produção e venda, e deu luz verde para a sua produção nos Estados Unidos. Em 2020, a FDA incluiu os porcos GalSafe na lista de animais seguros para consumo humano e uso médico. Uma pequena edição em seu DNA significa que esses porcos não produzem o açúcar alfa-gal nas superfícies de suas células. Pessoas com síndrome alfa-gal, também conhecida como "alergia à carne de mamífero" – que muitas vezes surge como consequência a uma picada de carrapato –, podem comer e receber órgãos, sangue e outros produtos de porcos GalSafe sem medo de anafilaxia.

Apesar desses sinais promissores, o caminho regulatório para animais geneticamente modificados continua sendo um desafio. Mas isso pode mudar rapidamente se os consumidores e agentes reguladores (e também os concorrentes – um grande crítico do salmão AquAdvantage tem sido a indústria de pesca do salmão do Alasca) estiverem dispostos a seguir a ciência. Laboratórios em todo o mundo estão desenvolvendo variedades geneticamente modificadas de animais domesticados para atender às necessidades humanas específicas. Os porcos de crescimento rápido podem aumentar os rendimentos do animal que tem a carne mais popular do planeta. As cabras que produzem leite antidiarreico podem melhorar a saúde humana em regiões onde outros animais não se adaptam muito bem. O gado tolerante ao calor pode prosperar em partes do mundo onde as mudanças climáticas estão elevando as temperaturas. Além disso, a engenharia genética também pode reduzir o peso global de doenças infecciosas que causam alta mortalidade entre animais domésticos e ameaçam a saúde humana. Para isso, os laboratórios estão desenvolvendo porcos resistentes à peste suína africana, gados que não contraem a doença da vaca louca e galinhas que não transmitem a gripe aviária entre si ou para as pessoas.

A Biologia Sintética também pode criar plantas e animais domesticados que combatem a poluição ambiental e as mudanças climáticas. Embora o projeto Enviropig canadense tenha terminado oficialmente em 2012, o esperma Enviropig congelado poderia ser usado para recuperar o projeto em um mundo mais favorável à biotecnologia, onde os Enviropigs, que conseguem digerir fósforo, ajudariam os suinocultores a economizar dinheiro, além de reduzir a eutrofização das bacias hidrográficas que atendem as fazendas de suínos. Mesmo que o trabalho com animais venha sendo retardado por obstáculos regulatórios, há um progresso significativo sendo feito com plantas, como a Iniciativa de Aproveitamento de Plantas do Salk Institute, onde cientistas estão usando a Biologia Sintética para otimizar a capacidade das plantas de capturar e armazenar carbono, aumentando a produção de suberina, uma proteína rica em carbono e resistente à decomposição que é encontrada nas raízes das plantas. As variedades geneticamente modificadas dessa iniciativa, que eles chamam de IdealPlants™, desenvolvem raízes maiores e mais profundas do que as plantas padrão e, portanto, capturam mais carbono no solo.

O plano é projetar esse traço em seis das plantas agrícolas mais comuns - milho, canola, soja, arroz, trigo e algodão - com o objetivo de aproveitar o sistema agrícola mundial como uma arma para combater as mudanças climáticas.

À medida que os biólogos sintéticos continuam a aprender como ajustar os genomas de plantas e animais para fazer mais, melhores e diferentes produtos, e que os cientistas naturais e sociais aperfeiçoam abordagens para avaliar os riscos de nossas novas biotecnologias, e que os profissionais e membros da comunidade desenvolvem métodos para implantar essas biotecnologias em fazendas e florestas, nós, como sociedade global, iremos nos acostumar cada vez mais a usar as ferramentas da Biologia Sintética para moldar nosso mundo. Nossa relação paradoxal com a engenharia genética será resolvida pela necessidade. Não podemos manter a confortável aleatoriedade da evolução e, ao mesmo tempo, impulsionar nosso mundo em direção a um futuro definido. Se queremos comida suficiente para alimentar 9 ou 10 bilhões de pessoas, se queremos ar respirável, água potável e biodiversidade de habitats, precisamos ter mais controle sobre a evolução. Precisamos direcionar a evolução para que as espécies se adaptem de forma mais rápida ao mundo de hoje. E devemos fazê-lo de forma a permitir que todos, e não apenas os mais privilegiados, tenham acesso às nossas biotecnologias. Isso exigirá o envolvimento da comunidade e as diferenças culturais para que possamos avançar juntos como uma sociedade global. A nossa sobrevivência pode depender disso.

O NOSSO FUTURO

Em outubro de 2018, as gêmeas Lulu e Nana nasceram prematuramente, mas sem alarde, em um hospital em Shenzhen, China. Um mês depois, o nascimento foi anunciado por He Jiankui, biofísico da Universidade de Ciência e Tecnologia do Sul de Shenzhen, na Segunda Cúpula Internacional sobre Edição do Genoma Humano em Hong Kong. Desta vez, o anúncio do nascimento das meninas foi recebido com bastante alvoroço. Não foi, porém, a recepção positiva que Jiankui previa.

Até novembro de 2018, ele não tinha muita relevância na cena de edição de genes. Havia se formado na Universidade de Ciência e Tecnologia da China, fez seu doutorado em biofísica na Rice University no Texas, e depois retornou à China para fundar uma *startup* de sequenciamento de DNA, a Direct Genomics, em Shenzhen. Vários cientistas e bioeticistas importantes no campo da edição de genes conheceram Jiankui numa temporada que ele passou em São Francisco, mas ninguém previu o que ele e sua equipe de pesquisa acabariam fazendo.

Durante os poucos anos que antecederam seu anúncio, ele demonstrou um interesse crescente em modificar embriões humanos usando as tecnologias de edição de genes. Porém, sua pesquisa parecia estar restrita a embriões de animais ou, de forma mais controversa, embriões humanos inviáveis, embora ele não tenha sido o primeiro a relatar tais experimentos.

Alguns dos especialistas que tiveram contato com ele suspeitavam que seu plano de longo prazo era modificar embriões humanos destinados à gravidez. Ninguém, no entanto, suspeitava que Jiankui realmente tivesse levado seu projeto adiante até que ele avisou seus pares – por e-mail – que os bebês já haviam nascido.

Embora pretendesse anunciar o nascimento das gêmeas para o restante do mundo durante a cúpula de edição de genes de 2018, ele perdeu o controle da história alguns dias antes da reunião. Ele sabia que o anúncio causaria muita agitação e estava preparado para isso. Gravou vídeos no YouTube para responder ao que ele previa que seriam as perguntas mais comuns e contratou um relações-públicas para ajudá-lo a lidar com a imprensa. Então, três dias antes da reunião, Antonio Regalado, repórter do MIT Technology Review, descobriu um novo registro de um teste de edição de genes humanos em um site chinês e divulgou a história. A comunidade cientifica ligada à edição de genes entrou em um estado de quase choque. Ainda que acreditassem ser inevitável que um cientista desonesto acabasse criando humanos vivos geneticamente modificados, ninguém esperava que fosse esse cientista, naquele momento e aquelas edições. Enfim, estavam desapontados.

Em vez de fama e elogios, Jiankui foi desaprovado internacionalmente. Nos meses seguintes, ele perdeu o emprego na universidade e foi forçado a deixar seu papel de liderança na empresa em que ele mesmo era cofundador. Pior: acabou indo para a cadeia.

O mundo não sabe muito mais do que fora revelado sobre as gêmeas em 2018, e nada sobre uma terceira criança geneticamente modificada que nasceu durante o verão de 2019. Tudo o que sabemos vem de cópias vazadas do manuscrito inédito de Jiankui descrevendo seu primeiro experimento. A bagunça dos dados já era um anúncio de confusão.

O experimento começou como parte de um programa de fertilidade. Os pais das gêmeas queriam ter um filho, mas o pai era HIV positivo, o que limitava seu acesso ao tratamento de fertilidade. Ao se inscreverem no programa de Jiankui, tanto eles quanto outros casais na mesma situação, teriam acesso à prática padrão de lavagem de esperma, que elimina a chance de que a mãe ou o filho sejam infectados pelo vírus. No entanto, ele pretendia fornecer proteção adicional contra o HIV às famílias inscritas em seu programa. Depois que os embriões fossem concebidos, ele usaria o CRISPR para alterar os genomas de uma maneira conhecida por proteger as pessoas da infecção pelo HIV. Ninguém sabe se os pais das gêmeas sabiam ou entendiam os riscos do procedimento adicional de edição de genes. Na verdade, o experimento passou por uma revisão ética tão limitada que é impossível descobrir quantas pessoas sabiam o que estava acontecendo, inclusive se os hospitais ou médicos envolvidos no procedimento de fertilização *in vitro* sabiam que estavam implantando embriões geneticamente modificados.

Depois que os embriões cresceram para algo entre 200 e 300 células, a equipe de Jiankui removeu várias dessas células para sequenciamento do genoma. Esses dados de sequenciamento revelam vários detalhes importantes dos experimentos. O primeiro é que as edições feitas nos genomas das gêmeas não eram idênticas àquelas conhecidas por impedir a infecção pelo HIV-1. A mutação que circula na população humana é uma curta deleção de DNA que desativa o receptor *CCR5* nas células T humanas. Essa deleção bloqueia a entrada de moléculas de HIV nessas células. As pessoas que têm duas cópias dessa mutação são menos suscetíveis à infecção pelo HIV do que as pessoas com uma ou nenhuma cópia da mutação. No genoma de uma das gêmeas, ambas as cópias do gene *CCR5* foram editadas, mas as edições foram diferentes nos dois cromossomos e nenhuma cópia imitou exatamente a variante protetora circulante. No genoma do outra gêmea, apenas uma cópia foi editada, e novamente a edição era diferente de qualquer outra variante circulante. Portanto, seria impossível saber se, quando a fertilização *in vitro* foi realizada, as meninas teriam alguma proteção contra a infecção pelo HIV. Trechos do manuscrito que foram publicados no *MIT Technology Review* indicam que a equipe de Jiankui foi informada dos detalhes específicos das edições do genoma das gêmeas pouco antes da implantação. Embora os embriões pudessem ter sido congelados para que se realizassem experimentos avaliando a eficácia e segurança dessas novas mutações, a equipe decidiu seguir em frente.

O segundo detalhe importante é que ambos os embriões eram mosaicos – nem todas as suas células tinham sequências genômicas idênticas. O mosaicismo genômico é um problema conhecido na edição genética de embriões, porque as células já começaram a se dividir e se diferenciar em vários tipos de células e tecidos. Se o mecanismo de edição do CRISPR não for entregue em cada célula, ou se diferentes edições forem feitas em células distintas, as partes do corpo descendentes de diferentes células iniciais diferirão umas das outras em suas sequências de DNA.

Além disso, foram removidas, antes da implantação, as poucas células para as quais os dados genômicos foram gerados – e isso significa que essas células específicas não se tornariam parte da criança em desenvolvimento.

Não há como avaliar quantas células embrionárias foram editadas ou se tiveram edições que atingiram outros alvos (efeito *off-target*) em alguma das células que se tornaram parte do corpo das crianças até o nascimento. Os dados vazados mostram que a equipe sabia de pelo menos uma edição *off-target* em um dos genomas das meninas, mas como não ocorreu em nenhuma parte com uma função conhecida, eles se convenceram de que provavelmente não teria efeito sobre a criança.

O terceiro detalhe é a justificativa nada plausível de Jiankui para ter recorrido a uma forma tão extrema de intervenção médica. Ele afirmou, durante sua apresentação na cúpula, que seguiu as diretrizes impostas pela comunidade para a edição da linhagem germinativa humana. Essas diretrizes foram criadas em 2017 por um painel de cientistas e especialistas em ética, onde recomendaram que as edições fossem feitas apenas em genes que causam doenças, que os experimentos deveriam ser otimizados em modelos animais antes de serem utilizados nos trabalhos com tecidos humanos e que a supervisão ética ficasse a cargo das agências científicas e governamentais apropriadas. Jiankui não observou nenhum desses critérios. O HIV não é uma doença genética a ser curada pela desativação do *CCR5*; e as edições visavam alterar um embrião saudável, como potencial medida preventiva. Ele nunca testou suas edições específicas em modelos animais, apesar de ter tido oportunidade de fazê-lo. Sua supervisão ética parece ter sido uma reflexão tardia, já que ele registrou seu experimento com as autoridades competentes depois que as crianças já tinham nascido. Em vez de ter a intenção de resolver um problema médico ainda sem solução, parece mais provável que ele tenha projetado e realizado seu experimento de edição de genes para que pudesse se tornar famoso.

O anúncio de He Jiankui do nascimento de gêmeas com genes editados fortaleceu ainda mais a objeção da comunidade científica à modificação de linhagem germinativa humana. As edições *off-target* e o mosaicismo dos embriões das gêmeas confirmaram o que os especialistas já sabiam: a tecnologia CRISPR ainda é muito pouco otimizada para editar embriões humanos destinados a gestações. He Jiankui foi imprudente e pôs em risco a vida humana. Para muitos, o trabalho dele também cruzou uma linha vermelha ética, ou pelo menos caiu numa área cinzenta, entre um tratamento potencialmente aceitável e um aprimoramento muito problemático do ponto de vista ético.

Mas por que a maioria de nós se opõe ao uso da biotecnologia para aprimorar o ser humano? Já é possível imaginar um futuro em que os pais possam escolher as diversas mutações vantajosas que os humanos abrigam em seus genomas, combinando-as através da edição genética, para criar embriões humanos adaptados para realizar tarefas específicas ou viver em condições extremas, assim como temos feito com cães e gados. O problema de manipular a evolução humana dessa forma é a desigualdade que necessariamente ocorre. As pessoas não se importam que boxers sejam mais fortes que poodles em miniatura porque pretendemos que boxers e poodles em miniatura preencham papéis diferentes. Mas os seres humanos não são destinados a preencherem papéis determinados porque podem decidir livremente como querem viver suas vidas. Por isso, nos preocupamos e temos medo do uso indevido de qualquer tecnologia que possa aumentar as desigualdades que já existem entre nós.

Mas nós nos acostumamos com essas tecnologias. Há 45 anos, a tecnologia da fertilização *in vitro* era temida, mas hoje é celebrada porque permite a possibilidade de um filho a casais que não conseguem conceber uma criança sozinhos. Testes genéticos têm sido adotados em todo o mundo para avaliar a chance de um casal conceber uma criança com uma doença genética. Clínicas de fertilidade nos Estados Unidos, Europa e China agora oferecem sequenciamento de DNA de embriões antes da implantação. Essas clínicas examinam embriões para doenças genéticas, mas também permitem que os pais selecionem características como sexo biológico e cor dos olhos. Com bancos de dados contendo centenas de milhares de genomas humanos, hoje é possível vincular genes a um número crescente de características, incluindo a altura, a pigmentação da pele e a compulsividade. As clínicas de fertilidade podem acessar esses dados para caracterizar ainda mais cada embrião, fornecendo, aos pais em potencial, avaliações detalhadas do que os genes de um embrião predizem sobre a saúde, a aparência, a inteligência e o comportamento de seus futuros filhos. A concepção de bebês através do acoplamento da sequência do genoma com a seleção de traços está a apenas alguns passos da concepção de bebês através do acoplamento da sequência do genoma com a manipulação de DNA. São grandes passos, é verdade, com barreiras técnicas significativas e não resolvidas, mas são somente alguns passos.

Também pode existir o medo de que, uma vez permitida a edição da linha germinativa humana, os resultados sejam tentadores demais para serem interrompidos. Se pudéssemos saber com certeza que nosso filho será inteligente, atraente e atlético, por que não escolheríamos fazê-lo assim? Assim que aprendermos quais genes ajustar, o que nos impediria de ajustá-los, a não ser a total abolição da tecnologia?

A oposição à edição da linha germinativa humana pode desaparecer, assim como desapareceu a oposição à fertilização *in vitro*. Quando e como isso pode ocorrer depende do que acontecerá com a tecnologia nas próximas décadas.

Por ora, cientistas e bioeticistas pediram uma suspensão global temporária da edição de genes em embriões humanos destinados à gravidez, e a Comissão Internacional sobre o Uso Clínico da Edição do Genoma da Linha Germinativa Humana está revisando as recomendações para orientar a pesquisa de edição de genes humanos, desta vez com instruções explícitas que irão listar precisamente quais experimentos e controles éticos serão necessários. No entanto, isso não exclui a possibilidade de que alguém, em algum lugar, ignore essas recomendações e prossiga com a edição de embriões humanos destinados a gestações.

Se isso acontecer, provavelmente haverá novos protestos, novos apelos por mais supervisão, novas preocupações sobre um futuro em que bebês projetados nasçam com traços que lhes darão uma vantagem injusta na vida. Mas também ficaremos um pouco menos surpresos do que em 2018, embora um pouco mais inseguros com ideia de humanos geneticamente modificados.

Também podemos ser obrigados a adotar tecnologias mais arriscadas diante de crises que surgem à revelia de nossas próprias ações. A pandemia de covid-19, que começou na China no final de 2019 e se espalhou rapidamente pelo mundo matando milhões de pessoas, interrompeu as economias globais e sobrecarregou os sistemas de saúde. Como o vírus se espalhou entre as pessoas por meio de gotículas de aerossol, fomos forçados a repensar quase todos os aspectos de nossa vida em sociedade. As escolas fecharam e as crianças foram privadas de brincadeiras com seus amigos. Aos idosos, que estavam entre os mais suscetíveis à grave doença, foi negada a interação física com seus próximos e familiares. Por quase um ano inteiro, as pessoas em todos os lugares foram instruídas a ficarem isoladas, longe de todos, exceto os que moravam juntos, nos afastando das comunidades e das conexões que nos definem como seres humanos. A depressão e a ansiedade aumentaram entre pessoas de todas as faixas etárias. Especialistas em saúde mental em todo o mundo relataram aumento das taxas de abuso de substâncias e ideação suicida. Sem vacina de fácil acesso, se pudéssemos, logo no início de 2020, recorrer às nossas novas tecnologias para encontrar uma solução, teríamos hesitado em fazê-lo?

O vírus responsável pela pandemia de covid-19, o Sars-CoV-2, pertence a uma família de doenças respiratórias virais denominadas síndromes respiratórias agudas graves, ou Sars. O Sars-CoV-2 é um tipo de vírus conhecido como coronavírus (CoV). A maioria dos coronavírus causam doenças leves e relativamente inofensivas, como o resfriado comum. Às vezes, no entanto, os coronavírus são mais mortais. O primeiro surto de Sars aconteceu quando os humanos contraíram um coronavírus de gatos civetas, que provavelmente pegaram o vírus de morcegos. Esse surto durou de novembro de 2002 a julho de 2003, uma janela de oito meses durante a qual 8.098 pessoas, de 26 países, foram infectadas e 774 morreram. O primeiro surto de Sars não se tornou uma pandemia global graças aos esforços rápidos de equipes internacionais de médicos e epidemiologistas. Foi espalhado principalmente por pessoas doentes em ambientes de saúde, o que tornou relativamente simples encontrar e colocar em quarentena pessoas infectadas ou potencialmente infectadas. Já o Sars-CoV-2 foi mais difícil de parar porque a covid-19 se espalha entre pessoas que não estão doentes o suficiente para saber que estão infectadas.

Quando o Sars-CoV-2 surgiu na China em algum momento do final de 2019, não estávamos preparados, ainda que devêssemos estar. Não foi como se uma pandemia fosse inesperada, afinal, na medida em que o número de humanos no planeta cresce, aumenta também nossa proximidade uns com os outros e com outros animais, e também crescem as chances de surgirem novas doenças zoonóticas (doenças que evoluem em um hospedeiro animal e depois passam para os humanos). De qualquer modo, quando a pandemia começou, a comunidade científica se concentrou para encontrar uma maneira de parar o Sars-CoV-2. Em apenas alguns meses, os cientistas conseguiram aprender muito mais do que se sabia sobre a forma como o sistema imunológico humano responde à infecção por Sars e outros vírus. Parte do que foi aprendido apontou para terapias que melhoraram os resultados dos pacientes. Outras informações foram usadas para desenvolver vacinas que passaram rapidamente pelo processo de aprovação. Os cientistas também descobriram que algumas pessoas que contraíram Sars-CoV-2 eram menos propensas do que outras a ficarem gravemente doentes por causa de variantes genéticas que herdaram de seus pais, da mesma forma que as pessoas que herdam duas cópias da variante *CCR5*, herdam a imunidade ao HIV-1.

A covid-19 não é a doença infecciosa mais mortal que circula atualmente, e nem foi a mais mortal das pandemias que os humanos já experimentaram. Mas foi a primeira pandemia que caracterizamos geneticamente em tempo real. Observamos a evolução do vírus, detectamos o surgimento de cepas mais virulentas e rastreamos a disseminação dessas cepas em todo o mundo. Aprendemos a controlar o covid-19 usando as intervenções existentes: quarentena, terapêutica e vacinas. Mas e se tivesse falhado? E se o vírus fosse mais mortal ou se espalhasse mais rapidamente? Será que teríamos nos concentrado nas variantes genéticas protetoras até então descobertas e nas ferramentas à nossa disposição para editar nosso próprio DNA? Teria sido um ponto de inflexão – quando a necessidade de nos salvarmos anularia a oposição ética em relação a alterar nosso próprio caminho evolutivo?

Não tenho dúvidas de que, enfim, acabaremos voltando nossos poderes de engenharia para nós mesmos. Mas quando o fizermos, não será para perseguir um humano novo e potencialmente melhor. Não é assim que a evolução funciona. Não há caminho evolutivo para imaginar variações genéticas que possam tornar uma pessoa mais apta do que outra em algum futuro desconhecido e não descrito. Em vez disso, nos encontraremos em um momento em que seremos forçados a decidir se devemos agir ou deixar a natureza seguir seu curso. Talvez seja numa época em que, cercados por doenças pandêmicas, aprenderemos que alguns de nós têm alguma variante genética que nos torna menos aptos ao ambiente daquele momento. A seleção natural removeria essa variante de nossa população de uma maneira que consideraríamos inconcebível, sobretudo se tivermos os meios para evitar esse fim. Por isso, escolheremos um resultado diferente, recorrendo às nossas tecnologias para anular a evolução. A outrora impensável violação ética se tornará a única escolha ética imaginável. Salvar vidas humanas será o nosso manjar turco.

DEPENDE DE NÓS

Os humanos manipulam os organismos ao seu redor há dezenas de milhares de anos. Começamos caçando-os, levando alguns à extinção e outros à escassez, deixando para trás comunidades e ecossistemas para serem reorganizados. Quando descobrimos que nossas presas poderiam ser extintas, mudamos nosso comportamento, aprimoramos nossas estratégias de caça e começamos a fazer escolhas deliberadas para sustentar as populações dos animais caçados. Aprendemos a transformar esses animais, assim como os cereais e frutas que colhemos, para se tornarem versões melhores deles mesmos. Trouxemos esses animais e plantas para perto de nossos assentamentos e aprendemos a fazer procriação dos melhores para termos gerações ainda melhores. Nossas vidas melhoraram e nossas populações cresceram. Mas à medida que fomos tomando as rédeas do planeta, as espécies que pareciam abundantes começaram a se extinguir, e a terra e a água que nos sustentavam começaram a se deteriorar. Então, mudamos nosso comportamento novamente. Estabelecemos regras para proteger espécies e lugares nativos. Escolhemos onde as espécies selvagens viviam, o que comiam, e até selecionávamos os pares que se reproduziam. Isso nos abriu novas possibilidades, e assim fomos intensificando nossas intervenções. Percebemos que um touro poderia ser gerador de milhares de bezerros e descobrimos que o melhor gado poderia ser clonado. Projetamos lavouras para serem resistentes às pragas e doenças que nós mesmos espalhamos e permitimos que proliferassem. Até descobrimos como trazer linhagens perdidas de volta à vida. Nos últimos 50.000 anos, transformamos as plantas e os animais com os quais compartilhamos nosso planeta em linhagens perfeitamente adaptadas ao mundo de hoje, onde nós somos a força evolutiva dominante.

Mas somos um tipo diferente de força evolutiva. A evolução é um passeio aleatório pelo espaço experimental. A evolução não avalia o risco antes de tomar decisões sobre qual experimento de criação será realizado, mas nós avaliamos. A evolução não se importa com a aparência da próxima geração ou mesmo se a próxima geração irá sobreviver, mas nós nos importamos. A evolução não está levando cavalos, gado ou bisões para um destino específico, mas nós estamos. E aqui está a contradição quando nos opomos às nossas biotecnologias. Resistimos às biotecnologias precisamente porque são elas que nos dão o controle sobre a evolução que os humanos têm trabalhado continuamente para alcançar. Enfim, a evolução não pode nos levar a um futuro predeterminado por nós, mas as nossas biotecnologias podem.

As decisões que tomarmos durante as próximas décadas determinarão nosso próprio destino, e o destino de outras espécies, talvez num futuro distante. Mas agora, já podemos escolher tirar proveito de nossas tecnologias à medida que se desenvolvem, utilizando a Biologia Sintética para aumentar nossa produtividade de forma sustentável, protegendo as espécies e os espaços selvagens. Também podemos rejeitar essas novas biotecnologias e seguir o mesmo caminho, porém, de forma mais lenta e muito menos eficaz.

As biotecnologias podem ser assustadoras, principalmente quando são novas – e ainda temos muito trabalho para tornar nossas tecnologias seguras e para aprender a avaliar riscos e colaborar em escala global. Mas as biotecnologias também nos dão motivos para ter esperança. O mundo está mudando e as pessoas, os animais e os ecossistemas estão sofrendo. Com as biotecnologias podemos ajudar; podemos mudar as trajetórias evolutivas de espécies destinadas à extinção; podemos arrumar nossa bagunça e tornar nossas fazendas mais eficientes; podemos curar doenças que afligem a nós e a outras espécies. Enfim, podemos criar e sustentar um mundo em que espécies selvagens prosperem em espaços naturais, e onde as pessoas sejam saudáveis, felizes e decididamente responsáveis.

"INFINITAS FORMAS, AS MAIS BELAS E MARAVILHOSAS"

Voltemos àquele dia de primavera no Parque Nacional de Yellowstone. O vento sussurrante e o borbulhar distante de um rio são os únicos sons audíveis, enquanto observamos um rebanho de bisões pastando em um campo de capim fresco. É uma cena tranquila e reconfortante. Esses animais e esse espaço estão aqui por causa de decisões tomadas por pessoas como nós. Claro, por duas vezes os humanos caçaram bisões quase até a extinção, mas um rebanho sobreviveu aqui em Yellowstone, protegido por regras e estratégias que nós mesmos criamos para mantê-los seguros. Esses bisões são, obviamente, diferentes de seus ancestrais. Eles não enfrentam os mesmos desafios que seus ancestrais para encontrar comida, fugir de predadores e achar um parceiro para procriação. Alguns desses bisões podem até ter ascendência de gado que remonta aos auroques do Levante. Mas aqui no parque eles são simplesmente bisões, seguindo um ao outro, mugindo, bufando e mastigando seu caminho pela vida.

Enquanto olho, ponderando sobre a ancestralidade e o destino desses animais majestosos, lembro-me da última linha da *A origem das espécies*, de Darwin, que para mim descreve perfeitamente o mundo dominado pelos humanos de hoje. Este lugar e as coisas que vivem aqui talvez sejam apenas selvagens. Mas também as formas mais belas, que foram e continuam a ser evoluídas.

Sinto um golpe na parte inferior das costas quando um pezinho chuta a parte de trás do banco do motorista: "Podemos ir agora?", meus meninos reclamam juntos, entediados com minha reflexão silenciosa e sem qualquer interesse nos bisões, que, naquela altura, já estavam desaparecendo no horizonte. Eu me viro para eles e sorrio. O chão do carro, diante dos assentos deles, está coberto de lixo: embalagens plásticas, caixas de suco vazias, migalhas de biscoito, um punhado de nozes, cascas de laranja e uvas-passas amassadas – uma pilha de lixo que reflete milhares de anos de manipulação genética.

Viro-me de volta, ligo o carro e ajeito meus óculos. Dirigindo para a saída do parque, vou dizendo os nomes das flores silvestres que reconheço, na esperança de distrair meus filhos do tédio: morango silvestre, flox, raiz-amarga, margaridas, lírios-de-geleira, botões-de-ouro, raiz-de-bálsamo. Algumas delas evoluíram aqui, outras tiveram sua evolução em outros lugares e foram introduzidas, talvez acidentalmente, talvez não. As gramíneas também são uma mistura de espécies nativas e exóticas. Talvez também estejam cruzando, entrelaçando suas histórias evolutivas e seus futuros, assim como o bisão e o gado, graças a nós.

No banco de trás, os meninos estão quietos, perdidos em seus próprios pensamentos e me ignorando. Sorrio para mim mesma. Nosso mundo natural é assim. Sempre foi assim.

E isso é maravilhoso.

Agradecimentos

Preciso agradecer a muitas pessoas por me ajudarem a fazer este livro. Em primeiro lugar, àqueles que me ajudaram a deixar minhas explicações mais claras: Ross MacPhee, Grant Zazula e Paul Koch, pela perícia paleontológica; Geoff Bailey, Isabelle Winder, Ed Green e Mindy Zeder, por suas experiências em história humana primitiva, arqueologia e domesticação; Alison Van Eenennaam, por garantir que minhas descrições de engenharia genética e edição de genes na agricultura fossem claras e corretas e também por ilustrar minha DM no Twitter com fotos de vacas e bezerros recém-nascidos; Oliver Ryder, Stewart Brand, Kevin Esvelt, Ben Novak e Ryan Phelan, pelo conhecimento de novas biotecnologias para conservação. Também gostaria de agradecer a várias pessoas pelo *feedback*, que ajudou a melhorar as primeiras versões: Chris Vollmers, que estava disposto a ler qualquer capítulo que mencionasse cavernas e também sugeriu o título definitivo em inglês; Rachel Meyer, que também trouxe drinques quando necessário; Matt Schwartz, que precisava de alguma coisa para fazer além de verificar obsessivamente as estatísticas do coronavírus; meu padrasto Tony Ezzell (do Palm Coast Ezzells), que leu o livro para não ter de lembrar que sua academia estava fechada por causa da pandemia; e Sarah Crump, Katie Moon, Russ Corbett-Detig e Shelbi Russell, que aguentaram me ouvir ler parágrafos em voz alta enquanto eu tentava esclarecer trechos complexos. Sem as contribuições de todos listados aqui o livro não seria o que é.

Gostaria de agradecer a Eleanor Jonas, professora dos meus dois filhos no segundo ano, por me permitir visitar sua sala de aula e falar sobre mamutes anos atrás. Estou certa de que ela ficou aliviada por eu ter deixado de fora a parte sobre o antigo cocô de alce. E também gostaria de agradecer a todos do Laboratório de Paleogenômica da Universidade da Califórnia, em Santa Cruz, pela excelente postura diante da desaceleração pandêmica em suas pesquisas e por terem paciência comigo enquanto eu fazia o possível para adaptar tudo – inclusive escrever um livro – em minha experiência de trabalho em casa.

Falando em paciência, preciso definitivamente agradecer à minha família: meu parceiro, Ed, que leu um capítulo deste livro como um leitor experiente e jura que um dia terá tempo para ler a coisa toda (e também, talvez, o outro sobre o mamute), e meus filhos, James e Henry, que disseram que eu preciso dedicar todos os meus livros a eles porque, quando escrevo, não tenho tempo para ouvir suas fascinantes histórias sobre aventuras no Minecraft. Também devo gratidão àqueles que possibilitaram que eu me concentrasse na escrita, apesar de que, desde que o mundo se fechou, a minha casa tenha ficado agitada com minhas aulas e reuniões on-line e as aulas de ensino fundamental dos meus filhos (além de muito Minecraft, claro!). Sem a energia e o amor que David Capel, Victoria Nobles e Linda Naranjo investiram em James e Henry, eu teria poucas chances de ter terminado este livro ou qualquer outra coisa durante a pandemia.

Por fim, gostaria de agradecer ao meu editor, TJ Kelleher, por me conduzir nesse processo, assim como a todos os colaboradores da Basic Books que ajudaram a transformar meu texto em um livro real; e ao meu agente, Max Brockman, por acreditar que eu poderia realmente escrevê-lo.

Agora, deixe-me descobrir se posso importar um castanheiro americano geneticamente modificado para a Califórnia.

A Editora Contexto agradece a Carlos Alberto de Mattos Scaramuzza, Célia Malvas, Natalia Pasternak, Pedro Paulo Funari e Renato Bassanezi pela consultoria técnica.

Bibliografia e referências

A lista anotada de referências a seguir não é de forma alguma exaustiva. Minha intenção com ela é direcionar o leitor para recursos com os quais possa explorar mais profundamente os principais tópicos dos capítulos anteriores. Tentei, sempre que possível, apontar para artigos que revisam a literatura científica primária de forma acessível ou para artigos escritos explicitamente para não cientistas. Em alguns casos, em particular quando cito no texto determinados conjuntos de dados ou publicações, incluo a referência em que esses dados foram publicados.

PRÓLOGO – PROVIDÊNCIA

Bibliografia anotada

Entre os muitos benefícios potenciais da transferência de células germinativas primordiais, que mencionei no contexto de galinhas que põem ovos que eclodem em patinhos (Liu et al., 2012), é que raças ou espécies comuns podem se tornar pais substitutos para raças ou espécies mais raras difíceis de reproduzir em cativeiro. Raças comuns de galinhas, por exemplo, têm sido usadas para criar descendentes de raças mais raras (Woodcock et al., 2019). Essa tecnologia também foi bem-sucedida com peixes (Yoshizaki e Yazawa, 2019) e tem um enorme potencial para conservação e aquicultura.

A descrição técnica do Enviropig pode ser encontrada em Forsberg et al. (2003). Block (2018) descreve os Enviropigs, bem como vários outros animais transgênicos que até agora não superaram os obstáculos da aprovação regulatória de uma forma que poderia atrair um público menos técnico.

A discordância sobre se a biodiversidade seria mais bem servida deixando a natureza em paz ou se deveria haver uma intervenção mais agressiva tem raízes profundas na conservação da biodiversidade. Um lado é liderado por E. O. Wilson, que apresenta seu argumento para permitir que o espaço da natureza se recupere em *Da Terra metade: o nosso planeta luta pela vida* (2016).

Do outro lado estão aqueles de nós que acreditam que é tarde demais para imaginar qualquer parte do planeta não impactada pelos humanos e, em vez disso, devemos abraçar nosso papel de curadores planetários. Dois dos meus livros favoritos que expõem esse argumento são *Whole Earth Discipline* (2009), de Stewart Brand, e *Rambunctious Garden*, de Emma Marris (2011).

O relatório original do levantamento das atitudes *aotearoanas* em relação às soluções biotecnológicas para a conservação da biodiversidade pode ser encontrado em Taylor et al. (2017a), e uma discussão das implicações desta pesquisa é apresentada em Taylor et al. (2017b).

Referências

Bloch S. 2018. Hornless Holsteins and Enviropigs: The genetically engineered animals we never knew. *The Counter*. https://thecounter.org/transgenesis-gene-editing-fda-aquabounty/.

Brand S. 2009. *Whole Earth Discipline: An Ecopragmatist Manifesto*. New York: Viking Penguin.

Forsberg CW, Phillips JP, Golovan SP, Fan MZ, Meidinger RG, Ajakaiye A, Hilborn D, Hacker RR. 2003. The Enviropig physiology, performance, and contribution to nutrient management advances in a regulated environment: The leading edge of change in the pork industry. *Journal of Animal Science* 81: E68–E77.

Liu C, Khazanehdari KA, Baskar V, Saleen S, Kinne J, Wernery Y, Chang I-K. 2012. Production of chicken progeny (*Gallus gallus domesticus*) from interspecies germline chimeric duck (*Anas domesticus*) by primordial germcell transfer. *Biology of Reproduction* 86: 1–8.

Marris E. 2011. *Rambunctious Garden: Saving Nature in a Post-Wild World*. New York: Bloomsbury. Taylor HR, Dussex N, van Heezik Y. 2017a. Bridging the conservation genetics gap by identifying barriers to implementation for conservation practitioners. *Global Ecology and Conservation* 10: 231–242.

Taylor HR, Dussex N, van Heezik Y. 2017b. De-extinction needs consultation. *Nature Ecology and Evolution* 1: 198. Wilson, EO. 2016. *Half-Earth: Our Planet s Fight for Life*. New York: Liveright.

Woodcock ME, Gheyas AA, Mason AS, Nandi S, Taylor L, Sherman A, Smith J, Burt DW, Hawken R, McGrew MJ. 2019. Reviving rare chicken breeds using genetically engineered sterility in surrogate host birds. *Proceedings of the National Academy of Sciences* 116: 20930–20937.

Yoshizaki G, Yazawa R. 2019. Application of surrogate broodstock technology in aquaculture. *Fisheries Science* 85: 429–437.

CAPÍTULO "MINERAÇÃO DE OSSOS"

Bibliografia anotada

Revisões do potencial de restos vegetais (Zazula et al., 2003) e animais (Shapiro e Cooper, 2003) preservados nos solos congelados de Yukon, Canadá, para a reconstrução de ecossistemas antigos, ressaltam o potencial das minas de ouro de Klondike como registros da tumultuada história das eras glaciais do Pleistoceno. Froese et al. (2009) explicam em termos relativamente não técnicos como as camadas de cinzas vulcânicas fornecem uma cronologia para esses eventos.

Muito tem sido escrito sobre a história do bisão na América do Norte. O trabalho de Rinella (2009) está entre os relatos históricos mais completos, mesmo que ele zombe do sotaque que adotei no final do meu período em Oxford (e acho que, desde então, o perdi). Geist (1996) fornece detalhes fascinantes sobre a relação entre o povo nativo americano e o bisão da área central do continente, e Guthrie (1990) explora o impacto do bisão no ecossistema da Beríngia e as relações entre as formas de bisão na Beríngia e em outros lugares.

O declínio do bisão no século XIX é bem documentado por Hornaday (1889), e como esse declínio impactou os ecossistemas norte-americanos é explorado por Yong (2018). Detalhes dos esforços do século XIX e início do século XX para salvar bisões são preservados em vários relatórios da American Bison Society daquele período, que podem ser encontrados nos arquivos on-line da instituição.

As tentativas, no início do século XX, de cruzar bisões e gado foram em grande parte mal sucedidas (Goodnight, 1914), mas, no entanto, deixaram vestígios de ascendência de gado na maioria dos rebanhos de bisões (Halbert e Derr, 2009). Der et al. (2012) avaliam as consequências físicas da ancestralidade do gado para o bisão da Ilha de Santa Catalina.

Meu trabalho reconstruindo a história dos bisões a partir do DNA antigo começou com a inferência de quando suas populações cresceram e declinaram durante a última era glacial (Shapiro et al., 2004). Mais tarde, recuperamos o DNA do pé de bisão Chi'jee's Bluff e um crânio de bisão de chifre longo de Snowmass, Colorado, para determinar quando o bisão entrou pela primeira vez na América do Norte (Froese et al., 2017) e documentamos sua recuperação após o pico da última era do gelo (Heintzman et al. 2016). Nossas escavações em Snowmass, Colorado (Johnson et al., 2014), foram apresentadas em um episódio da PBS *NOVA* (Grant, 2012).

A primeira amplificação bem-sucedida de DNA antigo da pele preservada de um quagga é descrita em Higuchi et al. (1984). Alegações subsequentes de alto perfil de DNA de dinossauros e restos mais antigos foram desmascaradas à medida que os pesquisadores desenvolveram e implementaram protocolos para evitar a contaminação e validar seus resultados (revisado em Gilbert et al., 2005 e Shapiro e Hofreiter, 2014). As primeiras regras para o campo foram estabelecidas por Cooper e Poinar (2000).

Referências

Cooper A, Poinar HN. 2000. Ancient DNA: Do it right or not at all. *Science* 289: 1139.

Derr JN, Hedrick PW, Halbert ND, Plough L, Dobson LK, King J, Duncan C, Hunter DL, Cohen ND, Hedgecock D. 2012. Phenotypic effects of cattle mitochondrial DNA in American bison. *Conservation Biology* 26: 1130–1136.

Froese DG, Stiller M, Heintzman PD, Reyes AV, Zazula GD, Soares AER, Meyer M, Hall E, Jensen BKL, Arnold L, MacPhee RDE, Shapiro B. 2017. Fossil and genomic evidence constrains the timing of bison arrival in North America. *Proceedings of the National Academy of Sciences* 114: 3457–3462.

Froese DG, Zazula GD, Westgate JA, Preece SJ, Sanborn PT, Reyes AV, Pearce NJG. 2009. The Klondike goldfields and Pleistocene environments of Beringia. *GSA Today* 19: 4–10.

Geist V. 1996. *Buffalo Nation: History and Legend of the North American Bison*. Stillwater, MN: Voyageur Press. Gilbert MTP, Bandelt HJ, Hofreiter M, Barnes I. 2005. Assessing ancient DNA studies. *Trends in Ecology and Evolution* 20: 541–544.

Goodnight C. 1914. My experience with bison hybrids. *Journal of Heredity* 5: 197–199.

Grant E. 2012. *Ice Age Death Trap*. NOVA, PBS. www.pbs.org/video/nova-ice-age-death-trap/.

Halbert ND, Derr JN. 2007. A comprehensive evaluation of cattle introgression into US federal bison herds. *Journal of Heredity* 98: 1–12.

Heintzman PD, Froese DG, Ives JW, Soares AER, Zazula GD, Letts B, Andrews TD, Driver JC, Hall E, Hare G, Jass CN, MacKay G, Southon JR, Stiller M, Woywitka R, Suchard MA, Shapiro B. 2016. Bison phylogeography constrains dispersal and viability of the "Ice Free Corridor" in western Canada. *Proceedings of the National Academy of Sciences* 113: 8057–8063.

Higuchi R, Bowman B, Freiberger M, Ryder OA, Wilson AC. 1984. DNA sequences from the quagga, an extinct member of the horse family. *Nature* 312: 282–284.

Hornaday WT. 1889. *Extermination of the American Bison*. In: Smithsonian Institution USNM, editor. Report of the National Museum: Government Printing Office, pp. 369–548.

Johnson KR, Miller IM, Pigati JS. 2014. The Snowmastodon Project. *Quaternary Research* 82: 473–476.

Rinella S. 2009. *American Buffalo: In Search of a Lost Icon*. New York: Spiegel & Grau.

Shapiro B, Cooper A. 2003. Beringia as an Ice Age genetic museum. *Quaternary Research* 60: 94–100.

Shapiro B, Drummond AJ, Rambaut A, Wilson MC, Matheus PE, Sher AV, Pybus OG, Gilbert MT, Barnes I, Binladen J, Willerslev E, Hansen AJ, Baryshnikov GF, Burns JA, Davydov S, Driver JC, Froese DG, Harington CR, Keddie G,... Cooper A. 2004. Rise and fall of the Beringian steppe bison. *Science* 306: 1561–1565.

Shapiro B, Hofreiter M. 2014. A paleogenomic perspective on evolution and gene function: New insights from ancient DNA. *Science* 343: 1236573.

Yong E. 2018 November 18. What America lost when it lost the bison. *The Atlantic*.

Zazula GD, Froese DG, Schweger CE, Mathewes RW, Beaudoin AB, Telka AM, Harington CR, Westgate JA. 2003. Ice-age steppe vegetation in East Beringia. *Nature* 423: 603.

CAPÍTULO "A HISTÓRIA DA ORIGEM"
Bibliografia anotada

Ernst Mayr (1942) introduziu o conceito de espécie biológica, embora outros conceitos de espécie também tenham encontrado preferência. O livro de Coyne e Orr, *Speciation* (2004), fornece uma revisão aprofundada dos conceitos de espécies e nossa compreensão em evolução da especiação.

Humphrey e Stringer (2018) e Stringer e McKie (2015) oferecem descrições abrangentes e acessíveis sobre o que os fósseis revelam sobre a origem de nossa linhagem, embora leitores com tempo mais curto possam preferir a versão mais concisa de Stringer (2016). Pattison (2020) é outra excelente opção, em especial para leitores também interessados nos conflitos interpessoais na paleoantropologia. Lieberman (2014) explora a evolução pré-hominínica e em particular a evolução do bipedalismo. Anton et al. (2014) explora a interação entre a aridez na África e a diversificação do *Homo* primitivo. Hublin et al. (2017) descrevem os fósseis humanos modernos de 315.000 anos de Jebel Irhoud, Marrocos.

A primeira descrição do *Homo naledi* está em Berger et al. (2015). As instruções para impressão 3D de elementos *H. naledi* estão no portal MorphoSource (https://morphosource.org) Rising Star Project.

Embora o registro arqueológico inclua alguns sinais de uma mudança repentina no comportamento humano (para um resumo, ver Mellars, 2006), a maioria dos paleoantropólogos acredita que a evolução comportamental humana foi um processo lento e complexo (McBrearty e Brooks, 2000). Wurz (2012) fornece uma visão geral do debate que será acessível à maioria dos leitores.

A pesquisa de DNA antigo em neandertais começou em 1997 (Krings et al., 1997), mas só foi em Green et al. (2010) que esses dados revelaram as histórias profundamente entrelaçadas de nossas duas linhagens. Que os humanos frequentemente trocavam genes com nossos primos arcaicos foi reafirmado muitas vezes desde 2010, inclusive com DNA antigo de neandertais (Prüfer et al., 2014, Hajdinjak et al., 2018, Mafessoni et al., 2020), denisovanos (Reich et al., 2010, Meyer et al., 2012, Sawyer et al., 2015), e híbridos de neandertais e denisovanos (Slon et al., 2018), bem como de análises de DNA antigo que persiste em humanos antigos e modernos vivos (Fu et al., 2016 , Browning et al., 2018). A faixa geográfica mais ampla habitada por denisovanos foi relatada pela primeira vez a partir de sequências de proteínas isoladas de fósseis no planalto tibetano (Chen et al., 2019) e posteriormente confirmada com DNA antigo isolado diretamente de sedimentos no chão da caverna (Zhang et al., 2020). Meyer et al., (2019) relatam sequências de DNA nuclear de fósseis recuperados da caverna Sima de los Huesos, na Espanha.

Hoje, todos - ou pelo menos a maioria de nós - têm pequenas quantidades de DNA em nossos genomas que herdamos da mistura com nossos primos arcaicos (Vernot e Akey, 2015, Chen et al., 2020). Racimo et al. (2015) discutem algumas das maneiras pelas quais o DNA passou para as linhagens humanas através da mistura com nossos primos arcaicos, e impactou a história evolutiva de nossa própria espécie. O que tudo isso significa para nossa própria evolução é explorado em detalhes acessíveis por Wei-Hass (2020).

O trabalho de crescimento e análise de organoides cerebrais com genomas editados para conter a versão arcaica de NOVA1 é descrito em Trujillo et al. (2021).

Referências

Antón S, Potts D, Aiello LC. 2014. Early evolution of *Homo*: An integrated biological perspective. *Science* 345: 1236828.

Berger LR, Hawks J, de Ruiter DJ, Churchill SE, Schmid P, Delezene LK, Kivell TL, Garvin HM, Williams SA, DeSilva JM, Skinner MM, Musiba CM, Cameron N, Holliday TW, Harcourt-Smith W, Ackermann RR, Bastir M, Bogin B, Bolter D,... Laird MF. 2015. *Homo naledi*, a new species of the genus *Homo* from the Dinaledi Chamber, South Africa. *eLife* 4: e09560.

Browning SR, Browning BL, Zhou Y, Tucci S, Akey JM. 2018. Analyses of human sequence data reveals two pulses of archaic Denisovan admixture. *Cell* 173: 53–61.e9.

Chen F, Welker F, Shen CC, Bailey SE, Bergmann I, Davis S, Xia H, Wang H, Fischer R, Freidline SE, Yu TL, Skinner MM, Stelzer S, Dong G, Fu Q, Dong G, Wang J, Zhang D, Hublin JJ. 2019. A late Middle Pleistocene mandible from the Tibetan Plateau. *Nature* 569: 409–412.

Chen L, Wolf AB, Fu W, Li L, Akey JM. 2020. Identifying and interpreting apparent Neanderthal ancestry in African individuals. *Cell* 180: 677–687.e16.

Coyne JA, Orr HA. 2004. *Speciation*. Sunderland, MA: Sinauer. Fu Q, Posth C, Hajdinjak M, Petr M, Mallick S, Fernandes D, Furtwängler A, Haak W, Meyer M, Mittnik A, Nickel B, Peltzer A, Rohland N, Slon V, Talamo S, Lazaridis I, Lipson M, Mathieson I,... Pääbo S, Reich D. 2016. The genetic history of Ice Age Europe. *Nature* 534: 200–205.

Green RE, Krause J, Briggs AW, Maricic T, Stenzel U, Kircher M, Patterson N, Li H, Zhai W, Fritz MH, Hansen NF, Durand EY, Malaspinas AS, Jensen JD, Marques-Bonet T, Alkan C, Prüfer K, Meyer M, Burbano HA,... Pääbo S. 2010. A draft sequence of the Neandertal genome. *Science* 328: 710–722.

Hajdinjak M, Fu Q, Hübner A, Petr M, Mafessoni F, Grote S, Skoglund P, Narasimham V, Rougier H, Crevecoeur I, Semal P, Soressi M, Talamo S, Hublin JJ, Gušić I, Kućan Ž, Rudan P, Golovanova LV,.... Pääbo S, Kelso J. 2018. Reconstructing the genetic history of late Neanderthals. *Nature* 555: 652–656.

Hublin JJ, Ben-Ncer A, Bailey SE, Freidline SE, Neubauer S, Skinner MM, Bergmann I, Le Cabec A, Benazzi S, Harvati K, Gunz P. 2017. New fóssil from Jebel Irhoud, Morocco, and the pan-African origin of *Homo sapiens*. *Nature* 546: 289–292.

Huerta-Sánchez E, Jin X, Asan, Bianba Z, Peter BM, Vinckenbosch N, Liang Y, Yi X, He M, Somel M, Ni P, Wang B, Ou X, Huasang, Luosang J, Cuo ZX, Li K, Gao G, Yin Y,.... Nielsen R. 2014. Altitude-adaptation in Tibetans caused by introgression of Denisovan-like DNA. *Nature* 512: 194–197.

Humphrey L, Sringer C. 2018. *Our Human Story*. London: Natural History Museum.

Krings M, Stone A, Schmitz RW, Krainitzki H, Stoneking M, Pääbo S. 1997. Neandertal DNA sequences and the origin of modern humans. *Cell* 90: 19–30.

Liberman D. 2014. *The Story of the Human Body: Evolution, Health, and Disease*. New York: Random House.

Mafessoni F, Grote S, de Filippo C, Slon V, Kolobova KA, Viola B, Markin SV, Chintalapati M, Peyrégne S, Skov L, Skoglund P, Krivoshapkin AI, Derevianko AP, Meyer M, Kelso J, Peter B, Prüfer K, Pääbo S. 2020. A high-coverage Neandertal genome from Chagyrskaya Cave. *Proceedings of the National Academy of Sciences* 117: 15132–15136.

Mayr, E. (1942) *Systematics and the Origin of Species*. New York: Columbia University Press.

McBrearty S, Brooks AS. The revolution that wasn't: A new interpretation of the origin of modern human behavior. *Journal of Human Evolution* 39: 453–563.

Mellars P. 2006. Why did modern human populations disperse from Africa ca. 60,000 years ago? A new mode. *Proceedings of the National Academy of Sciences* 103: 9381–9386.

Meyer M, Kircher M, Gansauge MT, Li H, Racimo F, Mallick S, Schraiber JG, Jay F, Prüfer K, de Filippo C, Sudmant PH, Alkan C, Fu Q, Do R, Rohland N, Tandon A, Siebauer M, Green RE, Bryc K,... Pääbo S. 2012. A high-coverage genome sequence from an archaic Denisovan individual. *Science* 338: 222–226.

Meyer M, Arsuaga JL, de Filippo C, Nagel S, Aximu-Petri A, Nickel B, Martínez I, Gracia A, Bermúdez de Castro JM, Carbonell E, Viola B, Kelso J, Prüfer K, Pääbo S. 2016. Nuclear DNA sequences from Middle Pleistocene Sima de los Huesos hominins. *Nature* 531: 504–507.

Patterson K. 2020. *Fossil Men: The Quest for the Oldest Skeleton and the Origins of Humankind*. New York: Harper Collins.

Prüfer K, de Filippo C, Grote S, Mafessoni F, Korlević P, Hajdinjak M, Vernot B, Skov L, Hsieh P, Peyrégne S, Reher D, Hopfe C, Nagel S, Maricic T, Fu Q, Theunert C, Rogers R, Skoglund P, Chintalapati M,... Pääbo S. 2017. A high-coverage Neandertal genome from Vinfija Cave in Croatia. *Science* 358: 655–658.

Prüfer K, Racimo F, Patterson N, Jay F, Sankararaman S, Sawyer S, Heinze A, Renaud G, Sudmant PH, de Filippo C, Li H, Mallick S, Dannemann M, Fu Q, Kircher M, Kuhlwilm M, Lachmann M, Meyer M, Ongyerth M,... Pääbo S. 2014. The complete genome sequence of a Neanderthal from the Altai Mountains. *Nature* 505: 43–49.

Reich D, Green RE, Kircher M, Krause J, Patterson N, Durand EY, Viola B, Briggs AW, Stenzel U, Johnson PL, Maricic T, Good JM, Marques-Bonet T, Alkan C, Fu Q, Mallick S, Li H, Meyer M, Eichler EE,... Pääbo S. 2010. Genetic history of an archaic hominin group from Denisova Cave in Siberia. *Nature* 468: 1053–1060.

Sawyer S, Renaud G, Viola B, Hublin JJ, Gansauge MT, Shunkov MV, Derevianko AP, Prüfer K, Kelso J, Pääbo S. 2015. Nuclear and mitochondrial DNA sequence from two Denisovan individuals. *Proceedings of the National Academy of Sciences* 112: 15696–15700.

Slon V, Mafessoni F, Vernot B, de Filippo C, Grote S, Viola B, Hajdinjak M, Peyrégne S, Nagel S, Brown S, Douka K, Higham T, Kozlikin MB, Shunkov MV, Derevianko AP, Kelso J, Meyer M, Prüfer K, Pääbo S. 2018. The genome of the offspring of a Neanderthal mother and a Denisovan father. *Nature* 561: 113–116.

Stringer C, Makie R. 2015. *African Exodus: The Origins of Modern Humanity*. New York: Henry Holt & Co. Stringer C. 2016. The origin and evolution of *Homo sapiens*. *Philosophical Transactions of the Royal Society of London, Series B* 371: 20150237.

Trujillo CA, Rice ES, Schaefer NK, Chaim IA, Wheeler EC, Madrigal AA, Buchanan J, Preissl S, Wang A, Negraes PD, Szeto R, Herai RH, Huseynov A, Ferraz MSA, Borges FdS, Kihara AH, Byrne A, Marin M, Vollmers C,... Muotri AR. 2021. Reintroduction of archaic variant of *NOVA!* in cortical organoids alters neurodevelopment. *Science* 381: eaax2537.

Vernot B. Akey JM. 2015. Complex history of admixture between modern humans and Neandertals. *American Journal of Human Genetics* 96: 448–453.

Wei-Haas M. 2020 January 30. You may have more Neanderthal DNA than you think. *National Geographic*. Wurz S. The transition to modern behavior. *Nature Education Knowledge* 3: 15.

Zhang D, Xia H, Chen F, Li B, Slon V, Cheng T, Yang R, Jacobs Z, Dai Q, Massilani D, Shen X, Wang J, Feng X, Cao P, Yang MA, Yao J, Yang J, Madsen DB, Han Y,... Fu Q. 2020. Denisovan DNA in Late Pleistocene sediments from Baishiya Karst Cave on the Tibetan Plateau. *Science* 370: 584–587.

CAPÍTULO "BLITZKRIEG"

Bibliografia Anotada

Evidências a favor e contra os humanos como a principal causa de extinções nos últimos 50.000 anos foram revisadas por muitos autores (ver Barnosky et al., 2004, Koch e Barnosky 2006, Stuart 2014). Ceballos et al. (2017) discutem a crise de extinção em curso e seus laços com o crescimento da população humana e a mudança no uso da terra.

Stuart e Lister (2012) documentam o declínio do rinoceronte-lanudo. Contagens de restos de rinocerontes-lanudos em sítios arqueológicos na Eurásia são relatadas em Lorenzen et al. (2011). Kosintev et al. (2019) revisam a extinção dos unicórnios siberianos.

Shapiro et al. (2004) usaram pela primeira vez o DNA antigo e uma abordagem de genética populacional para reconstruir as mudanças no tamanho da população ao longo do tempo de uma espécie extinta, neste caso o bisão. Uma abordagem semelhante foi posteriormente usada para inferir dinâmicas passadas de mamutes (Barnes et al., 2007, Palkopoulou et al., 2013, Chang et al., 2017), bois-almiscarados (Campos et al., 2010), rinocerontes-lanudos (Lorenzen et al., 2011, Lord et al., 2020), gatos dentes-de-sabre (Paijmans et al., 2017), caribu (Lorenzen et al., 2001, Kuhn et al. 2010), cavalos (Lorenzen et al., 2011), ursos (Stiller et al., 2010, Edwards et al., 2011), leões (Barnett et al., 2009) e outros.

Nosso trabalho usando DNA sedimentar antigo para determinar quando e por que os mamutes foram extintos na ilha de St. Paul, no Alasca, é apresentado em Graham et al. (2016). Rogers e Slatkin (2017) mostram a partir de dados genômicos nucleares que os últimos mamutes sobreviventes da Ilha Wrangel estavam em declínio devido aos efeitos da endogamia.

Uma onda inicial de dispersão humana para fora da África é apoiada por evidências genéticas de neandertais híbridos na Alemanha e na Bélgica (Peyrégne et al., 2019) e fósseis atribuídos ao *Homo sapiens* que datam de mais de 70.000 anos atrás da China (Liu et al., 2015) e Israel (Hershkovitz et al., 2018).

Análises de datação do sítio arqueológico de Madjedbebe na Austrália são apresentadas em Clarkson et al. (2017). Registros sedimentares do início da mudança ambiental no sudeste da Austrália são de Van der Kaars et al. (2017). Miller et al. (2016) apresentam evidências de predação humana em *Genyornis* na Austrália.

O momento e a rota da dispersão humana para fora da África e pelo planeta, conforme interpretado a partir do DNA antigo, são resumidos por Reich (2016). Heintzman et al. (2016) usam DNA de bisão antigo para excluir o corredor livre de gelo como uma potencial rota de dispersão para os primeiros humanos a colonizar o meio do continente americano. Matisoo-Smith e Robins (2004) usam DNA de ratos para reconstruir o tempo e a ordenação do povo das ilhas do Pacífico.

Allentoft et al. (2014) mostram que os humanos foram responsáveis pela extinção de moa na Nova Zelândia. Langley et al. (2020) exploram a interação sustentada entre humanos e suas presas no Sri Lanka.

A morte do solitário George no dia de Ano-Novo de 2019 é relatada por Wilcox (2019).

Referências

Allentoft ME, Heller R, Oskam CL, Lorenzen ED, Hale ML, Gilbert MT, Jacomb C, Holdaway RN, Bunce M. 2014. Extinct New Zealand megafauna were not in decline before human colonization. *Proceedings of the National Academy of Sciences* 111: 4922–4927.

Barnes I, Shapiro B, Kuznetsova T, Sher A, Guthrie D, Lister A, Thomas MG. 2007. Genetic structure and extinction of the woolly mammoth. *Current Biology* 17: 1072–1075.

Barnett R, Shapiro B, Ho SYW, Barnes I, Burger J, Yamaguchi N, Higham T, Wheeler HT, Rosendhal W, Sher AV, Baryshnikov G, Cooper A. 2009. Phylogeography of lions (*Panthera leo*) reveals three distinct taxa and a Late Pleistocene reduction in genetic diversity. *Molecular Ecology* 18: 1668–1677.

Barnosky AD, Koch PL, Feranec RS, Wing SL, Shabel AB. 2004. Assessing the causes of Late Pleistocene extinctions on the continents. *Science* 306: 70–75.

Campos P, Willerslev E, Sher A, Axelsson E, Tikhonov A, Aaris-Sørensen K, Greenwood A, Kahlke R-D, Kosintsev P, Krakhmalnaya T, Kuznetsova T, Lemey P, MacPhee RD, Norris CA, Shepherd K, Suchard MA, Zazula GD, Shapiro B, Gilbert MTP. 2010. Ancient DNA analysis excludes humans as the driving force behind Late Pleistocene musk ox (*Ovibos moschatus*) population dynamics. *Proceedings of the National Academy of Sciences* 107: 5675–5680.

Ceballos G, Ehrlich PR, Dirzo R. 2017. Biological annihilation via the ongoing sixth mass extinction signaled by vertebrate population losses and declines. *Proceedings of the National Academy of Sciences* 114: E6089–E6096.

Chang D, Knapp M, Enk J, Lippold S, Kircher M, Lister A, MacPhee RDE, Widga C, Czechowski P, Sommer R, Hodges E, Stümpel N, Barnes I, Dalén L, Derevianko A, Germonpré M, Hillebrand-Voiculescu A, Constantin S, Kuznetsova T,... Shapiro B. 2017. The evolutionary and phylogeographic history of woolly mammoths: A comprehensive mitogenomic analysis. *Scientific Reports* 7: 44585.

Clarkson C, Jacobs Z, Marwick B, Fullagar R, Wallis L, Smith M, Roberts RG, Hayes E, Lowe K, Carah X, Florin SA, McNeil J, Cox D, Arnold LJ, Hua Q, Huntley J, Brand HEA, Manne T, Fairbairn A,... Pardoe C. 2017. Human occupation of northern Australia by 65,000 years ago. *Nature* 547: 306–310.

Edwards CJE, Suchard MA, Lemey P, Welch JJ, Barnes I, Fulton TL, Barnett R, O'Connell TC, Coxon P, Monaghan N, Valdiosera C, Lorenzen ED, Willerslev E, Baryshnikov GF, Rambaut A, Thomas MG, Bradley DG, Shapiro B. 2011. Ancient hybridization and a recent Irish origin for the modern polar bear matriline. *Current Biology* 21: 1–8.

Graham RW, Belmecheri S, Choy K, Cullerton B, Davies LH, Froese D, Heintzman PD, Hritz C, Kapp JD, Newsom L, Rawcliffe R, Saulnier-Talbot E, Shapiro B, Wang Y, Williams JW, Wooller MJ. 2016. Timing and cause of mid-Holocene mammoth extinction on St. Pal Island, Alaska. *Proceedings of the National Academy of Sciences* 113: 9310–9314.

Heintzman PD, Froese DG, Ives JW, Soares AER, Zazula GD, Letts B, Andrews TD, Driver JC, Hall E, Hare G, Jass CN, MacKay G, Southon JR, Stiller M, Woywitka R, Suchard MA, Shapiro B. 2016. Bison phylogeography constrains dispersal and viability of the "Ice Free Corridor" in western Canada. *Proceedings of the National Academy of Sciences* 113: 8057–8063.

Hershkovitz I, Weber GW, Quam R, Duval M, Grün R, Kinsley L, Ayalon A, Bar-Matthews M, Valladas H, Mercier N, Arsuaga JL, Martinón-Torres M, Bermúdez de Castro JM, Fornai C, Martín-Francés L, Sarig R, May H, Krenn VA, Slon V,... Weinstein-Evron M. 2018. The earliest modern humans outside of Africa. *Science* 359: 456–459.

Koch PL, Barnosky AD. 2006. Late Quaternary extinctions: State of the debate. *Annual Reviews of Ecology and Evolution* 37: 215–250.

Kosintsev P, Mitchell KJ, Devièse T, van der Plicht J, Kuitems M, Petrova E, Tikhonov A, Higham T, Comeskey D, Turney C, Cooper A, van Kolfschoten T, Stuart AJ, Lister AM. 2019. Evolution and extinction of the giant rhinoceros *Elasmotherium sibricum* sheds light on Late Quaternary megafaunal extinctions. *Nature Ecology and Evolution* 3: 31–38.

Kuhn TS, McFarlane K, Groves P, Moers AO, Shapiro B. 2010. Modern and ancient DNA reveal recent partial replacement of caribou in the southwest Yukon. *Molecular Ecology* 19: 1312–1318.

Langley MC, Amano N, Wedage O, Deraniyagala S, Pathmalal MM, Perera N, Boivin N, Petraglia MD, Roberts P. 2020. Bows and arrows and complex symbolic displays 48,000 years ago in the South Asian Tropics. *Science Advances* 6: eaba3831.

Liu W, Martinón-Torres M, Cai YJ, Xing S, Tong HW, Pei SW, Sier MJ, Wu XH, Edwards RL, Cheng H, Li YY, Yang XX, de Castro JM, Wu XJ. 2015. The earliest unequivocally modern humans in southern China. *Nature* 526: 696–699.

Lord E, Dussex N, Kierczak M, Díez-Del-Molino D, Ryder OA, Stanton DWG, Gilbert MTP, Sánchez-Barreiro F, Zhang G, Sinding MS, Lorenzen ED, Willerslev E, Protopopov A, Shidlovskiy F, Fedorov S, Bocherens H, Nathan SKSS, Goossens B, van der Plicht J,... Dalén L. 2020. Pre-extinction demographic stability and genomic signatures of adaptation in the woolly rhinoceros. *Current Biology* 5: 3871–3879.

Lorenzen ED, Nogués-Bravo D, Orlando L, Weinstock J, Binladen J, Marske KA, Ugan A, Borregaard MK, Gilbert MT, Nielsen R, Ho SY, Goebel T, Graf KE, Byers D, Stenderup JT, Rasmussen M, Campos PF, Leonard JA, Koepfli KP,... Willerslev E. 2011. Species-specific responses of Late Quaternary megafauna to climate and humans. *Nature* 479: 359–364.

Matisoo-Smith E, Robins JH. 2004. Origins and dispersals of Pacific peoples: Evidence from mtDNA phylogenies of the Pacific rat. *Proceedings of the National Academy of Sciences* 101: 9167–9172.

Miller G, Magee J, Smith M, Spooner N, Baynes A, Lehman S, Fogel M, Johnston H, Williams D, Clark P, Florian C, Holst R, DeVogel S. 2016. Human predation contributed to the extinction of the Australian megafaunal bird *Genyornis newtoni* ~47ka. *Nature Communications* 7: 10496.

Paijmans JLA, Barnett R, Gilbert MTP, Zepeda-Mendoza ML, Reumer JWF, de Vos J, Zazula G, Nagel D, Baryshnikov GF, Leonard JA, Rohland N, Westbury MV, Barlow A, Hofreiter M. 2017. Evolutionary history of saber-toothed cats based on ancient mitogenomics. *Current Biology* 27: 3330–3336.e5.

Palkopoulou E, Dalén L, Lister AM, Vartanyan S, Sablin M, Sher A, Edmark VN, Brandström MD, Germonpré M, Barnes I, Thomas J. 2013. Holarctic genetic structure and range dynamics in the woolly mammoth. *Proceedings of the Royal Society of London, Series B* 280: 20131910.

Peyrégne S, Slon V, Mafessoni F, de Filippo C, Hajdinjak M, Nagel S, Nickel B, Essel E, Le Cabec A, Wehrberger K, Conard NJ, Kind CJ, Posth C, Krause J, Abrams G, Bonjean D, Di Modica K, Toussaint M, Kelso J,... Prüfer K. 2019. Nuclear DNA from two early Neandertals reveals 80,000 years of genetic continuity in Europe. *Science Advances* 5: eaaw5873.

Reich D. 2018. *Who We Are and How We Got Here.* Oxford: Oxford University Press. Rogers RL, Slatkin M. 2017. Excess of genomic defects in a woolly mammoth on Wrangel Island. *PLoS Genetics* 13: e1006601.

Shapiro B, Drummond AJ, Rambaut A, Wilson MC, Matheus PE, Sher AV, Pybus OG, Gilbert MT, Barnes I, Binladen J, Willerslev E, Hansen AJ, Baryshnikov GF, Burns JA, Davydov S, Driver JC, Froese DG, Harington CR, Keddie G,... Cooper A. 2004. Rise and fall of the Beringian steppe bison. *Science* 306: 1561–1565.

Stiller M, Baryshnikov G, Bocherens H, Grandal d'Anglade A, Hilpert B, Münzel SC, Pinhasi R, Rabeder G, Rosendahl W, Trinkaus E, Hofreiter M, Knapp M. 2010. Withering away—25,000 years of genetic decline preceded cave bear extinction. *Molecular Biology and Evolution* 27: 975–978.

Stuart AJ. 2014. Late Quaternary megafaunal extinctions on the continents: A short review. *Geological Journal* 50: 338–363.

Stuart AJ, Lister AM. 2012. Extinction chronology of the woolly rhinoceros *Coelodonta antiquitis* in the context of Late Quaternary megafaunal extinctions in northern Eurasia. *Quaternary International* 51: 1–17.

Van der Kaars S, Miller GH, Turney CS, Cook EJ, Nürnberg D, Schönfeld J, Kershaw AP, Lehman SJ. 2017. Humans rather than climate the primary cause of Pleistocene megafaunal extinction in Australia. *Nature Communications* 8: 14142.

Wilcox C. 2019 January 8. Lonely George the tree snail dies, and a species goes extinct. *National Geographic.*

CAPÍTULO "PERSISTÊNCIA DE LACTASE"

Bibliografia anotada

Ségurel e Bon (2017) revisam a compreensão atual da evolução e das consequências funcionais das mutações de persistência da lactase em humanos. Dados genéticos têm sido usados para inferir o momento do aparecimento da mutação de persistência da lactase e rastrear sua disseminação pela Eurásia (Segruel et al., 2020) e África (Tishkoff et al., 2007). Poucas evidências foram encontradas dessa mutação em populações leiteiras precoces (Burger et al., 2020).

Zeder (2011) revisa o que o registro arqueológico revelou até agora sobre o processo de domesticação de animais no Levante e a dispersão de animais domesticados na Europa. Marshall et al. (2014) avaliam o papel da reprodução direcionada durante a domesticação precoce. Os três caminhos para a domesticação estão resumidos em Zeder (2012 e 2015). A síndrome dos traços comuns às espécies domesticadas, denominada "síndrome da domesticação" no início do século XX, é descrita por Wilkins et al. (2014).

Schultz et al. (2005) comparam a agricultura das formigas com a agricultura dos humanos.

O DNA antigo contribuiu para nossa compreensão de onde e quando muitas espécies foram domesticadas (revisado em Frantz et al., 2020), incluindo cães (Bergström et al., 2020), galinhas (Wang et al., 2020) e cavalos (Orlando 2020). O momento e as consequências da expansão dos primeiros criadores de cavalos são discutidos por Haak et al. (2015) e de Barros Damgaard et al. (2018).

Insights genômicos sobre a domesticação do gado são apresentados por Park et al. (2015) e Verdugo et al. (2019). Pitt et al. (2019) debatem se as evidências sustentam dois ou três eventos de domesticação de gado globalmente. A avaliação arqueológica de fósseis de auroques de Dja'ade (Helmer et al. 2005) e Çayönü (Hongo et al. 2009) são discutidas no contexto mais amplo da domesticação de gado no Crescente Fértil por Arbuckle et al. (2016). Qiu et al. (2012) identificam regiões dos genomas de gado tibetano que se originaram da mistura com iaques locais e permitiram que esses auroques sobrevivessem em grandes altitudes.

Evidências arqueológicas de laticínios incluem gorduras preservadas em vasos de cerâmica na Europa (Evershed et al., 2008) e África (Grillo et al., 2020), bem como sequências de proteínas recuperadas de placa dentária arqueológica (Warinner et al., 2014; Charlton et al., 2019, revisam essa abordagem e as descobertas que ela possibilitou).

Hare e Tomasello (2005) exploram evidências de cognição social em cães (ver também Hare e Woods, 2013). Saito et al. (2019) e Vitale e Udell

(2019) mostram que os gatos também desenvolveram traços que sugerem dependência social de seus companheiros humanos.

A domesticação recente de espécies marinhas é documentada por Duarte et al. (2007), e Stokstad (2020) avalia o crescente papel da biotecnologia na aquicultura. Rosner (2014) explora os esforços atuais para domesticar novas espécies de plantas silvestres, incluindo a batata de feijão americano.

Moore e Hasler (2017) revisam como as biotecnologias do século XX fizeram avançar a pecuária e a ciência leiteira. Hansen (2020) discute alguns dos desafios em curso com essas tecnologias, considerando o motivo por que a transferência de embriões em particular até agora não atingiu sua promessa. Wiggans et al. (2017) avaliam a contribuição dos dados genômicos para a seleção reprodutiva em bovinos modernos.

Bannasch et al. (2008) ligam uma mutação no gene *SLC2A9* à superprodução de ácido úrico em dálmatas. Lewis e Mellersh (2019) relatam a diminuição de doenças em cães desde a adoção dos testes de DNA.

Referências

Arbuckle BS, Price MD, Hongo H, Öksüz B. 2016. Documenting the initial appearance of domestic cattle in the eastern Fertile Crescent (northern Iraq and western Iran). *Journal of Archaeological Science* 72: 1–9.

Bannasch D, Safra N, Young A, Kami N, Schaible RS, Ling GV. 2008. Mutations in the *SLC2A9* gene cause hyperuricosuria and hyperuremia in the dog. *PLoS Genetics* 4: e1000246.

Bergström A, Frantz L, Schmidt R, Ersmark E, Lebrasseur O, Girdland-Flink L, Lin AT, Storå J, Sjögren KG, Anthony D, Antipina E, Amiri S, Bar-Oz G, Bazaliiskii VI, Bulatović J, Brown D, Carmagnini A, Davy T, Fedorov S,... Skoglund P. 2020. Origins and genetic legacy of prehistoric dogs. *Science* 370: 557–564.

Burger J, Link V, Blöcher J, Schulz A, Sell C, Pochon Z, Diekmann Y, Žegarac A, Hofmanová Z, Winkelbach L, Reyna-Blanco CS, Bieker V, Orschiedt J, Brinker U, Scheu A, Leuenberger C, Bertino TS, Bollongino R, Lidke G,... Wegmann D. 2020. Low prevalence of lactase persistence in Bronze Age Europe indicates ongoing strong selection over the last 3,000 years. *Current Biology* 30: 4307–4315.

Charlton S, Ramsøe A, Collins M, Craig OE, Fischer R, Alexander M, Speller CF. 2019. New insights into Neolithic milk consumption through proteomic analysis of dental calculus. *Archaeological and Anthropological Sciences* 11: 6183–6196.

Craig OE, Chapman J, Heron C, Willis LH, Bartosiewicz L, Taylor G, Whittle A, Collins M. Did the first farmers of central and eastern Europe produce dairy foods? *Antiquity* 79: 882–894. de Barros Damgaard P, Martiniano R, Kamm J, Moreno-Mayar JV, Kroonen G, Peyrot M, Barjamovic G, Rasmussen S, Zacho C, Baimukhanov N, Zaibert V, Merz V, Biddanda A, Merz I, Loman V, Evdokimov V, Usmanova E, Hemphill B, Seguin-Orlando A,... Willerslev E. 2018. The first horse herders and the impact of early Bronze Age steppe expansions into Asia. *Science* 360: eaar7711.

Duarte CM, Marbá N, Jolmer M. 2007. Rapid domestication of marine species. *Science* 316: 382–383.

Evershed RP, Payne S, Sherratt AG, Copley MS, Coolidge J, Urem-Kotsu D, Kotsakis K, Ozdoğan M, Ozdoğan AE, Nieuwenhuyse O, Akkermans PM, Bailey D, Andeescu RR, Campbell S, Farid S, Hodder I, Yalman N, Ozbaşaran M,... Burton MM. 2008. Earliest date for milk use in the Near East and southeastern Europe linked to cattle herding. *Nature* 455: 528–531.

Felius M. 2007. *Cattle Breeds: An Encyclopedia.* Pomfret, VT: Trafalgar Square Publishing.

Frantz LAF, Bradley DG, Larson G, Orlando L. 2020. Animal domestication in the era of ancient genomics. *Nature Reviews Genetics* 21: 449–460.

Grillo KM, Dunne J, Marshall F, Prendergast ME, Casanova E, Gidna AO, Janzen A, Karega-Munene, Keute J, Mabulla AZP, Robertshaw P, Gillard T, Walton-Doyle C, Whelton HL, Ryan K, Evershed RP. Molecular and isotopic evidence for milk, meat, and plants in prehistoric eastern African herder food systems. *Proceedings of the National Academy of Sciences* 117: 9793–9799.

Hansen PJ. 2020. The incompletely fulfilled promise of embryo transfer in cattle—why aren't pregnancy rates greater and what can we do about it? *Journal of Animal Science* 98: skaa288.

Hare B, Tomasello M. 2005. Human-like social skills in dogs? *Trends in Cognitive Science* 9: 439–444.

Hare B, Woods V. 2013. *The Genius of Dogs: How Dogs Are Smarter Than You Think.* New York: Dutton. Helmer D, Gourichon L, Monchot H, Peters J, Saña Seguí M. 2005. Identifying early domestic cattle from pre-pottery Neolithic sites on the Middle Euphrates using sexual dimorphism. In: Vigne J-D, Peters J, Helmer D, editors. *New Methods and the First Steps of Mammal Domestication*. Oxford: Oxbow Books, pp. 86–95.

Hongo H, Pearson J, Öksüz B, Ígezdi G. 2009. The process of ungulate domestication at Çayönü, southeastern Turkey: A multidisciplinary approach focusing on *Bos sp.* and *Cervus elaphus*. *Anthropozoologica* 44: 63–78.

Kistler L, Montenegro A, Smith BD, Gifford JA, Green RE, Newsom LA, Shapiro B. 2014. Trans-oceanic drift and the domestication of African bottle gourds in the Americas. *Proceedings of the National Academy of Sciences* 111: 2937–2941.

Lewis TW, Mellersh CS. 2019. Changes in mutation frequency of eight Mendelian inherited disorders in eight pedigree dog populations following introduction of a commercial DNA test. *PLoS One* 14: e0209864.

Librado P, Fages A, Gaunitz C, Leonardi M, Wagner S, Khan N, Hanghøj K, Alquraishi SA, Alfarhan AH, Al-Rasheid KA, Der Sarkissian C, Schubert M, Orlando L. 2016. The evolutionary origin and genetic makeup of domestic horses. *Genetics* 204: 423–434.

Marshall FB, Dobney K, Denham T, Capriles JM. 2014. Evaluating the roles of directed breeding and gene flow in animal domestication. *Proceedings of the National Academy of Sciences* 111: 6153–6158.

Moore SG, Hasler JF. 2017. A 100-year review: Reproductive technologies in dairy science. *Journal of Dairy Science* 100: 10314–10331.

Orlando L. 2020. The evolutionary and historical foundation of the modern horse: Lessons from ancient genomics. *Annual Reviews of Genetics* 54: 561–581.

Park SDE, Magee DA, McGettigan PA, Teasdale MD, Edwards CJ, Lohan AJ, Murphy A, Braud M, Donoghue MT, Liu Y, Chamberlain AT, Rue-Albrecht K, Schroeder S, Spillane C, Tai S, Bradley DG, Sonstegard TS, Loftus B, MacHugh DE. Genome sequencing of the extinct Eurasian wild aurochs, *Boss primigenius*, illuminate the phylogeography and evolution of cattle. *Genome Biology* 16: 234.

Pitt D, Sevane N, Nicolazzi EL, MacHugh DE, Park SDE, Colli L, Martinez R, Bruford MW, Orozco-terWengel P. 2019. Domestication of cattle: Two or three events? *Evolutionary Applications* 2019: 123–136.

Qiu Q, Zhang G, Ma T, Qian W, Wang J, Ye Z, Cao C, Hu Q, Kim J, Larkin DM, Auvil L, Capitanu B, Ma J, Lewin HA, Qian X, Lang Y, Zhou R, Wang L, Wang K,... Liu J. 2012. The yak genome and adaptation to life at high altitude. *Nature Genetics* 44: 946–949.

Rosner H. 2014 June 24. How we can tame overlooked wild plants to feed the world. *Wired.*

Saito A, Shinozuka K, Ito Y, Hasegawa T. 2019. Domestic cats (*Felis catus*) discriminate their names from other words. *Scientific Reports* 9: 5394.

Schaible RH. 1981. The genetic correction of health problems. *The AKC Gazette.*

Schultz T, Mueller U, Currie C, Rehner S. 2005. Reciprocal illumination: A comparison of agriculture in humans and in fungus-growing ants. In: Vega F, Blackwell M, editors. *Ecological and Evolutionary Advances in InsectFungal Associations*. Oxford: Oxford University Press, pp. 149–190.

Ségurel L, Bon C. 2017. On the evolution of lactase persistence in humans. *Annual Review of Genomics and Human Genetics* 18: 297–319.

Ségurel L, Guarino-Vignon P, Marchi N, Lafosse S, Laurent R, Bon C, Fabre A, Hegay T, Heyer E. 2020. Why and when was lactase persistence selected for? Insights from Central Asian herders and ancient DNA. *PLoS Biology* 18: e30000742.

Stokstad E. 2020. Tomorrow's catch. *Science* 370: 902–905.

Tishkoff SA, Reed FA, Ranciaro A, Voight BF, Babbitt CC, Silverman JS, Powell K, Mortensen HM, Hirbo JB, Osman M, Ibrahim M, Omar SA, Lema G, Nyambo TB, Ghori J, Bumpstead S, Pritchard JK, Wray GA, Deloukas P. 2007. Convergent adaptation of human lactase persistence in Africa and Europe. *Nature Genetics* 39: 31–40.

Verdugo MP, Mullin VE, Scheu A, Mattiangeli V, Daly KG, Maisano Delser P, Hare AJ, Burger J, Collins MJ, Kehati R, Hesse P, Fulton D, Sauer EW, Mohaseb FA, Davoudi H, Khazaeli R, Lhuillier J, Rapin C, Ebrahimi S,... Bradley DG. 2019. Ancient cattle genomics, origins, and rapid turnover in the Fertile Crescent. *Science* 365: 173–176.

Vitale KR, Udell MAR. 2019. The quality of being sociable: The influence of human attentional state, population, and human familiarity on domestic cat sociability. *Behavioral Processes* 145: 11–17.

Wang MS, Thakur M, Peng MS, Jiang Y, Frantz LAF, Li M, Zhang JJ, Wang S, Peters J, Otecko NO, Suwannapoom C, Guo X, Zheng ZQ, Esmailizadeh A, Hirimuthugoda NY, Ashari H, Suladari S, Zein MSA, Kusza S,... Zhang YP. 2020. 863 genomes reveal the origin and domestication of chicken. *Cell Research* 30: 693–701.

Warinner C, Hendy J, Speller C, Cappellini E, Fischer R, Trachsel C, Arneborg J, Lynnerup N, Craig OE, Swallow DM, Fotakis A, Christensen RJ, Olsen JV, Liebert A, Montalva N, Fiddyment S, Charlton S, Mackie M, Canci A,... Collins MJ. 2014. Direct evidence of milk consumption from ancient human dental calculus. *Scientific Reports* 4: 7104.

Wiggans GR, Cole JB, Hubbard SM, Sonstegard TS. 2017. Genomic selection in dairy cattle: The USDA experience. *Annual Reviews of Animal Biosciences* 5: 309–327.

Wilkins AS, Wrangham RW, Fitch WT. 2014. The "domestication syndrome" in mammals: A unified explanation based on neural crest cell behavior and genetics. *Genetics* 197: 795–808.

Zeder M. 2011. The origins of agriculture in the Near East. *Current Anthropology* 54: S221–S235.

Zeder M. 2012. The domestication of animals. *Journal of Archaeological Research* 68: 161–190.

Zeder M. 2015. Core questions in domestication research. *Proceedings of the National Academy of Sciences* 112: 3191–3198.

CAPÍTULO "O BACON DA VACA DO LAGO"
Bibliografia anotada

Fui apresentada pela primeira vez à história da Resolução 23261 por Jon Mooallem, cujo artigo de 2013 sobre a equipe de desajustados que tentou aprovar a legislação no Congresso dos EUA não pode ser esquecido. Greenburg (2014) fornece uma história igualmente cativante da situação do pombo-passageiro nas décadas que antecederam sua extinção.

Enfim, recuperamos o DNA mitocondrial da perna do dodô de Oxford (Shapiro et al., 2002, Soares et al., 2016), mas nosso genoma nuclear completo do dodô é de um animal diferente que faz parte da coleção do Museu de História Natural da Dinamarca. Esse trabalho está em andamento. Nossas análises da história evolutiva do pombo-passageiro são apresentadas em Murray et al. (2018).

Estes et al. (2016) exploram a relação entre lontras marinhas, florestas de algas e a agora extinta vaca-marinha-de-steller.

Sagarin e Turnipseed (2012) revisam como o arcabouço legal da *Public Trust Doctrine* é interpretado no conservacionismo nos dias de hoje. A Wikipédia fornece uma descrição completa da história dos movimentos ambientais e de conservação nos Estados Unidos e em outros lugares. Um documentário de seis partes produzido pela PBS (Duncan et al., 2009) descreve o contexto político e social que levou à criação do Sistema de Parques Nacionais dos EUA, e apresenta as permanências e mudanças nas posturas em relação à conservação da época. O site oficial da US Fish and Wildlife inclui detalhes da história da Lei de Espécies Ameaçadas e suas várias alterações.

Pim et al. (2014) exploram o impacto das convenções internacionais relacionadas à biodiversidade na proteção de espécies ameaçadas. A eficácia das abordagens, atualmente em uso, para diminuir a perda de biodiversidade é revisada por Johnson et al. (2017). Bongaarts (2019) resume as principais conclusões do relatório de 2019 da Plataforma Intergovernamental de Políticas Científicas das Nações Unidas sobre Biodiversidade e Serviços Ecossistêmicos. O relatório completo, publicado em 9 de maio de 2019, pode ser acessado no site https://ipbes.net/global-assessment.

A história da quase extinção e resgate genético da pantera-da-flórida está documentada nos capítulos 4 e 5 de O'Brien (2003). Nossa análise genômica de endogamia nas populações de panteras-da-flórida é descrita em Saremi et al. (2019).

Um livro editado por Ruiz e Carlton (2003) analisa tanto como as espécies se tornam invasoras quanto as estratégias para controlar as espécies invasoras. Kistler et al. (2014) descobriram que os porongos se dispersaram para as Américas pelas correntes que atravessavam o oceano Atlântico. Russell e Broome (2016) revisam os efeitos ecológicos da remoção de roedores das ilhas. Milius (2020) relata a descoberta de vespas assassinas em 2016 em um pacote que entra nos Estados Unidos pelo aeroporto de São Francisco.

Referências

Bongaarts J. 2019. Summary for policymakers of the global assessment report on biodiversity and ecosystem services of the Intergovernmental Science-Policy Platform on Biodiversity and Ecosystem Services. *Population and Development Review* 45: 680–681.

Duncan D, Burns K, Coyote P, Stetson L, Arkin A, Bosco P, Conway K, Hanks T, Lucas J, McCormick C, Bodett T, Clark T, Guyer M, Jones G, Madigan A, Wallach E, Muir J. 2009. *The National Parks: America's Best Idea*. Arlington, VA: PBS Home Video.

Estes JA, Burdin A, Doak DF. 2016. Sea otters, kelp forests, and the extinction of Steller's sea cow. *Proceedings of the National Academy of Sciences* 113: 880–885.

Greenburg J. 2014. *A Feathered River Across the Sky: The Passenger Pigeon's Flight to Extinction.* New York: Bloomsbury.

Johnson CN, Balmford A, Brook BW, Buettel JC, Galetti M, Guangchun L, Wilmshurst JM. 2017. Biodiversity losses and conservation responses in the Anthropocene. *Science* 356: 270–275.

Kistler L, Montenegro A, Smith BD, Gifford JA, Green RE, Newsom LA, Shapiro B. 2014. Trans-oceanic drift and the domestication of African bottle gourds in the Americas. *Proceedings of the National Academy of Sciences* 111: 2937–2941.

Milius S. 2020 May 29. More "murder hornets" are turning up. Here's what you need to know. *Science News.*

Mooallem J. 2013 December 12. American hippopotamus. *The Atavist.*

Murray GGR, Soares AER, Novak BJ, Schaefer NK, Cahill JA, Baker AJ, Demboski JR, Doll A, Da Fonseca RR, Fulton TL, Gilbert MTP, Heintzman PD, Letts B, McIntosh G, O'Connell BL, Peck M, Pipes M-L, Rice ES, Santos KM,... Shapiro B. 2017. Natural selection shaped the rise and fall of passenger pigeon genomic diversity. *Science* 358: 951–954.

O'Brien SJ. 2003. *Tears of the Cheetah and Other Tales from the Genetic Frontier*. New York: Thomas Dunne.

Pimm SL, Jenkins CN, Abell R, Brooks TM, Gittleman JL, Joppa LN, Raven PH, Roberts CM, Sexton JO. 2014. The biodiversity of species and their rates of extinction, distribution, and protection. *Science* 344: 1246752.

Roosevelt T. 2017. "A Book Lover's Holidays in the Open, 1916." In: *Theodore Roosevelt for Nature Lovers: Adventures with America's Great Outdoorsman.* Dawidziak M, editor. Guilford, CT: Lyons Press.

Ruiz GM, Carlton JT. 2003. *Invasive Species: Vectors and Management Strategies*. Washington DC: Island Press.

Russell JC, Broome KG. 2016. Fifty years of rodent eradications in New Zealand: Another decade of advances. *New Zealand Journal of Ecology* 40: 197–204.

Sagarin RD, Turnipseed M. 2012. The Public Trust Doctrine: Where ecology meets natural resources management. *Annual Review of Environment and Resources* 37: 473–496.

Saremi N, Supple MA, Byrne A, Cahill JA, Lehman Coutinho L, Dalén L, Figueiró HV, Johnson WE, Milne HJ, O'Brien SJ, O'Connell BO, Onorato DP, Riley SPD, Sikich JA, Stahler DR, Villetta PMS, Vollmers C, Wayne RK, Eizirik E,... Shapiro B. 2019. Puma genomes from North and South America provide insights into the genomic consequences of inbreeding. *Nature Communications* 10: 4769.

Shapiro B, Sibthorpe D, Rambaut A, Austin J, Wragg GM, Bininda-Emonds OR, Lee PL, Cooper A. 2002. Flight of the dodo. *Science* 295: 1683.

Soares AER, Novak B, Haile J, Fjeldså J, Gilbert MTP, Poinar H, Church G, Shapiro B. 2016. Complete mitochondrial genomes of living and extinct pigeons revise the timing of the columbiform radiation. *BMC Evolutionary Biology* 16: 1–9.

Topics of the Times. 1910 April 12. *New York Times.*

Transcript of the presentation of H.R. 23261. 1910. Hearings before the Committee on Agriculture during the second session of the Sixty-first Congress 3. Washington, DC: US Government Printing Office.

Wilson ES. 1934. Personal recollections of the passenger pigeon. *The Auk* 51: 157.

CAPÍTULO "GADO MOCHO"

Bibliografia anotada

Van Eenennaam et al. (2021) revisam as tecnologias de bioengenharia e seu uso na agricultura, bem como as oportunidades perdidas por causa de nossas reticências e obstáculos regulatórios. Mendlesohn et al. (2003) apresentam uma análise da Agência de Proteção Ambiental dos Estados

Unidos sobre os riscos associados às culturas *Bt*. As Academias Nacionais dos EUA produziram um relatório detalhado das perspectivas da engenharia genética na agricultura e dos desafios científicos, sociais e políticos que permanecem (National Academies of Science, Engineering, and Mathematics, 2016).

A *Coordinated Framework for Regulation of Biotechnology* nos Estados Unidos foi publicada em 1986 (Office of Science and Technology Policy, 1986) e atualizada no início de janeiro de 2017 (Office of the President, 2017). A orientação regulatória de 2017 da Food and Drug Administration dos EUA afirma que os organismos com alterações intencionais devem ser regulamentados como "novos medicamentos para animais" (Food and Drug Administration, 2017).

A definição da União Europeia de OGM é de Plan e Van den Eede (2010). Laaninen (2019) discute a lógica e as implicações da decisão de 2018 do Tribunal de Justiça Europeu de que os organismos geneticamente modificados se enquadram no âmbito da legislação europeia existente que rege os OGMs.

As implicações econômicas globais dessa decisão são exploradas por Purnhagen e Wesseler (2021).

Cohen et al. (1972) descrevem o primeiro uso de enzimas de restrição para unir fitas de DNA de dois organismos diferentes. A citação de um membro da audiência da Conferência Gordon de 1973 sobre Ácidos Nucleicos foi relatada em Hanna (1991), que também inclui detalhes dos experimentos que levaram a este anúncio e os eventos que se seguiram, incluindo a reunião de 1975 em Asilomar, Califórnia, e inclui comentários de muitos dos cientistas envolvidos com as discussões na época. Berg et al. (1975) resumem as conclusões das conferências de Asilomar.

Tzifra e Citovsky (2006) revisam as tecnologias utilizadas para editar os genomas das plantas. Kim e Kim (2014) descrevem o desenvolvimento e aplicação de nucleases programáveis para engenharia genética. Doudna e Charpentier (2014) e Knott e Doudna (2018) focam especificamente nos avanços possibilitados pelo uso de sistemas CRISPR-Cas. Reynolds (2019) fornece um resumo destinado a um público mais amplo de como o CRISPR funciona e o que ele pode ser usado para realizar.

O uso de tecnologia antissentido para controlar a atividade de PG em tomates foi descrito pela primeira vez por Sheehy et al. (1988), e as implicações dessa descoberta foram relatadas por Roberts (1988). Detalhes dos experimentos realizados e decisões tomadas pela Calgene durante sua busca pela aprovação regulatória do tomate Flavr Savr são de Martineau (2001). A Calgene publicou a sua avaliação de segurança do tomate Flavr Savr em 1992 (Radenbaugh et al. 1992). Searbrook (1993) entrevista funcionários da

Calgene sobre o lançamento do tomate Flavr Savr. Miller (1993) explora as reações da mídia e das organizações ativistas.

Carlson et al. (2016) relatam o nascimento de gado leiteiro sem chifres usando linhas celulares geneticamente modificadas. As análises fenotípicas e genéticas de um desses seis bezerros são apresentadas em Young et al. (2020). Norris et al. (2020) identificam sequências de DNA bacteriano no genoma original do macho editado pelo gene. A história completa da Princesa e seus irmãos (com fotos!) é contada por Molteni (2019).

O estudo original de 2012 de Séralini e colegas, que apresentou dados supostamente mostrando uma propensão de ratos a ter câncer quando alimentados com uma dieta de milho OGM, foi retirado da *Food and Chemical Toxicology* e posteriormente republicado como Séralini et al. (2014). A resposta da mídia ao estudo original é criticada por Butler (2012). Steinberg et al. (2019) não conseguiram replicar os resultados de Séralini usando tamanhos de amostra maiores.

Saletan (2015) explora a ciência por trás e a controvérsia em torno de vários organismos geneticamente modificados, incluindo mamão geneticamente modificado e arroz dourado. Losey et al. (1999) descobriram que o pólen de milho *Bt* é prejudicial às borboletas monarca, mas sua afirmação foi refutada por Sears et al. (2001) com dados de seis grandes estudos de campo. Tang et al. (2012) relataram que crianças alimentadas com uma porção de arroz dourado receberam uma proporção substancial da dose diária recomendada de vitamina A. Após a controvérsia que se seguiu (Hvistendahl e Enserink, 2012), o artigo que descreve o estudo foi retratado. Afedraru (2018) descreve a banana geneticamente modificada fortificada com vitaminas que está sendo desenvolvida para lançamento em Uganda. Projetos na África do Sul para modificar plantas para sobreviverem a períodos prolongados de seca são discutidos por Lind (2017).

Lewis (1992) cunhou o termo "*Frankenfoods*".

Referências

Afedraru L. 2018 October 30. Ugandan scientists poised to release vitaminfortified GMO banana. *Alliance for Science*.

Berg P, Baltimore D, Brenner S, Roblin RO, Singer MF. 1975. Summary statement of the Asilomar conference on recombinant DNA molecules. *Proceedings of the National Academy of Sciences* 72: 1981–1984.

Butler D. 2012. Rat study sparks GM furore. *Nature* 489: 474.

Carlson DF, Lancto CA, Zang B, Kim ES, Walton M, Oldeschulte D, Seabury C, Sonstegard TS, Fahrenkrug SC. 2016. Production of hornless dairy cattle from genome-edited cell lines. *Nature Biotechnology* 34: 479–481.

Cohen SN, Chang ACY, Boyer HW, Helling RB. 1972. Construction of biologically functional bacterial plasmids in vitro. *Proceedings of the National Academy of Sciences* 71: 3240–3244.

Doudna JA, Charpentier E. 2014. The new frontier of genome engineering with CRISPR-Cas9. *Science* 346: 1258096.

Food and Drug Administration. 2017. Guidance for Industry 187 on regulation of intentionally altered genomic DNA in animals. *Federal Register* 82: 12.

Hanna KE, ed. 1991. *Biomedical Politics*. Washington, DC: National Academies Press.

Hvistendahl M, Enserink M. 2012. GM research: Charges fly, confusion reigns over Golden Rice study in Chinese children. *Science* 337: 1281.

Kim H, Kim J-S. 2014. A guide to genome engineering with programmable nucleases. *Nature Reviews Genetics* 15: 321–334.

Knott GJ, Doudna JA. 2018. CRISPR-Cas guides the future of genetic engineering. *Science* 361: 866–869.

Laaninen T. 2019. *New plantbreeding techniques: Applicability of EU GMO rules*. Brussels: European Parliamentary Research Service.

Lewis P. 1992 June 16. Opinion: Mutant foods create risks we can't yet guess. *New York Times*.

Lind P. 2017 March 22. "Resurrection plants": Future drought-resistant crops could spring back to life thanks to gene switch. *Reuters*.

Losey JE, Rayor LS, Carter ME. 1999. Transgenic pollen harms monarch larvae. *Nature* 399: 214.

Martineau B. 2001. *First Fruit: The Creation of the Flavr Savr Tomato and the Birth of Biotech Foods*. New York: McGraw Hill.

Mendelsohn M, Kough J, Vaituzis Z, Matthews K. 2003. Are *Bt* crops safe? *Nature Biotechnology* 21: 1003–1009.

Miller SK. 1994 May 28. Genetic first upsets food lobby. *New Scientist*.

Molteni M. 2019 October 8. A cow, a controversy, and a dashed dream of more human farms. *Wired*.

National Academies of Sciences, Engineering, and Medicine. 2016. *Genetically Engineered Crops: Experiences and Prospects*. Washington, DC: National Academies Press.

Norris AL, Lee SS, Greenless KJ, Tadesse DA, Miller MF, Lombardi HA. 2020. Template plasmid integration in germline genome-edited cattle. *Nature Biotechnology* 38: 163–164.

Office of Science and Technology Policy. 1986. Coordinated Framework for Regulation of Biotechnology. *Federal Register* 51: 23302.

Office of the President. 2017. Modernizing the Regulatory System for Biotechnology Products: Final Version of the 2017 Update to the Coordinated Framework for the Regulation of Biotechnology. US EPA. www.epa.gov /regulation-biotechnology-under-tsca-and-fifra/ update-coordinated-frame work-regulation-biotechnology.

Plan D, Van den Eede G. 2010. *The EU Legislation on GMOs: An Overview*. Brussels: Publications Office of the European Union.

Purnhagen K, Wesseler J. 2021. EU regulation of new plant breeding technologies and their possible economic implications for the EU and beyond. *Applied Economic Perspectives and Policy*. https//:doi:10.1002/aepp.13084.

Redenbaugh K, Hiatt W, Martineau B, Kramer M, Sheehy R, Sanders R, Houck C, Emlay D. 1992. *Safety Assessment of Genetically Engineered Fruits and Vegetables: A Case Study of the FLAVR SAVR™ Tomatoes*. Boca Raton: CRC Press.

Reynolds M. 2019 January 20. What is CRISPR? The revolutionary geneediting tech explained. *Wired*.

Roberts L. 1988. Genetic engineers build a better tomato. *Science* 241: 1290.

Saletan W. 2015 July 15. Unhealthy fixation. *Slate*.

Searbrook J. 1993 July 19. Tremors in the hothouse. *New Yorker*: 32–41.

Sears MK, Hellmich RL, Stanley-Horn DE, Oberjauser KS, Pleasants JM, Mattila HR, Siegfried BD, Dively GP. 2001. Impact of *Bt* corn pollen on monarch butterfly populations: A risk assessment. *Proceedings of the National Academy of Sciences* 98: 11937–11942.

Séralini GE, Clair E, Mesnage R, Gress S, Defarge N, Malatesta M, Hennequin D, de Vendômois JS. 2014. Long term toxicity of a Roundup herbicide and a Roundup-tolerant genetically modified maize. *Environmental Sciences Europe* 26: 14.

Sheehy R, Kramer M, Hiatt W. 1988. Reduction of polygalacturonase activity in tomato fruit by antisense RNA. *Proceedings of the National Academy of Sciences* 85: 8805–8809.

Simon F. 2015 November 26. Jeremy Rifkin: "Number two cause of global warming emissions? Animal husbandry." *Euractiv*.

Steinberg P, van der Voet H, Goedhart PW, Kleter G, Kok EJ, Pla M, Nadal A, Zeljenková D, Aláčová R, Babincová J, Rollerová E, Jaďuďová S, Kebis A, Szabova E, Tulinská J, Líšková A, Takácsová M, Mikušová ML, Krivošíková Z,... Wilhelm R. 2019. Lack of adverse effects in subchronic and chronic toxicity/carcinogenicity studies on the glyphosate-resistant genetically modified maize NK603 in Wistar Han RCC rats. *Archives of Toxicology* 93: 1095–1139.

Tang G, Hu Y, Yin S, Wang Y, Dallal GE, Grusak MA, Russell RM. 2012. β-Carotene in Golden Rice is as good as β-carotene in oil at providing vitamin A to children. *American Journal of Clinical Nutrition* 96: 658–664.

Tzfira T, Citovsky V. 2006. *Agrobacterium*-mediated genetic transformation of plants: Biology and biotechnology. *Current Opinion in Biotechnology* 17: 147–154.

Van Eenennaam AL, De Figueiredo Silva F, Trott JF, Zilberman D. 2021. Genetic engineering of livestock: The opportunity cost of regulatory delay. *Annual Review of Animal Biosciences* 9: 453–478.

Young AE, Mansour TA, McNabb BR, Owen JR, Trott JF, Brown CT, Van Eenennaam AL. 2020. Genomic and phenotype analyses of six offspring of a genome-edited hornless bull. *Nature Biotechnology* 38: 225–232.

CAPÍTULO "CONSEQUÊNCIAS DESEJADAS"
Bibliografia anotada

O título deste capítulo [em inglês, *Intended Consequences*] foi inspirado em um workshop convocado em junho de 2020 pela Revive & Restore para marcar o lançamento da Intended Consequences Initiative, que visa incentivar a inovação na conservação e promover intervenções destinadas a alcançar trocas intencionais. Os recursos deste workshop, incluindo *links* para leituras relevantes e um código de prática proposto, estão disponíveis em https://reviverestore.org/what-we-do/intended-consequences/.

Em Shapiro (2015), forneço um guia passo a passo para a desextinção, explorando como as tecnologias existentes e futuras podem ser usadas para reintroduzir características extintas em espécies vivas ou, talvez, espécies extintas em ecossistemas vivos. O suplemento de julho/agosto do Hastings Center Report apresenta uma série de ensaios sobre ética, prática e futuro da desextinção como ferramenta na conservação da biodiversidade, com introdução à edição especial de Kaebnick e Jennings (2017).

Yamagata et al. (2019) relatam os esforços da equipe de Akira Iritani para reviver núcleos de mamutes de 28.000 anos como um primeiro passo para a clonagem de mamutes. Os protocolos da equipe de Wu-Suk Hwang para clonagem de cães falecidos são apresentados em Jeong et al. (2020), e Cyranoski (2006) descreve o julgamento de Hwang em 2006 por fraude, peculato e violações de bioética. Sarchet (2017) discute o esforço de George Church para criar um mamute começando com células cultivadas em pratos em seu laboratório.

Wilmut et al. (2015) revisam a tecnologia, as limitações e as perspectivas da transferência nuclear de células somáticas. Borges e Pereira (2019) discutem o potencial da clonagem para conservação, inclusive quando uma espécie diferente é utilizada como hospedeiro materno. Wani et al. (2017) relatam a clonagem bem-sucedida de um camelo-bactriano usando um dromedário doméstico como mãe de aluguel. Madrigal (2013) descreve o projeto de trazer de volta à vida o extinto bucardo. Os experimentos para engenharia do bucardo clonado são apresentados em Folch et al. (2009).

Zimov et al. (2012) argumentam que mamutes ressuscitados transformarão a tundra em uma pastagem de estepe produtiva. Malhi et al. (2016) revisam nossa compreensão atual de como a megafauna impacta os ecossistemas, com consideração especial à ideia de renaturalizar ecossistemas nos quais a megafauna foi extinta.

O Departamento de Caça e Pesca de Wyoming produziu uma excelente série de vídeos sobre a história do projeto de conservação do furão-de-patas-negras, disponíveis em seu canal no YouTube (www.youtube.com/user/wygameandfish/) e em http://blackfootedferret.org. Dobson e Lyles (2000) descrevem o primeiro retorno do furão-de-patas-negras durante o final do século XX. A colaboração internacional para resgatar geneticamente o furão-de-patas-negras está descrita no site Revive & Restore.

Popkin (2020) explora a história dos castanheiros americanos, sua quase extinção e os esforços para salvá-los desse destino. A ciência por trás dos castanheiros americanos transgênicos é detalhada por Powell et al. (2019). Newhouse e Powell (2021) apresentam seu argumento para a restauração da castanha americana usando engenharia genética.

Ferguson (2018) descreve a escala global do problema das doenças transmitidas por vetores e revisa as abordagens para controlar as populações de mosquitos, incluindo *Wolbachia* e genes. A Oxitec descreve seu mosquito modificado, OX513A, em Harris et al. (2012), outros insetos desenvolvidos pela Oxitec são descritos no site da empresa, que também fornece *links* para literatura científica relevante. Evans et al. (2019) relataram que algum DNA de OX513A foi transferido para populações locais de mosquitos no Brasil. A decisão de liberar mosquitos OX5034 nas Florida Keys foi relatada por Bote (2020).

Burt et al. (2018) descrevem o problema da malária endêmica na África Subsaariana e as estratégias de controle da malária que a Target Malaria espera usar para resolver esse problema. Os dados relativos à liberação inicial de mosquitos machos estéreis em Bana, Burkina Faso, estão no site Target Malaria.

Scudellari (2019) oferece uma excursão pelas tecnologias de transmissão genética que devem ser acessíveis a um público amplo. O projeto Mice Against Ticks [Camundongos contra Carrapatos] de Kevin Esvelt é descrito em Buchtal et al. (2019). Nobre et al. (2019) apresentam a ideia de unidades genéticas em cadeia. Kevin Esvelt também explica diferentes sistemas de acionamento de genes em uma série de vídeos disponíveis no canal do MIT Media Lab no YouTube (www.youtube.com/user/mitmedialab). O primeiro gene condutor bem-sucedido em um mamífero foi relatado por Grunwald et al. (2019).

Referências

Borges AA, Pereira AF. 2019. Potential role of intraspecific and interspecific cloning in the conservation of wild animals. *Zygote* 27: 111–117.

Bote J. 2020 August 20. More than 750 million genetically modified mosquitões to be released into Florida Keys. *USA Today*.

Buchthal J, Weiss Evans S, Lunshof J, Telford SR III, Esvelt KM. 2019. Mice Against Ticks: An experimental community-guided effort to prevent tick-borne disease by altering the shared environment. *Philosophical Transactions of the Royal Society of London Series B* 374: 20180105.

Burt A, Coulibaly M, Crisanti A, Diabate A, Kayondo JK. 2018. Gene drive to reduce malaria transmission in sub-Saharan Africa. *Journal of Responsible Innovation* 5: S66–S80.

Cyranoski D. 2006. Hwang takes the stand at fraud trial. *Nature* 444: 12

Dobson A, Lyles A. 2000. Black-footed ferret recovery. *Science* 288: 985–988.

Evans BR, Kotsakiozi P, Costa-da-Silva AL, Ioshino RS, Garziera L, Pedrosa MC, Malavasi A, Virginio JF, Capurro ML, Powell JR. 2019. Transgenic *Aedees aegypti* mosquitoes transfer genes into a natural population. *Scientific Reports* 9: 13047.

Ferguson NM. 2018. Challenges and opportunities in controlling mosquitoborne infections. *Nature* 559: 490–497.

Folch J, Cocero MJ, Chesné P, Alabart JL, Domínguez V, Cognié Y, Roche A, Fernández-Arias A, Martí JI, Sánchez P, Echegoyen E, Beckers JF, Bonastre AS, Vignon X. 2009. First birth of an animal from an extinct subspecies (*Capra pyrenaica pyrenaica*) by cloning. *Theriogenology* 71: 1026–1034.

Grunwald HA, Gantz VM, Poplawski G, Xu X-RS, Bier E, Cooper KL. 2019. Super-Mendelian inheritance mediated by CRISPR-Cas9 in the female mouse germline. *Nature* 566: 105–109.

Harris AF, McKemey AR, Nimmo D, Curtis Z, Black I, Morgan SA, Oviedo MN, Lacroix R, Naish N, Morrison NI, Collado A, Stevenson J, Scaife S, Dafa'alla T, Fu G, Phillips C, Miles A, Raduan N, Kelly N,... Alphey L. 2012. Successful suppression of a field mosquito population by sustained release of engineered male mosquitoes. *Nature Biotechnology* 30: 828–830.

Jeong Y, Olson OP, Lian C, Lee ES, Jeong YW, Hwang WS. 2020. Dog cloning from postmortem tissue frozen without cryoprotectant. *Cryobiology* 97: 226–230.

Kaebnick GE, Jennings B. 2017. De-extinction and conservation: An introduction to the special issue "Recreating the wild: De-extinction, technology, and the ethics of conservation." *Hastings Center Report* 47: S2–S4.

Madrigal A. 2013 March 18. The 10 minutes when scientists brought a species back from extinction. *The Atlantic*.

Malhi Y, Doughty CE, Galetti M, Smith FA, Svenning J-C, Terborgh JW. 2016. Megafauna and ecosystem function from the Pleistocene to the Anthropocene. *Proceedings of the National Academy of Sciences* 113: 838–846.

Newhouse AE, Powell WA. 2021. Intentional introgression of a blight tolerance transgene to rescue the remnant population of American chestnut. *Conservation Science and Practice*. https://doi.org/10.1111/csp2.348.

Noble C, Min J, Olejarz J, Buchthal J, Chavez A, Smidler AL, DeBenedictis EA, Church GM, Nowak MA, Esvelt KM. 2019. Daisy-chain gene drives for the alteration of local populations. *Proceedings of the National Academy of Sciences* 116: 8275–8282.

Popkin G. 2020 April 30. Can genetic engineering bring back the American chestnut? *New York Times Magazine*.

Powell WA, Newhouse AE, Coffey V. 2019. Developing blight-tolerant American chestnut trees. *Cold Spring Harbor Perspectives in Biology* 11: a034587.

Sarchet P. 2017 February 16. Can we grow woolly mammoths in the lab? George Church hopes so. *New Scientist*.

Scudellari M. 2019. Self-destructing mosquitoes and sterilized rodents: The promise of gene drives. *Nature* 57: 160–162.

Shapiro B. 2015. *How to Clone a Mammoth: The Science of DeExtinction*. Princeton, NJ: Princeton University Press.

Wani NA, Vettical BS, Hong SB. 2017. First cloned Bactrian camel (*Camelus bactrianus*) calf produced by interspecies somatic cell nuclear transfer: A step towards preserving the critically endangered wild Bactrian camels. *PLoS One* 12: e0177800.

Wilmut I, Bai Y, Taylor J. 2015. Somatic cell nuclear transfer: Origins, the present position and future opportunities. *Philosophical Transactions of the Royal Society Series B* 310: 20140366.

Yamagata K, Nagai K, Miyamoto H, Anzai M, Kato H, Miyamoto K, Kurosaka S, Azuma R, Kolodeznikov II, Protopopov AV, Plotnikov VV, Kobayashi H, Kawahara-Miki R, Kono T, Uchida M, Shibata Y, Handa T, Kimura H, Hosoi Y,... Iritani A. 2019. Signs of biological activities of 28,000-year-old mammoth nuclei in mouse oocytes visualized by live-cell imaging. *Scientific Reports* 9: 4050.

Zimov SA, Zimov NS, Tikhonov AN, Chapin FS III. 2012. Mammoth steppe: A high-productivity phenomenon. *Quaternary Science Reviews* 57: 26–45.

CAPÍTULO "MANJAR TURCO"
Bibliografia anotada

Waltz (2019) explora a disposição dos consumidores em consumir alimentos geneticamente modificados, incluindo o Impossible Burger. Guy Raz entrevista Pat Brown sobre sua transição da academia para fornecedor de alimentos à base de plantas em um episódio de 2020 de *How I Built This* da NPR.

Nosso projeto em colaboração com Gingko Bioworks para reconstituir aromas extintos é descrito por Kiedaisch (2019). Maloney et al. (2018) comparam a eficácia do fator C recombinante na detecção da presença de amebas tóxicas em medicamentos com a da proteína do sangue do caranguejo-ferradura, que o fator C recombinante se destina a substituir.

Gong et al. (2003) descrevem a produção via engenharia genética de três variedades de peixe-zebra brilhante. Hill et al. (2014) descobriram que o GloFish não apresentava mais riscos ao meio ambiente do que o dânio não geneticamente modificado. Broom (2004) relata que cientistas do Instituto Roslin em Edimburgo, Escócia, criaram porcos e galinhas expressando GFP para pesquisa. Outros animais transgênicos discutidos neste capítulo incluem o filhote rubi Ruppy (Callaway, 2009), o microporco (Standeart, 2017) e o beagle supermusculoso (Regalado, 2015).

Parker (2018) descreve a descoberta da Grande Mancha de Lixo do Pacífico pelo capitão Charles Moore e analisa o que foi aprendido sobre manchas de lixo oceânicas desde essa descoberta. Biello (2008) e Tullo (2019) discutem o futuro dos plásticos biodegradáveis. O potencial de micróbios e vermes para degradar resíduos plásticos é explorado por Drahl (2018).

Kwon et al. (2020) apresentam os tomates geneticamente modificados projetados para hortas urbanas. Conrow (2016) entrevista Ron Stotish, CEO da AquaBounty, sobre o salmão AquAdvantage. Os porcos GalSafe são descritos por Phelps et al. (2003). A tecnologia IdealPlantsTM da Harnessing Plants Initiative está descrita no site do Salk Institute (www.salk.edu/harnessing-plants-initiative).

A jornada de He Jiankui para criar e depois revelar os primeiros humanos modificados por CRISPR do mundo é descrita por Cohen (2019). Regalado (2018) noticiou a história dos bebês com edição genética bem-sucedida antes da revelação pública de Jiankui. Detalhes inéditos dos experimentos de Jiankui foram revelados por Regalado (2019). Cyranoski (2020) confirmou a existência de um terceiro bebê CRISPR e discute o impacto da sentença de prisão de Jiankui na pesquisa chinesa. As diretrizes desenvolvidas pela comunidade para a governança da pesquisa de edição do genoma humano foram publicadas pela National Academies of Science, Engineering, and Medicine (2017).

Ellinghause et al. (2020) identificam variantes genéticas que conferem diferentes riscos de infecção grave por covid-19 em humanos.

Referências

Biello D. 2008 September 16. Turning bacteria into plastic factories. *Scientific American.*

Broom S. 2004 April 28. Green-tinged farm points the way. *BBC News.*

Callaway E. 2009 April 23. Fluorescent puppy is world's first transgenic dog. *New Scientist.*

Cohen J. 2018 August 1. The untold story of the "circle of trust" behind the world's first gene-edited babies. *Science.*

Conrow J. 2016 June 20. AquaBounty: GMO pioneer. *Alliance for Science.*

Cyranoski D. 2020. What CRISPR-baby prison sentences mean for research. *Nature* 577: 154–155.

Darwin C. 1859. *On the Origin of Species by Means of Natural Selection, or Preservation of Favoured Races in the Struggle for Life*. London: John Murray.

Drahl C. 2018 June 15. Plastics recycling with microbes and worms is further away than people think. *Chemical and Engineering News* 96.

Ellinghaus D *et al.* (Severe Covid-19 GWAS Group). 2020. Genomewide association study of severe COVID-19 with respiratory failure. *New England Journal of Medicine* 383: 1522–1534.

Gong Z, Wan H, Leng Tay T, Wang H, Chen M, Yan T. 2003. Development of transgenic fish for ornamental and bioreactor by strong expression of fluorescent proteins in the skeletal muscle. *Biochemical and Biophysical Research Communications* 308: 58–63.

Hill JE, Lawson LL, Hardin S. 2014. Assessment of the risks of transgenic fluorescente ornamental fishes to the United States using the Fish Invasiveness Screening Kit (FISK). *Transactions of the American Fisheries Society* 143: 817–829.

Kiedaisch J. 2019 April 16. You can now smell a flower that went extinct a century ago. *Popular Mechanics.*

Kwon C-T, Heo J, Lemmon ZH, Capua Y, Hutton SF, Van Eck J, Park SJ, Lipp man ZB. 2020. Rapid customization of Solanaceae fruit crops for urban agriculture. *Nature Biotechnology* 38: 182–188.

Maloney T, Phelan R, Simmons M. 2018. Saving the horseshoe crab: A synthetic alternative to horseshoe crab blood for endotoxin detection. *PLoS Biology* 16: e2006607.

National Academies of Sciences, Engineering, and Medicine. 2017. *Human Genome Editing: Science, Ethics, and Governance*. Washington, DC: National Academies Press.

Parker L. 2018 March 22. The Great Pacific Garbage Patch isn't what you think it is. *National Geographic.*

Phelps CJ, Koike C, Vaught TD, Boone J, Wells KD, Chen SH, Ball S, Specht SM, Polejaeva IA, Monahan JA, Jobst PM, Sharma SB, Lamborn AE, Garst AS, Moore M, Demetris AJ, Rudert WA, Bottino R, Bertera S, Ayares DL. 2003. Production of alpha 1,3-galactosyltransferase-deficient pigs. *Science* 299: 411–414.

Raz G. 2020 May 11. Impossible Foods: Pat Brown. *How I Built This with Guy Raz.* National Public Radio.

Regalado A. 2015 October 19. First gene-edited dogs reported in China. *MIT Technology Review.*

Regalado A. 2018 November 25. Exclusive: Chinese scientists are creating CRISPR babies. *MIT Technology Review.* Regalado A. 2019 December 3. China's CRISPR babies: Read exclusive excerpts from unseen original research. *MIT Technology Review.*

Standaert M. 2017 July 3. China genomics giant drops plans for gene-edited pets. *MIT Technology Review.*

Tullo AH. 2019 September 8. PHA: A biopolymer whose time has finally come. *Chemical and Engineering News* 97.

Waltz E. 2019. Appetite grows for biotech foods with health benefits. *Nature Biotechnology* 37: 573–575.

A autora

Beth Shapiro é professora de Biologia Evolutiva na Universidade da Califórnia em Santa Cruz e pesquisadora no Instituto Médico Howard Hughes. É autora de *How to Clone a Mammoth*, que ganhou o Prêmio AAAS/Subaru de Excelência em Livros Científicos. Ela vive em Santa Cruz, na Califórnia.

GRÁFICA PAYM
Tel. [11] 4392-3344
paym@graficapaym.com.br